数据结构

朱保平　俞　研　编　著

北京理工大学出版社
BEIJING INSTITUTE OF TECHNOLOGY PRESS

内容简介

本书借鉴国内外高等院校《数据结构》相关教材，详细介绍了数据结构的基本理论和基本算法，内容包括绪论、线性表、栈和队列、串、数组和广义表、树和二叉树、图、查找、内部排序、外部排序。

本书内容丰富，案例翔实，既注重理论知识描述，又强调工程应用和复杂问题求解，可作为高等院校计算机科学与技术及相关专业“数据结构”课程教材，也可作为教师、研究生或软件技术人员的参考用书。

图书在版编目（CIP）数据

数据结构／朱保平，俞研编著．—北京：北京理工大学出版社，2021.6（2022.7重印）

ISBN 978-7-5682-9910-7

Ⅰ．①数…　Ⅱ．①朱…　②俞…　Ⅲ．①数据结构-高等学校-教材　Ⅳ．①TP311.12

中国版本图书馆 CIP 数据核字（2021）第 108336 号

出版发行／北京理工大学出版社有限责任公司
社　　址／北京市海淀区中关村南大街 5 号
邮　　编／100081
电　　话／（010）68914775（总编室）
　　　　　（010）82562903（教材售后服务热线）
　　　　　（010）68944723（其他图书服务热线）
网　　址／http：//www.bitpress.com.cn
经　　销／全国各地新华书店
印　　刷／唐山富达印务有限公司
开　　本／787 毫米×1092 毫米　1/16
印　　张／19
字　　数／443 千字
版　　次／2021 年 6 月第 1 版　2022 年 7 月第 2 次印刷
定　　价／58.00 元

责任编辑／江　立
责任校对／周瑞红
责任印制／李志强

前言

计算机发展初期主要集中于数值计算，软件设计者将主要精力用于程序的设计，并不需要花太多的时间和精力在数据的组织上。

随着计算机应用领域的扩大、信息量的增加、信息范围的拓宽，非数值计算问题占据了当今计算机应用的大多数领域，简单的数据类型已不能满足现代计算机技术的需要，计算机系统程序和应用程序均会使用各种复杂的数据关系。因此，掌握“数据结构”课程知识能够让软件设计者正确选择和使用数据关系，对客观世界中的相关数据进行存储，构建复杂问题的解决方案。

在计算机科学中，“数据结构”不仅是一般非数值计算程序设计的基础，而且是“数据库原理”“编译原理”“操作系统”“软件工程”和“人工智能”等课程的基础。数据结构技术也广泛应用于信息科学、系统工程等工程技术领域。

本书强调抽象问题描述和复杂问题求解等内容，由作者结合“数据结构”课程长期教学经验编著而成。教材以“数据结构”课程的重要知识点为纽带，构建复杂问题的解决方案，夯实程序设计基础，拓展数据和关系的表示方法，强化从实例计算到模型计算方法的思路，帮助读者提高利用专业知识解决复杂问题的能力。

全书内容丰富，案例翔实，既注重理论知识描述，又强调工程应用和复杂问题求解，主要包括绪论、线性表、栈和队列、串、数组和广义表、树和二叉树、图、查找、内部排序和外部排序 10 章。

本书第 1 章 ~ 第 8 章由朱保平编著，第 9 章 ~ 第 10 章由俞研编著，张宏教授对本书内容提出了宝贵的意见。

由于水平有限，书中难免存在疏漏和不足之处，恳请读者批评指正。

作者于南京理工大学

2021. 2

目录

第1章 绪 论

一个好的程序需要选择合理的数据结构和算法，而算法的选择取决于描述实际问题的数据结构。因此，为了编写出一个好的程序，必须分析待处理数据的特征、数据间的相互关系以及数据在计算机内的存储表示，并利用这些特性和关系设计出相应的算法与程序。

1.1 数据结构概述

“数据结构”是一门介于数学、计算机硬件和计算机软件之间的计算机科学领域的核心课程。瑞士计算机科学家尼古拉斯·沃斯(Niklaus Wirth)教授指出，“算法+数据结构=程序”。算法是解决特定问题的步骤和方法，数据结构是问题的数学模型，程序则是为计算机处理问题编制的一组指令集。计算机的算法与数据结构密切相关，算法依赖具体的数据结构，数据结构直接影响算法的选择和效率。

数据的运算是定义在数据的逻辑结构之上的，每种逻辑结构有一组相应的运算。非数值计算问题的常见运算有查找、插入、删除、更新和排序等。也就是说，数据结构需要给出每种结构类型所定义的各种运算的算法。

典型的数据结构有表、树和图，如图 1.1 所示。

车次	发站—到站	出发时间	到达时间	运行时间
G204	南京南—北京南	7:16	12:13	4 h 57 min
G102	南京南—北京南	7:48	12:29	4 h 41 min
G104	南京南—北京南	8:02	12:33	4 h 31 min
G6	南京南—北京南	8:13	11:36	3 h 23 min
G34	南京南—北京南	8:33	13:07	4 h 34 min

(a)

图 1.1 典型的数据结构

(a)列车时刻信息表

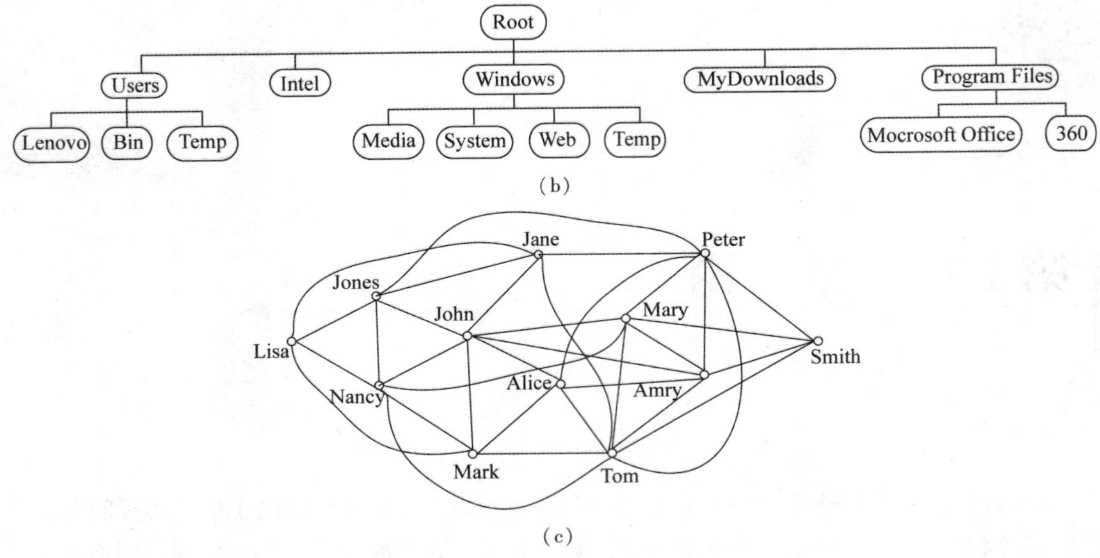

图 1.1　典型的数据结构(续)

(b) Windows 文件系统的目录结构；(c)社交网络拓扑结构

Windows 文件系统的目录是一种典型的树形结构，由大量网络结点组成的社交网络拓扑结构是典型的图状结构。

从以上 3 个非数值计算的例子可以看出，描述这类问题的数学模型不再是数学方程，而是表、树和图之类的数据结构。因此，概括地说，数据结构是研究非数值计算的程序设计问题中计算机的操作对象以及它们之间的关系和操作的一门科学。

1.1.1　数据结构的研究对象

计算机程序对数据进行加工处理，一般情况下，这些数据之间存在着一定的关系。当计算机程序所涉及的运算对象是数值型数据时，软件设计者的主要精力用于程序的设计，而不需要花太多的时间和精力在数据的组织上；当计算机处理非数值计算问题时，所涉及数据之间的关系可能非常复杂，很多问题甚至无法用数学方程式描述。数据结构在非数值计算中显得尤为重要。

下面分别从数值计算和非数值计算的角度，给出两个典型的实例。

1. 数值计算问题

阿克曼(Ackermann)函数是非原始递归函数，它需要两个自然数作为输入值，输出一个自然数。Ackermann 函数的数学公式如下：

$$ack(m, n)=\begin{cases} n+1 & (m=0, n\geqslant 0) \\ ack(m-1, 1) & (m>0, n=0) \\ ack(m-1, ack(m, n-1)) & (m>0, n>0) \end{cases}$$

用递归方法求解 ack(m，n)的递归程序如下：

```
int ack(int m,int n){
  if(m==0&&n>=0)return n+1;
```

```
else if(m>0&&n==0)return ack(m-1,1);
    else if(m>0&&n>0)return ack(m-1,ack(m,n-1));
        else exit(-1);              //输入数据不合法,异常处理
}
```

Ackermann 函数递归调用的次数增长非常快，采用递归方法只能求解 m 和 n 很小的值。显然，局限于递归算法，用手工求解这个问题是极其困难的，甚至是不可能的。要想用手工求解这个困难问题，软件设计者需要改进程序的设计技巧。

2. 非数值计算问题

“井”字游戏是一种在 3×3 格子上进行的连珠游戏，两个游戏者轮流在格子里留下标记(一般先手者为×，另一个人为○)，最先在任意一条直线上成功连接 3 个标记的一方获胜。图 1.2 给出了“井”字游戏的一个格局及部分博弈树。在博弈过程中，两个选手都遵循最优策略。最优策略是一组用来说明一个选手如何移动来赢得游戏的规则。第一个选手的最优策略是把自己的得分最大化的策略，第二个选手的最优策略是把对手得分最小化的策略。

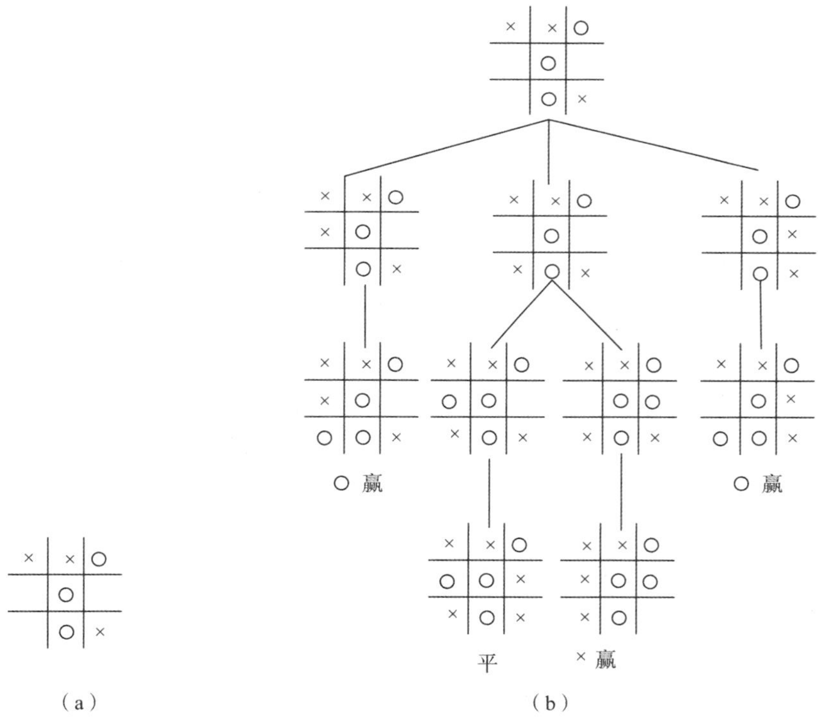

图 1.2　“井”字游戏格局间的关系

(a)“井”字游戏的一个格局；(b)“井”字游戏的部分博弈树

1.2　数据结构的相关概念

数据是信息的符号表示，在计算机科学中指所有能输入到计算机中并被计算机程序处理

的符号的总称。从计算机科学的角度讲，数据的含义极为广泛，如整数、实数等为数值型数据，文字、图形、图像和声音等多媒体信息为非数值型数据。数值型数据和非数值型数据都可以通过编码成为计算机可以识别的数据。

数据元素是数据的基本单位，在计算机程序中通常作为一个整体进行考虑和处理。一般来说，能独立、完整地描述问题的一切实体都是数据元素。在“井”字游戏中，一个格局就是一个数据元素，对于此类非数值计算问题，除了描述数据元素以外，还需要重点描述数据元素之间的逻辑关系。一个数据元素可由若干个数据项组成。

数据项是数据的不可分割的最小单位。例如，高铁列车时刻信息表中一个车次的信息为一个数据元素，而车次信息中的每一项(如车次、发站—到站、出发时间、到达时间和运行时间)为一个数据项。

数据对象是性质相同的数据元素的集合，是数据的一个子集。在实际应用中处理的数据元素通常具有相同的性质，例如，高铁列车时刻信息表中每个数据元素具有相同数量和类型的数据项，所有数据元素(车次信息)的集合构成一个数据对象。

数据结构是指相互之间存在一种或多种特定关系的数据元素的集合。数据元素不是孤立存在的，它们之间存在着某种关系，这种数据元素之间的关系称为**结构**。数据结构由数据元素的集合和数据元素之间关系的集合组成，可以表示为二元组：

$$Data\_Structure=(D, R)$$

其中，D 是数据元素的有限集，R 是 D 上二元关系的集合。

根据数据元素之间关系的不同特性，数据结构通常可以分为集合结构、线性结构、树形结构和图状结构，如图 1.3 所示。

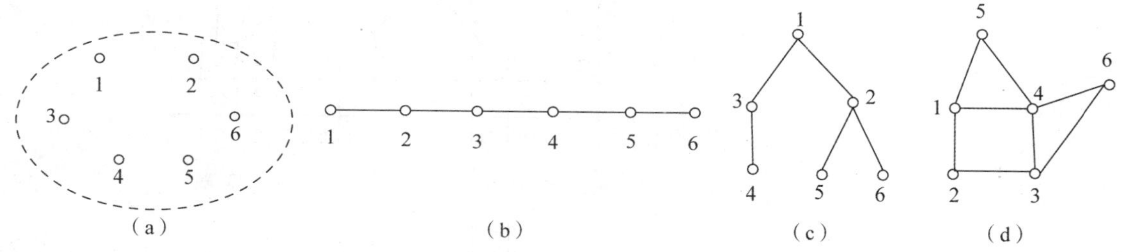

图 1.3　4 种基本的数据结构

(a)集合结构；(b)线性结构；(c)树形结构；(d)图状结构

(1)**集合结构**：数据元素属于同一个集合，除此之外没有任何关系，即元素之间是空关系。例如，D={1，2，3，4，5，6}，R=∅，如图 1.3(a)所示。集合结构是一种松散的数据结构，在实际问题中，往往需要借助其他结构来表示。

(2)**线性结构**：数据元素之间是一种线性关系，即元素之间存在着一对一的关系。例如，D={1，2，3，4，5，6}，R={(1，2)，(2，3)，(3，4)，(4，5)，(5，6)}，如图 1.3(b)所示。线性结构中开始结点和终端结点是唯一的，其余结点有且仅有一个前驱和一个后继。

(3)**树形结构**：数据元素之间是一种层次关系，即元素之间存在着一对多的关系。例如，D={1，2，3，4，5，6}，R={(1，2)，(1，3)，(3，4)，(2，5)，(2，6)}，如图 1.3(c)所示。树形结构的每个结点最多只有一个前驱结点，但可以有多个后继结点，且终端结点可以有多个。

(4)**图状结构(也称网状结构)**：数据元素之间是一种任意关系，即元素之间存在着多对多的关系。例如，D={1，2，3，4，5，6}，R={(1，2)，(1，5)，(2，3)，(3，4)，(4，1)，(4，5)，(4，6)，(3，6)}，如图 1.3(d)所示。图状结构每个结点的前驱结点和后继结点的数量可以是任意的，可能没有开始结点和终端结点，也可能有多个开始结点和终端结点。

树形结构和图状结构统称为非线性结构，其结点之间存在一对多或多对多的关系。线性结构是树形结构的特例，而树形结构是图状结构的特例。

数据结构有逻辑结构和物理结构两个层次。

逻辑结构是数据元素之间逻辑关系的整体，逻辑关系是数据元素之间的关联方式或邻接关系，与数据自身的存储无关。它是从具体问题抽象出来的数学模型，用来描述数据元素及其关系的数学特性。

物理结构(也称存储结构)是数据结构在计算机中的表示或映像，研究数据结构在计算机中的表示方法，包括数据结构中数据元素的表示和数据元素之间关系的表示。

数据的存储结构除了存储数据元素之外，必须隐式或显式地存储数据元素之间的逻辑关系。通常数据元素在计算机中有顺序映像和非顺序映像两种不同的表示方法，由此得到顺序存储结构和链式存储结构两种不同的存储结构。

顺序映像借助数据元素在存储器中的相对位置来表示数据元素之间的逻辑关系，用一组地址连续的空间存放数据元素，逻辑上相邻的数据元素物理上一定相邻，由此得到的存储表示称为**顺序存储结构**。顺序存储结构是基本的存储表示方法，通常借助于程序设计语言中的数组来实现。

非顺序映像借助指示数据元素存储地址的指针表示数据元素之间的逻辑关系，用一组地址任意(可以连续也可以不连续)的空间存放数据元素，逻辑上相邻的数据元素物理上不一定相邻，数据元素之间的逻辑关系通过指针来表示，由此得到的存储表示称为**链式存储结构**。链式存储结构也是基本的存储表示方法，通常借助于程序设计语言中的指针来实现。

例如，线性表(2，4，6，8，10)的存储结构如图 1.4 所示。

地址	(a)
1000	2
1004	4
1008	6
1012	8
1016	10
1020	
1024	

地址	(b)	
1000	6	1016
1004	4	1000
1008		
1012	2	1004
1016	8	1024
1020		
1024	10	NULL

图 1.4　线性表的存储结构

(a)顺序存储；(b)链式存储

1.3　数据类型和抽象数据类型

在程序设计中，数据和运算是两个不可或缺的因素。最初的机器语言和汇编语言中的数据没有数据类型的概念。

数据类型是一组值的集合以及定义在该值集上的一组操作的总称。数据类型和数据结构密切相关，它最早出现在高级程序语言中，用来描述程序中操作对象的特性。在用高级程序语言编写的程序中，每个变量、常量或表达式都有确定的数据类型。类型显式或隐式地规定了在程序执行期间变量或表达式所有可能取值的范围，以及在此之上允许进行的操作。例如，整型数据类型是指一组值的集合 Z={…，-3，-2，-1，0，1，2，3，…}和定义在该值集上的加、减、乘、除和模运算等算术运算的一组操作。

抽象数据类型(Abstract Data Type，ADT)是用户进行软件设计时从问题的数学模型中抽象出来的逻辑数据结构以及该逻辑数据结构上的一组操作。抽象关注问题的本质特征而忽略非本质的细节，是对具体事务的概括。抽象数据类型中的数据对象、数据操作的声明与数据对象的表示、实现相互分离。

抽象数据类型有两个重要特征：数据抽象和数据封装。数据抽象用 ADT 描述程序处理的实体时，强调数据的本质特征、所能完成的功能及其与外部用户的接口(外界使用数据的方法)。数据封装将实体的外部特性与其内部的实现细节分离，并且对外部用户隐藏其内部实现细节。

抽象数据类型一般由数据元素、数据关系和基本操作组成，可以表示为三元组：

$$ADT=(D, R, P)$$

其中，D 表示数据对象，R 表示 D 上的数据关系集合，P 表示 D 中数据对象的基本操作集合。

抽象数据类型定义的基本格式如下：

```
ADT 抽象数据类型名{
    数据对象:数据对象的定义
    数据关系:数据关系的定义
    基本操作:基本操作的定义
}ADT 抽象数据类型名
```

其中，基本操作的定义格式如下：

```
基本操作名(形式参数表):操作功能描述
```

例 1.1 定义复数的抽象数据类型，对复数进行构造和销毁，并返回复数的实部与虚部，以及两个复数之和。

【解】复数的抽象数据类型定义如下：

```
ADT Complex{
数据对象:
    D={a,b|a,b 均为实数}
数据关系:
    R={(a,b)|a 为复数的实数部分,b 为复数的虚数部分}
基本操作:
    AssignComplex(&z,x,y):构造复数 z,x 为实部,y 为虚部,& 表示返回操作结果
    DestroyComplex(&z):销毁复数 z
    GetReal(z,&real):用 real 返回 z 的实部
```

GetImag(z,&imag):用 imag 返回 z 的虚部

Add(z_1,z_2,&sum):用 sum 返回复数 z_1 和 z_2 的和

}ADT Complex

例 1.2 定义 n 元组的抽象数据类型，实现 n 元组的构造、销毁，返回和更新指定位置的值，并对 n 元组进行排序。

【解】n 元组的抽象数据类型定义如下：

ADT N_tuple{

数据对象：

D={a_1,a_2,a_i,…,a_n|a_i 均为整型数}

数据关系：

R={(a_{i_1},a_{i_2},a_{i_j},…,a_{i_n})|i_j ∈{1,2,…,n}}

基本操作：

InitN_tuple(&t,v_1,v_2,…,v_n):构造 n 元组

DestroyN_tuple(&t):销毁 n 元组

Geti(t,i,&e):用 e 返回第 i 元的值

UpData(&t,i,e):用 e 更新第 i 元的值

SortN_tuple(&t):对 n 元组排序

}ADT N_tuple

抽象数据类型可通过基本数据类型来表示和实现，即利用处理器中已经存在的数据类型说明新的结构类型，用已经实现的操作组合实现新的操作。本书采用 C++中的类作为抽象数据类型的描述工具。

1.4 算法及其描述

算法和数据结构密切相关，算法设计前要先确定相应的数据结构，而在讨论某种数据结构时，也必然要设计相应的算法。

1.4.1 算法的特性

算法是对特定问题求解步骤的一种描述，是指令的有限序列，每条指令表示计算机的一个或多个操作。

例 1.3 设计一个算法，计算 $z=[\sqrt{x}]$([]表示取整)。

【解】该算法的步骤为：

(1)赋初值(a, b, c)=(0, 0, 1)；

(2)计算 b=b+c；

(3)如果 b>x, 转(6)；

(4)计算(a, c)=(a+1, c+2)；

(5)转(2)；

(6)赋值 z=a；

(7)输出 z;

(8)算法结束。

算法具有以下 5 个特性:

(1)**有穷性**:对于任何一个合法的输入值,一个算法必须总是在执行有穷步后结束,且每一步都在有限的时间内完成。

(2)**确定性**:算法中每一条指令必须有确切的含义,不存在二义性,即在任何条件下,算法只有唯一的一条执行路径。

(3)**可行性**:算法可以通过已经实现的基本运算执行有限次来实现。

(4)**输入**:算法的输入取自于某个特定对象的集合,作为算法的加工对象,通常为算法中的一组变量。有些输入量需要在算法执行过程中输入,有些算法表面上没有输入,实际输入量已被嵌入在算法之中。

(5)**输出**:一个算法有一个或多个输出,这些输出是一组与输入有着某些特定关系的量,是算法进行信息处理后的结果。

算法代表了对问题的求解步骤,程序是算法在计算机上使用某种程序设计语言的具体实现。原则上,算法可以用任何一种程序设计语言实现。两者的区别是,算法必须满足有穷性,而程序可以不满足有穷性。例如,Windows 操作系统在用户未操作时一直处于“等待”的循环中,此时程序是无限循环的,直到用户进行操作为止。

1.4.2 算法描述

算法可以采用自然语言方式描述,如例 1.3 中的算法描述,也可以采用图形方式(如流程图、拓扑图等)描述,如图 1.5 所示。如果用程序设计语言描述算法,算法则表现为程序。用程序设计语言描述例 1.3 的算法如下:

```
void squareroot(int x){
  int a=0,b=0,c=1;
  b=b+c;
  while(b<=x){
    a=a+1;
    c=c+2;
    b=b+c;
  }
  z=a;
  cout<<z;
}
```

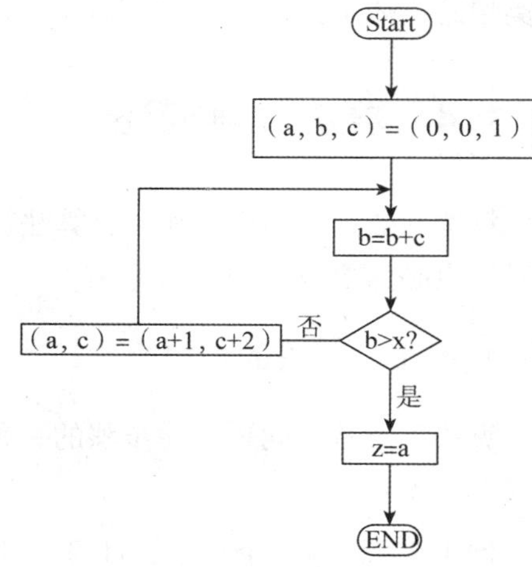

图 1.5　例 1.3 算法的流程图

1.4.3 算法设计的要求

同一个问题可能有多种求解的算法,一般来说,一个好的算法应该满足以下几个要求。

(1)**正确性**：算法能够正确执行，满足当前具体问题的需求，即算法的执行结果能够满足预定的功能和性能需求。这是算法最重要也是最基本的要求。

一个算法满足正确性一般分为4个层次：

①没有语法错误；

②随意输入几组数据能够得出符合要求的结果；

③精心设计的、典型的、苛刻的合法输入能够得出符合要求的结果；

④所有合法的输入数据能够得出符合要求的结果。

(2)**可读性**：算法应当可读，有利于阅读者理解程序。算法主要是为了人的阅读与交流。为了达到这一要求，算法的逻辑必须是清晰的、简单的和结构化的。在算法中必须加入注释，简要说明算法的功能、输入与输出参数的使用规则、重要数据的作用和算法中各程序段完成的功能等。

(3)**健壮性**：算法应具有容错性和例外处理能力。正确的输入应该有正确的输出。对于错误的输入，算法应该给出适当的反应，不会产生错误动作或陷入瘫痪。

(4)**高效率与低存储量需求**：效率是算法执行所需的时间，算法的存储量是算法执行过程中所需要的最大存储空间。效率、存储量一般与问题的规模有关。

1.5 算法分析

完成一个算法设计后，需要对算法进行分析，确定算法的优劣。通常为了满足算法设计的要求，需要进行算法效率分析和算法存储空间分析等。

1.5.1 算法效率的分析方法

通常有两种分析算法效率的方法：事后统计方法和事前分析估算方法。

1)**事后统计方法**

事后统计方法收集算法的执行时间和实际占用空间的统计资料。这种方法有两个缺陷：一是必须先运行依据算法编写的程序；二是存在其他因素掩盖算法的本质，如计算机的硬件、软件等环境因素。

2)**事前分析估算方法**

一个算法转换成高级语言编写的程序在计算机上实现时，所耗费的时间与以下因素有关：①计算机的运行速度；②编写程序采用的计算机语言；③编译产生的机器语言代码质量；④问题的规模。

1.5.2 时间复杂度

不考虑计算机硬件和软件有关的因素，仅考虑算法本身效率的高低时，算法的效率只依赖问题的规模(用整数 n 表示)，是问题规模的函数。

事前分析估算方法通过分析问题的规模，求出算法的时间界限函数。时间界限函数一般可以表示为

$$f(n)=a_m n^m+a_{m-1}n^{m-1}+\cdots+a_2n^2+a_1n+a_0$$

一个算法通常由控制结构(顺序、选择和循环 3 种结构)和操作构成，算法的运行时间由两者的综合影响。为了比较同一问题的不同算法，通常从算法中选取对于所研究的问题来说是基本操作的原操作，以该原操作重复执行的次数(也称语句频度)度量算法的时间。一般情况下，算法中原操作重复执行的次数是问题规模 n 的函数 f(n)，算法的时间度量记作：

$$T(n)=O(f(n))$$

它表示随问题规模 n 的增大，算法执行时间的增长率和 f(n)的增长率相同，称作算法的渐近时间复杂度，简称时间复杂度。

例 1.4 计算 1+2+3+…+n 的算法如下，分析其时间复杂度。

```
int sumn(int n){
  int sum=0;
  for(int i=1;i<=n;i++)
      sum+=i;
  return sum;
}
```

【解】该算法的基本运算是 sum+=i，其语句频度为

$$T(n)=n=O(n)$$

该程序段的时间复杂度为 O(n)，通常称为线性阶。

例 1.5 已知 n 为正整数，计算 $2^0+2^1+2^2+\cdots 2^i+\cdots$，($2^i<n$)的算法如下，分析其时间复杂度。

```
int sumpower(int n){
  int sum=0,i=1;
  while(i<n){
    sum+=i;
    i=i*2;
  }
  return sum;
}
```

【解】该算法的基本运算是 sum+=i，由题意知，while 循环中 i 的值依次为 1，2，4，8，16…，其语句频度为

$$T(n)=\log_2 n=O(\log_2 n)$$

该程序段的时间复杂度为 $O(\log_2 n)$，通常称为对数阶。

例 1.6 已知选择排序算法如下，分析其时间复杂度。

```
void selectsort(int a[],int n){
  int i,j,k,temp;
  for(i=0;i<n;i++){
    k=i;
    for(j=i+1;j<n;j++)
```

```
            if(a[i]>a[j])k=j;
        if(k!=i){
            temp=a[i];
            a[i]=a[j];
            a[j]=temp;
        }
    }
}
```

【解】该算法的基本运算是双重循环中最深层的比较或赋值语句。当 i=0 时，基本运算执行 n-1 次；当 i=1 时，基本运算执行 n-2 次；……当 i=n-2 时，基本运算执行 1 次。

其语句频度为

$$T(n)=\sum_{i=0}^{n-2}(n-i-1)=(n-1)+(n-2)+\cdots+2+1=\frac{n(n-1)}{2}=O(n^2)$$

时间复杂度只需要取最高阶的项，并忽略常数和系数。该算法的时间复杂度为 $O(n^2)$。

例 1.7 求两个 n×n 矩阵的积 C=A×B 的算法如下，分析其时间复杂度。

```
void MatrixProduct(int A[max][max],int B[max][max],int C[max][max],int n){
    int i,j,k;
    for(i=0;i<n;i++)
        for(j=0;j<n;j++){
            C[i][j]=0;
            for(k=0;k<n;k++)
                C[i][j]+=A[i][k]*B[k][j];
        }
}
```

【解】该算法是一个三重循环，基本运算为 A[i][k]×B[k][j]，语句频度为

$$T(n)=n^3=O(n^3)$$

该算法的时间复杂度为 $O(n^3)$。

一般，一个没有循环的算法的基本运算次数与问题规模 n 无关，记作 O(1)，称为常量阶；一个只有一重循环的算法的基本运算次数与问题规模 n 为线性关系，记作 O(n)，称为线性阶；此外还有平方阶 $O(n^2)$、立方阶 $O(n^3)$、对数阶 $O(\log_2 n)$、指数阶 $O(2^n)$ 等。不同的时间复杂度存在如下关系：

$$O(1)<O(\log_2 n)<O(n)<O(n\log_2 n)<O(n^2)<O(n^3)<O(2^n)<O(n!)$$

1.5.3 空间复杂度

一个算法的存储空间包括输入数据、程序和辅助变量所占用的空间，用空间复杂度度量算法所需的存储空间。在对算法进行空间复杂度分析时，只需考查辅助变量所占用的空间。算法的空间复杂度也是问题规模 n 的函数 f(n)，算法的空间度量记作：

$$S(n)=O(f(n))$$

若额外空间对于输入数据量来说是常数，则称此算法为原地工作或就地工作。若算法所需的存储量依赖特定的输入，则通常以最坏的情况计算其存储量。为了实现递归需要一个递归栈，递归算法的空间复杂度需要根据递归深度来确定。

例 1.8 用 C++语言描述的数组求和算法如下，计算其空间复杂度。

```
int sumArray(int a[],int n)
{
  int sum=0;
  for(int i=0;i<n;i++)
    sum+=a[i];
  return sum;
}
```

【解】该程序段的函数体内定义了 sum 和 i 两个辅助变量空间，与问题的规模 n 无关，算法的空间复杂度为 O(1)。

例 1.9 用 C++语言描述的算法如下，计算 f(a, n, 0)的空间复杂度。

```
void f(int a[],int n,int k){
  int i;
  if(k==n-1){
    for(i=0;i<n;i++)
      cout<<a[i]<<";
  }
  else {
    for(i=k;i<n;i++)
      a[i]+=i*i;
      f(a,n,k+1);
  }
}
```

【解】设 f(a, n, k)的临时空间大小为 S(k)，其中定义了一个辅助变量 i，其通项公式为

$$S(k)=\begin{cases}1 & k=n-1\\1+S(k+1) & k\neq n-1\end{cases}$$

f(a, n, 0)需要的辅助空间为

$$\begin{aligned}S(0)&=1+S(1)\\&=1+1+S(2)\\&=\cdots\\&=1+1+\cdots+1+S(n-1)\\&=\underbrace{1+1+1+\cdots+1}_{n个1}\\&=O(n)\end{aligned}$$

f(a, n, 0)的空间复杂度为 O(n)。

一、选择

1. 数据结构是一门研究非数值计算的程序设计问题中计算机的(　　)，以及它们之间的(　　)和操作的学科。

A. 操作对象　　B. 数据映象　　C. 关系　　D. 算法

2. 逻辑上数据结构可分为(　　)。

A. 动态结构和静态结构　　B. 线性结构和非线性结构

C. 紧凑结构和非紧凑结构　　D. 内部结构和外部结构

3. 集合结构的数据元素之间是(　　)。

A. 一对一关系　　B. 一对多关系　　C. 多对多关系　　D. 空关系

4. 算法分析考虑(　　)两方面的问题。

A. 正确性和空间复杂度　　B. 易读性和健壮性

C. 数据复杂性和程序复杂性　　D. 时间复杂度和空间复杂度

5. 数据采用链式存储结构时，要求(　　)。

A. 每个结点占用一片连续的存储空间

B. 所有结点占用一片连续的存储空间

C. 每个结点后继结点的数量与指针域的数量相等

D. 结点的最后一个数据域是指针类型

6. 算法分析的目的是(　　)。

A. 找出数据结构的合理性　　B. 分析算法的效率

C. 研究算法中输入和输出的关系　　D. 分析算法的易理解性

7. (　　)是算法设计的要求。

A. 正确性　　B. 确定性　　C. 输入和输出　　D. 有穷性

8. 算法的时间复杂度与(　　)有关。

A. 计算机硬件　　B. 程序设计语言　　C. 机器语言的质量　　D. 问题的规模

9. 用C++语言描述的算法如下，其时间复杂度为(　　)。

```
int i,j,k=0;
for(i=1;i<100;i++)
    for(j=i+1;j<=100;j++)
        k++;
```

A. $O(n)$　　B. $O(n^2)$　　C. $O(n/2)$　　D. $O(1)$

二、填空

1. 算法的五大特性为有穷性、确定性、输入、输出和________。

2. 顺序存储结构用一组地址连续的空间存放数据元素，逻辑上相邻的数据元素，物理上________相邻。链式存储结构用一组地址任意的空间存放数据元素，逻辑上相邻的数据元素，物理上________相邻。

3. 数据结构在计算机中的表示包括数据结构中数据________和数据元素之间________的表示。

4. 算法效率的度量方法有____________和____________。

5. 一个没有循环的算法中的基本运算次数与问题规模 n 无关，其时间复杂度记为________。

三、简答

1. 简述数据结构的 4 种形式以及各种形式的特点。

2. 简述数据结构、数据类型和抽象数据类型的区别。

3. 设有 3 个表示算法频度的函数分别为 $f(n)=8n^3+100n^2+2\,000$，$g(n)=8n^3+3\,000n^2$，$h(n)=n^{1.5}+5\,000n\log_2 n$，试求它们对应的时间复杂度。

4. 设有以下 3 个函数 $f(n)=21n^4+2n^2+1\,000$，$g(n)=15n^4+500n^2$，$h(n)=5\,000n^{3.5}+n\log_2 n$ 判断下列说法是否正确：

(1) $f(n)$ 的时间复杂度是 $O(g(n))$；

(2) $h(n)$ 的时间复杂度是 $O(f(n))$；

(3) $g(n)$ 的时间复杂度是 $O(h(n))$；

(4) $h(n)$ 的时间复杂度是 $O(n^{3.5})$；

(5) $h(n)$ 的时间复杂度是 $O(n\log_2 n)$。

四、计算

1. 计算下列算法的时间复杂度。

```
int fun1(int n){
    int s=0,i=0;
    while(s<n){
        s+=i;
        i++;
    }
    return i;
}
```

2. 已知 n 是偶数，试计算执行下列算法后 m 的值和该算法的时间复杂度。

```
int fun2(int n){
    int m=0,i,j;
    for(i=1;i<=n;i++)
        for(j=2 *i;j<=n;j++)
            m++;
    return m;
}
```

3. 已知 n 为 2 的幂，且 n>2，试求下列算法的时间复杂度和变量 count 的值。

```
int fun3(int n){
    int count=0,x=2;
    while(x<n/2){
        x*=2;
        count++;
    }
    return count;
}
```

第 2 章　线性表

线性表是最常用也是最简单的数据结构，是一种典型的线性结构。本章主要讨论线性表的逻辑结构、顺序存储结构和链式存储结构的抽象数据类型定义以及相关基本操作的实现。

2.1　线性表及其逻辑结构

线性表是由 n(n≥0)个具有相同特性的数据元素组成的有限序列。该序列中的数据元素数量 n 为表的长度。n=0 时为**空表**，即表中不包含任何元素。非空的线性表(n>0)表示为

$$L=(a_1,\ a_2,\ \cdots,\ a_i,\ a_{i+1},\ \cdots,\ a_{n-1},\ a_n),$$

其中，$a_i(1\leqslant i\leqslant n)$是一个抽象的数据元素，它们具有相同的特性，属于同一类数据对象，其具体含义在不同的情况下可以不同。

例如，某高校 2012—2020 年计算机拥有量的变化情况(2000，3000，3800，4000，4500，5000，5600，6000)是一个长度为 8 的线性表，表中的数据元素是整数。

在复杂的线性表中，一个数据元素可以由若干个数据项组成。例如，某高校学生的基本信息表由学号、姓名、性别、民族、籍贯、出生日期、专业等数据项组成，见表 2.1，表中每一行为一个数据元素，也称为**记录**。含有大量记录的线性表称为**文件**。

表 2.1　学生的基本信息

学号	姓名	性别	民族	籍贯	出生日期	专业
170310203	杨紫	女	汉	北京	1999-10-01	计算机科学与技术
170310252	李为	男	汉	江苏	2000-05-20	计算机科学与技术
170330202	钟冰冰	女	汉	上海	2000-01-30	人工智能
170320211	付哲	男	汉	广东	1999-11-12	软件工程
170340101	王雪	女	汉	北京	2000-02-08	自动化
170340120	王鑫	男	汉	江苏	1999-10-08	自动化

非空的线性表具有以下逻辑特征：

(1)有且仅有一个开始结点 a_1，a_1 没有直接前驱结点，而仅有一个直接后继结点 a_2；

(2)有且仅有一个终端结点 a_n，a_n 没有直接后继结点，而仅有一个直接前驱结点 a_{n-1}；

(3)内部结点 $a_i(2 \leqslant i \leqslant n-1)$有且仅有一个直接前驱结点 a_{i-1} 和一个直接后继结点 a_{i+1}。

线性表中的数据元素不限定形式，但同一个线性表中的数据元素必须具有相同的特性，相邻的数据元素之间存在着序偶关系。数据的运算是定义在逻辑结构上的，运算的具体实现则是在存储结构上进行的。

线性表的抽象数据类型描述如下：

```
ADT List{
数据对象:
    D={ai|ai∈ElemType,i=1,2,…,n}//ElemType 为用户自定义类型
数据关系:
    R={(ai,ai+1)|ai,ai+1∈D,i=1,2,…,n-1}
基本操作:
    InitList(&L):初始化线性表 L,建立一个空的线性表
    DestroyList(&L):销毁线性表 L,释放线性表占用的存储空间
    ListLength(L):求线性表 L 的长度,返回线性表中的元素数量
    ListEmpty(L):判断线性表 L 是否为空表,若为空表返回 1,否则返回 0
    GetElem(L,i,&e):读取线性表 L 中的第 i 个元素,并把值赋给 e
    DispList(L):输出线性表 L 中的元素值
    LocateElem(L,e):在线性表 L 中查找值等于 e 的结点,若找到该结点则返回其序号,否则返回 0
    ListInsert(&L,i,e):在线性表 L 的第 i 个元素前插入元素 e,且 L 的长度增 1
    ListDelete(&L,i,&e):在线性表 L 中删除第 i 个元素,并把值赋给 e,且 L 的长度减 1
}ADT List
```

例 2.1 已知集合 A 和 B，分别用线性表 LA 和 LB 表示，即线性表中的数据元素为集合中的元素。利用线性表的基本操作设计一个算法，求新的集合 $C=A \cap B$，并将集合 C 放在线性表 LC 中。

【解】初始化线性表 LC，依次读取线性表 LA 中的元素后，扫描线性表 LB，把 LB 与 LA 中相同的元素存放在 LC 中。其算法的 C++语言描述如下：

```
void IntersectionList(List LA,List LB,List &LC){
    int i,lenc=0;
    ElemType e;
    InitList(LC);
    for(i=1;i<=ListLength(LA);i++){
      GetElem(LA,i,e);
      if(LocateElem(LB,e))ListInsert(LC,++lenc,e);
    }
}
```

例 2.2 已知线性表 LA 和 LB 分别存放一组整型值，按值递增排列(表中无相同元素)，

利用线性表的抽象数据类型描述设计一个算法，合并 LA 和 LB 构造一个新的线性表 LC，且线性表 LC 中的元素仍然按值递增排列。

【解】初始化线性表 LC，设置指针 i 和 j 分别指向 LA 和 LB 的当前元素。依次比较两个元素，若 LA 中的元素值等于 LB 中的元素值，则将 LA 中的元素插入 LC，两个指针分别加 1；若 LA 中的元素值小于 LB 中的元素值，则将 LA 中的元素插入 LC，i 加 1，否则将 LB 中的元素插入 LC，j 加 1。将 LA 或 LB 中的剩余元素插入 LC。其算法的 C++语言描述如下：

```
void MergeList(List LA,List LB,List &LC){
    int i=1,j=1,ea,eb,lenc=0;
    InitList(LC);
    while(i<=ListLength(LA)&&j<=ListLength(LB)){
      GetElem(LA,i,ea);
      GetElem(LB,j,eb);
      if(ea==eb){
        ListInsert(LC,++lenc,ea);
        i++;
        j++;
      }
      else if(ea<eb){
            ListInsert(LC,++lenc,ea);
            i++;
          }
          else{
            ListInsert(LC,++lenc,eb);
            j++;
          }
    }
    while(i<=ListLength(LA)){
          GetElem(LA,i,ea);
          ListInsert(LC,++lenc,ea);
          i++;
    }
    while(j<=ListLength(LB)){
          GetElem(LB,j,eb);
          ListInsert(LC,++lenc,eb);
          j++;
    }
}
```

2.2 线性表的顺序存储结构

线性表的顺序存储结构是最常用的数据存储方式，它直接将线性表的逻辑结构映射到存储结构上，既便于理解，又容易实现。

2.2.1 线性表的顺序存储表示

把线性表的结点按逻辑顺序依次存放在一组地址连续的存储单元里，用这种方法存储的线性表称为顺序表。顺序表的特点是，表中逻辑上相邻的数据元素，存储时在物理位置上也一定相邻，即以数据元素在计算机内“物理位置相邻”来表示线性表中数据元素之间在“逻辑关系上相邻”。线性表到顺序表的映射关系如图 2.1 所示。

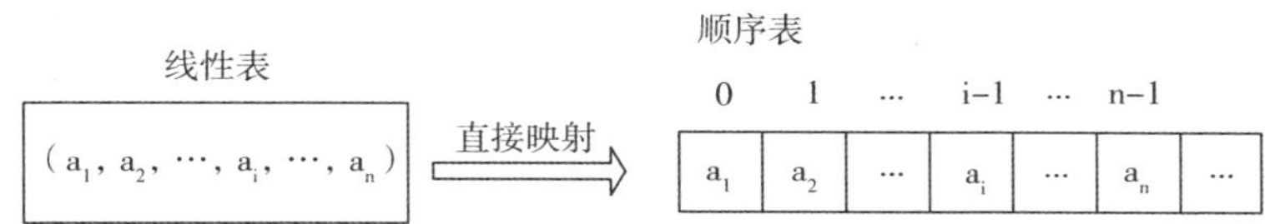

图 2.1 线性表到顺序表的映射

由图 2.1 可知，线性表中第 1 个元素的存储位置是指定内存的存储位置，第 i+1 个元素的存储位置紧接在第 i 个元素的存储位置之后。设线性表的元素类型为 ElemType，则每个元素占用存储空间大小的字节数为 sizeof(ElemType)，记为 m。由顺序表的特性可知，表中相邻元素 a_i 和 a_{i+1} 的存储位置 $Loc(a_i)$ 和 $Loc(a_{i+1})$ 也相邻，且满足下列关系：

$$Loc(a_{i+1}) = Loc(a_i) + m$$

在 C++语言中，一个数组是分配了一块可供用户使用的地址连续的存储空间，该存储空间的起始地址是数组名表示的地址常量。

线性表的顺序存储结构可以利用数组实现。线性表的第 1 个元素存储在数组的起始位置，即下标为 0 的位置上，第 2 个元素存储在下标为 1 的位置上，以此类推，第 n 个元素存储在下标为 n-1 的位置上。设用数组 A 存储线性表 $L=(a_1, a_2, \cdots, a_i, \cdots, a_n)$，A 的起始存储地址为 Loc(A)，L 对应的顺序存储结构如图 2.2 所示。

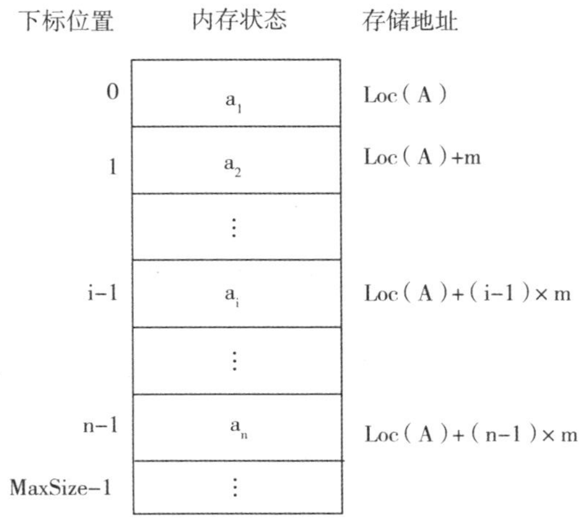

图 2.2 线性表的顺序存储结构示意

其中，MaxSize 表示数组的最大存储空间。由于 C++语言中的数组是静态数组，数组容量是确定的，不能扩充，因此线性表的顺序存储结构一般采用指针实现数组的动态存储分配。

顺序表在动态存储时要包含存储空间的首地址、空间大小和当前顺序表中的元素数量3个要素。

顺序表的类定义如下：

```
#define initlistsize 100
#define increment 10
class SqList{
  private:
    ElemType *elem;                          //存放数组的首地址
    int listsize,length;                     //当前顺序表空间的大小和元素的数量
  public:
    SqList();                                //初始化顺序表
    ~SqList();                               //销毁顺序表
    void InitList(int n);                    //创建 n 个元素的顺序表
    int LocateList(ElemType x);              //查找元素值等于 x 的结点
    void InsertList(int pos,ElemType e);     //插入元素 e
    void DeleteList(int pos,ElemType &e);    //删除第 pos 位元素,值赋给 e
    void TurnList();                         //倒置顺序表
    void MergeList(SqList &la,SqList &lb);   //合并顺序表
    void Print();                            //打印顺序表
};
```

2.2.2 顺序表的基本操作

1. 初始化顺序表

顺序表的初始化创建一个空的顺序表，由构造函数实现。

```
SqList::SqList(){                            //构造函数,创建一个长度为0,容量为 initlistsize 的空表
    elem=new ElemType[initlistsize];         //申请大小为 initlistsize 的空间
    listsize=initlistsize;                   //设置当前顺序表的空间大小
    length=0;                                //设置当前顺序表的元素数量为0
}
```

该算法中无循环语句，算法的时间复杂度为O(1)。

2. 销毁顺序表

顺序表的销毁释放顺序表占用的存储空间，在析构函数中实现。动态存储分配是有效利用系统资源的重要方法。当不需要顺序表时，软件设计者应释放顺序表占用的存储空间。

```
SqList::~SqList(){
    delete []elem;                           //释放顺序表占用的存储空间
```

```
    listsize=0;
    length=0;
}
```

该算法中无循环语句，算法的时间复杂度为O(1)。

3. 查找元素值

在顺序表中查找第一个值等于x的元素，找到后返回该元素的下标。若元素不存在，则返回-1。

```
int SqList::LocateList(ElemType x){
    for(int i=0;i<length;i++)
        if(x==elem[i])return i;              //找到元素x,返回下标
    return -1;                               //未找到元素x,返回-1
}
```

本算法的基本语句为for循环中的i++，算法的时间复杂度为O(length)。

4. 插入数据元素

在顺序表的第pos(1≤pos≤length+1)个位置上插入数据元素e，若pos位置不正确，则作出错处理；若当前存储空间已满，则申请新空间，并作相应处理；否则将顺序表原来第pos个元素开始后移一个位置。移动顺序从右向左，腾出一个位置插入新元素，并将顺序表的元素数量加1。插入元素前后顺序表的变化过程如图2.3所示。

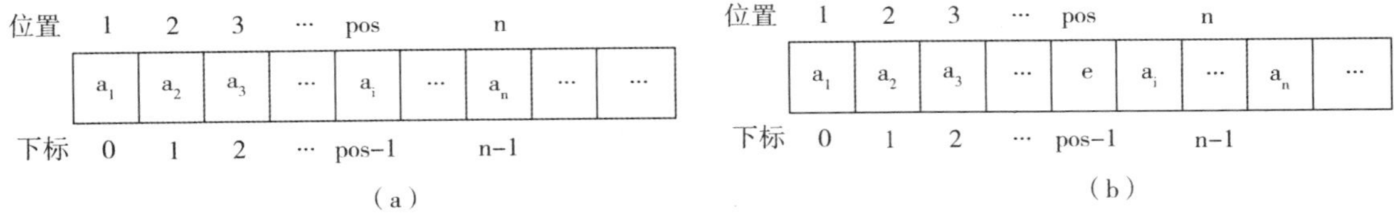

图2.3 插入元素前后顺序表的变化

(a)e插入前；(b)e插入后

```
void SqList::InsertList(int pos,ElemType e){
    if(pos<1 || pos>length+1)return;                       //插入位置不合理,作出错处理
    if(length>=listsize){                                  //顺序表已满,申请新空间
        ElemType *elem1=new ElemType[listsize+increment];//分配新空间
        for(int i=0;i<length;i++)
            elem1[i]=elem[i];                              //复制元素
        delete []elem;                                     //释放旧空间
        elem=elem1;
        listsize+=increment;                               //调整顺序表的空间大小
    }
    ElemType *p=&elem[pos-1],*q=&elem[length-1];
    for(;p<=q;q--)
```

```
        *(q+1)= *q;                                   //向后移动元素
    *p=e;                                             //插入元素 e
    length++;                                         //顺序表中的元素数量加 1
}
```

本算法的运行时间主要耗费在向后移动数据元素的语句上，而该语句的执行次数(即移动数据元素的数量)是 n-pos+1。由此可见，插入元素时元素移动的次数不仅与元素数量 n=length(线性表的长度)有关，还与插入位置 pos 有关：当 pos=n+1 时，移动次数为 0；当 pos=1 时，移动次数为 n，达到最大值。在顺序表中共有 n+1 个位置可以插入元素。

设 $P_i(P_i=\frac{1}{n+1})$是第 pos 个位置上插入一个元素的概率，则在长度为 n 的线性表中插入一个元素时所需移动元素的平均次数为

$$\sum_{pos=1}^{n+1}P_i\times(n-pos+1)=\sum_{pos=1}^{n+1}\frac{1}{n+1}(n-pos+1)=\frac{1}{n+1}\sum_{pos=1}^{n+1}(n-pos+1)$$

$$=\frac{1}{n+1}\times\frac{n(n+1)}{2}=\frac{n}{2}=O(n)$$

插入操作的平均时间复杂度为 O(n)，其中 n 为线性表中元素的数量。

5. 删除数据元素

在顺序表中删除第 pos(1≤pos≤length)位置上的数据元素，并把值赋给 e。若 pos 位置不正确，则作出错处理；否则将顺序表第 pos 个元素之后的所有元素向前移动一个位置。移动顺序从左向右，最后顺序表元素数量减 1。删除元素前后顺序表的变化如图 2.4 所示。

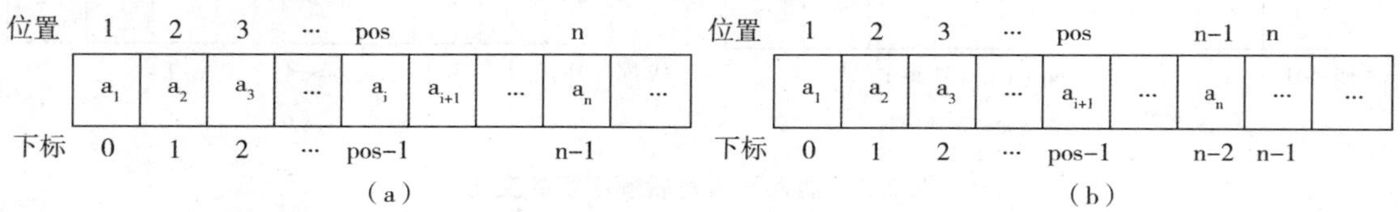

图 2.4 删除元素前后顺序表的变化

(a) a_i 删除前；(b) a_i 删除后

```
void SqList::DeleteList(int pos,ElemType &e){
    if(pos<1 || pos>length)return;                //删除位置不合理,作出错处理
    ElemType *p=&elem[pos-1],*q=&elem[length-1];
    e= *p;                                        //将被删元素的值赋给 e
    for(;p<q;p++) *p= *(p+1);                     //向前移动元素
    length--;                                     //顺序表中的元素数量减 1
}
```

本算法的运行时间主要耗费在向前移动数据元素的语句上，该语句的执行次数(移动数据元素的数量)是 n-pos。由此可见，删除元素时元素移动的次数不仅与元素数量 n 有关，还与删除位置 pos 有关：当 pos=n 时，移动次数为 0；当 pos=1 时，移动次数为 n-1，达到

最大值。在顺序表中共有 n 个元素可以被删除。

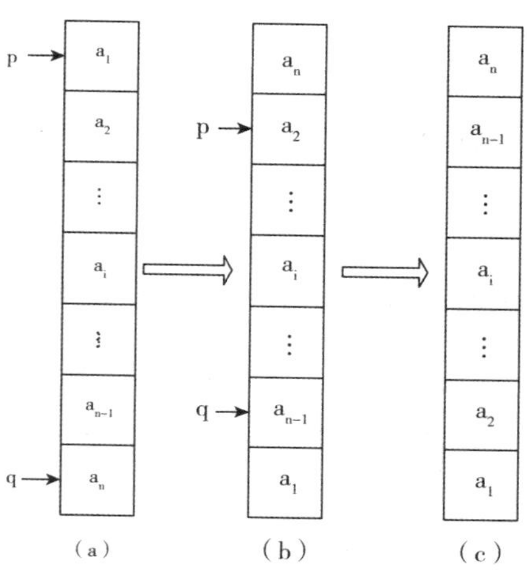

图 2.5 倒置操作前后顺序表的变化

(a)倒置前；(b)一次倒置后；(c)倒置后

设 $P_i(P_i=\frac{1}{n})$ 是删除第 pos 个位置上元素的概率，则在长度为 n 的线性表中删除一个元素所需移动元素的平均次数为

$$\sum_{pos=1}^{n} P_i \times (n-pos)=\sum_{pos=1}^{n}\frac{1}{n}(n-pos)=\frac{1}{n}\sum_{pos=1}^{n}(n-pos)$$

$$=\frac{1}{n}\times\frac{n(n-1)}{2}=\frac{n-1}{2}=O(n)$$

删除操作的平均时间复杂度为 O(n)。

6. 倒置顺序表

倒置顺序表的基本思想是将第一个数据元素与最后一个数据元素进行交换，第二个数据元素与倒数第二个数据元素交换，以此类推，直到所有元素完成交换为止。倒置操作前后顺序表的变化如图 2.5 所示。

```
void SqList::TurnList(){
    ElemType *p=elem, *q=&elem[length-1];  //取第一个元素和最后一个元素的首地址
    ElemType *temp=new ElemType;
    for(;p<q;p++,q--){                      //交换数据元素
        *temp= *p;
        *p= *q;
        *q= *temp;
    }
}
```

该算法的时间复杂度为 O(n)。

7. 合并顺序表

已知顺序表 LA 和 LB 按值非递减有序排列，把这两个顺序表合并为一个新的顺序表 LC，且 LC 中的元素仍然按值非递减排列(LC 中的元素存放在私有成员 elem 指向的存储空间中)。

```
void SqList::Mergelist(SqList &LA,SqList &LB){
    length=LA.length+LB.length;                  //计算合并后顺序表中的元素数量
    ElemType *pa=LA.elem, *pa_last=&LA.elem[LA.length-1];
    ElemType *pb=LB.elem, *pb_last=&LB.elem[LB.length-1];
    ElemType *pc=elem;
    //按值非递减合并 LA 和 LB 中的元素
    while(pa<=pa_last&&pb<=pb_last)
        if( *pa<= *pb)  *pc++= *pa++;
        else  *pc++= *pb++;
    while(pb<=pb_last)  *pc++= *pb++;            //合并顺序表 LB 的剩余元素
```

```
    while(pa<=pa_last)  *pc++= *pa++;           //合并顺序表 LA 的剩余元素
}
```

该算法的时间复杂度取决于合并操作的执行时间。程序中含有 3 个 while 循环语句，但只有当 pa 和 pb 均指向表中实际存在的数据元素时，才能取出数据元素的值并进行比较。当其中一个线性表的数据元素均插入 LC 后，只要将另一个线性表中的剩余数据元素依次插入即可。对于每一组具体的输入 LA 和 LB，后两个 while 循环语句只执行一个循环体，该算法的时间复杂度为 O(LA.length+LB.length)。

2.2.3 顺序表的应用

例 2.3 已知集合 A 和 B，利用顺序表类定义的基本操作，设计算法分别求 A=A∪B 和 A=A−B。

【解】用顺序表 LA 存储集合 A 中的元素，顺序表 LB 存储集合 B 中的元素，设 LA 中的空闲存储空间足够存储 LB 中的元素，A=A∪B 的算法用 C++语言描述如下：

```
void UnionSet(SqList &LA,SqList LB) {
    int i,k;
    for(i=0;i<LB.length;i++) {
        k=LA.LocateList(LB.elem[i]);
        if(k==-1) {
            LA.elem[LA.length]=LB.elem[i];
            LA.length++;
        }
    }
}
```

A=A−B 的算法用 C++语言描述如下：

```
void DifferenceSet(SqList &LA,SqList LB) {
    int i,k;
    ElemType e;
    for(i=0;i<LB.length;i++) {
        k=LA.LocateList(LB.elem[i]);
        if(k!=-1) LA.DeleteList(k+1,e);
    }
}
```

例 2.4 已知顺序表 L 存放一组整型数，设计一个算法，以第一个元素为支点，将所有小于支点的元素移动到该支点的前面，将所有大于支点的元素移动到该支点的后面。

【解】以 L.elem[0] 为支点 pivot，i=0 指向顺序表的第一个元素，j=L.length−1 指向顺序表的最后一个元素。当 i<j 时，从右向左扫描，查找小于或等于 pivot 的元素 L.elem[j]，从左向右扫描，查找大于 pivot 的元素 L.elem[i]，将 L.elem[j] 与 L.elem[i] 进行交换。循环结束后，将 L.elem[0] 与 L.elem[j] 进行交换。

例如，顺序表(8，20，6，15，40，3，8，55，1，60)中，8 为支点，执行算法后的顺序表为(3，1，6，8，8，40，15，55，20，60)，其执行过程如图 2.6 所示。

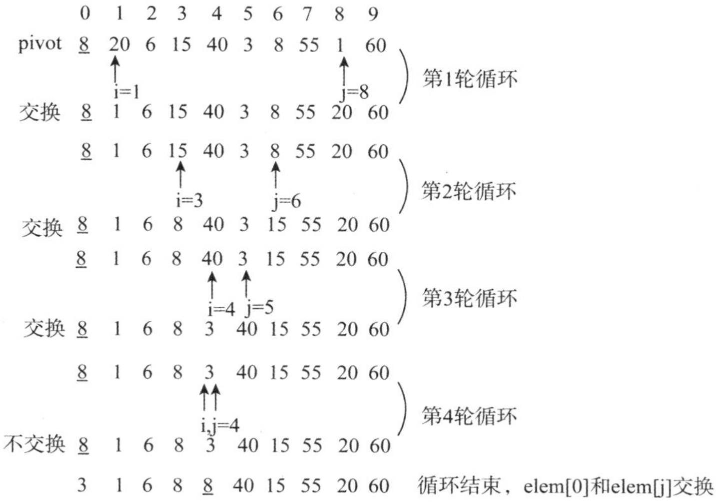

```
          0  1  2  3  4  5  6  7  8  9
pivot     8  20 6  15 40 3  8  55 1  60   )
             ↑                    ↑       ) 第1轮循环
             i=1                  j=8     )
交换      8  1  6  15 40 3  8  55 20 60   )

          8  1  6  15 40 3  8  55 20 60   )
                   ↑        ↑             ) 第2轮循环
                   i=3      j=6           )
交换      8  1  6  8  40 3  15 55 20 60   )

          8  1  6  8  40 3  15 55 20 60   )
                      ↑  ↑                ) 第3轮循环
                      i=4 j=5             )
交换      8  1  6  8  3  40 15 55 20 60   )

          8  1  6  8  3  40 15 55 20 60   )
                      ↑↑                  ) 第4轮循环
                      i,j=4               )
不交换    8  1  6  8  3  40 15 55 20 60   )

          3  1  6  8  8  40 15 55 20 60   循环结束，elem[0]和elem[j]交换
```

图 2.6 例 2.4 的执行过程

算法如下：

```
void MovePivot(SqList &L){
    int i=0,j=L.length-1;
    int pivot=L.elem[0],temp;                //以 L.elem[0] 为支点
    while(i<j){
        while(i<j&&L.elem[j]>pivot)j--;      //从右向左扫描,查找小于或等于 pivot 的元素
        while(i<j&&L.elem[i]<=pivot)i++;     //从左向右扫描,查找大于 pivot 的元素
        if(i<j){                             //将 L.elem[i] 和 L.elem[j] 交换
            temp=L.elem[i];
            L.elem[i]=L.elem[j];
            L.elem[j]=temp;
        }
    }
    //交换 L.elem[0] 和 L.elem[j]
    temp=L.elem[0];
    L.elem[0]=L.elem[j];
    L.elem[j]=temp;
}
```

2.3 线性表的链式存储结构

顺序表的特点是用一组地址连续的空间存放数据元素，逻辑上相邻的元素物理上一定相邻，且可以随机存取顺序表中任意数据元素。但由于它占用一整块事先分配大小的固定存储

空间，插入和删除数据元素时往往需要大量移动数据元素，不便于存储空间的管理。为此提出了可以实现存储空间动态管理的链式存储结构——链表。该结构不要求逻辑上相邻的数据元素物理上一定相邻，且插入和删除数据元素时不需要移动数据元素，只需要修改指针值。

2.3.1 链表

在链式存储结构中，为了正确表示结点间的逻辑关系，每个存储结点不仅存储数据元素(数据域)，还必须存储数据元素之间的逻辑关系，指示其后继结点的地址(或位置)信息，这个信息称为指针。一般地，每个结点有一个或多个指针域。若一个结点中的某个指针域不需要指向其他任何结点，则将它的值置为空，用常量 NULL 表示。

如果每个结点除数据域外，仅设置一个指向后继的指针域，则该链表被称为**线性单向链表**，简称**单链表**。在单链表中，每个结点只包含一个指向后继结点的指针，访问一个结点后，只能依次访问其后继结点，而无法访问其前驱结点。为此引入另一种链表——双向链表。该链表中每个结点除数据域外，设置两个**指针域**，分别指向前驱结点和后继结点，这样构成的链表被称为**线性双向链表**，简称**双向链表**。在双向链表中，访问一个结点后，既可以依次向后访问后继结点，也可以依次向前访问前驱结点。

在单链表中，用 LNode 表示结点的类型，它包括存储数据元素的数据域和存储后继结点位置的指针域。其数据类型定义如下：

```
typedef struct LNode{                    //定义单链表的结点类型
    ElemType data;                       //存放数据元素信息
    LNode  *next;                        //存放后继结点的地址信息
}LNode;
```

双向链表的数据类型定义如下：

```
typedef struct DNode{                    //定义双向链表的结点类型
    ElemType data;                       //存放数据元素信息
    DNode  *next;                        //存放后继结点的地址信息
    DNode  *prior                        //存放前驱结点的地址信息
}DNode;
```

线性表到链表的映射关系如图 2.7 所示，其中“∧”表示 NULL。

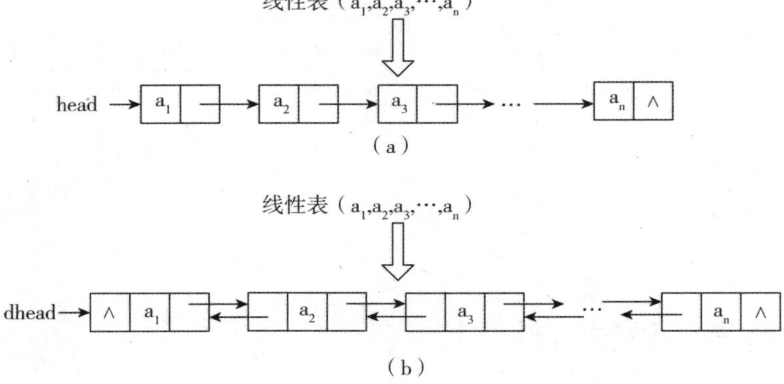

图 2.7 线性表到链表的映射关系

(a)线性表映射为单链表；(b)线性表映射为双向链表

如图 2.7 所示的链表为不带头结点的链表，通过指针 head(或 dhead)标识该链表。为了便于插入和删除操作算法的实现以及空表和非空表处理的一致性，往往在链表前增加一个头结点，该链表称为带头结点的链表。头结点的数据域中不存放任何信息，指针唯一标识该链表。线性表到带头结点的链表的映射关系如图 2.8 所示。

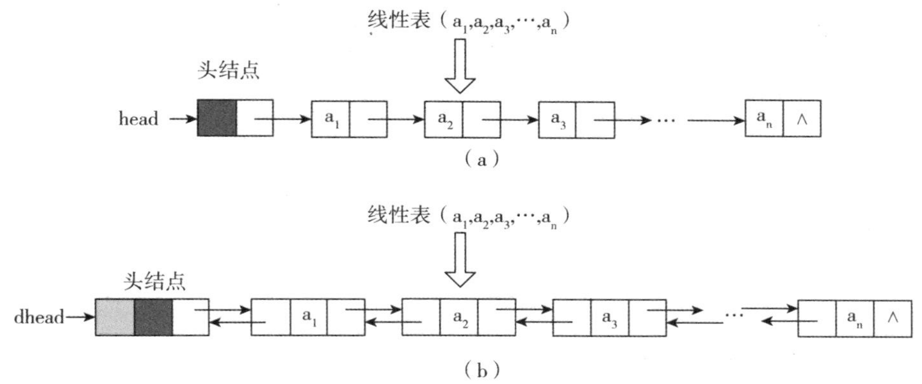

图 2.8　线性表到带头结点的链表的映射关系

(a)线性表映射为带头结点的单链表；(b)线性表映射为带头结点的双向链表

在不带头结点的链表和带头结点的链表的算法实现过程中，空表的判定条件稍有区别。不带头结点的空表判定条件为“head == NULL”或“dhead == NULL”，带头结点的空表判定条件为“head->next == NULL”或“dhead->next == NULL”。两种空链表的结构如图 2.9 所示。

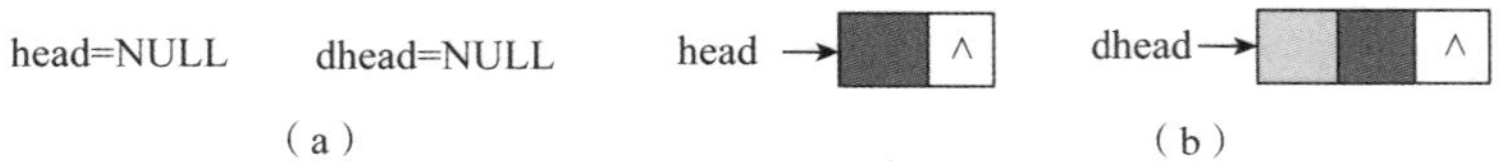

head=NULL　　dhead=NULL　　head　∧　　dhead　∧

（a）　　（b）

图 2.9　两种空链表的结构

(a)不带头结点；(b)带头结点

例如，采用带头结点的单链表存储的学生信息表及其存储结构如图 2.10 所示，此时 920 为头结点的地址，数据域为结构体变量，包括学号、姓名和专业等数据项。

学号	姓名	专业
170310203	杨紫	计算机科学与技术
170310252	李为	计算机科学与技术
170330202	钟冰冰	人工智能
170320211	付哲	软件工程
170340101	王雪	自动化
170340120	王鑫	自动化

(a)

图 2.10　学生信息表及其存储结构

(a)学生信息表

地址	学号	姓名	专业	下一结点地址
920				1 280
960				
1 000	170340101	王雪	自动化	1 400
1 040				
1 080	170310252	李为	计算机科学与技术	1 320
1 120				
1 160	170320211	付哲	软件工程	1 000
1 200				
1 240				
1 280	170310203	杨紫	计算机科学与技术	1 080
1 320	170330202	钟冰冰	人工智能	1 160
1 360				
1 400	170340120	王鑫	自动化	∧
1 440				

(b)

(c)

图 2.10　学生信息表及其存储结构(续)

(b)物理结构；(c)逻辑结构

2.3.2　单链表

单链表的结点采用结构体类型定义，用 C++语言描述如下：

```
typedef int ElemType;
typedef struct LNode{
    ElemType data;
    LNode *next;
}LNode;
class LinkList{
  private:
    LNode *head;
  public:
    LinkList();                        //构造一个空链表
    ~LinkList();                       //销毁链表
    void CreateList_h(int n);          //头插法创建具有 n 个数据元素的线性链表
    void CreateList_t(int n);          //尾插法创建具有 n 个数据元素的线性链表
```

```
    void InsertList(int i,ElemType e);     //在表中第 i 个位置插入数据元素
    void DeleteList(int i,ElemType &e);    //删除表中第 i 个位置上的数据元素
    int GetElem(int i,ElemType &e);        //获取第 i 个数据元素,并其数据域赋值给 e
    int LocateElem(ElemType e);            //在链表中查找数据元素 e
    int ListLength();                      //计算表长
};
```

其他操作根据实际情况进行定义。

(1)LinkList()函数为构造函数，申请一个头结点并置指针域为 NULL，用 C++语言描述如下：

```
LinkList::LinkList(){
    head=new LNode;
    head->next=NULL;
}
```

本算法的时间复杂度为 O(1)。

(2)~LinkList()函数为析构函数，主要功能是依次释放链表中结点的存储空间，用 C++语言描述如下：

```
LinkList::~LinkList(){
    LNode *p=head;
    while(p){
        head=head->next;
        delete p;
        p=head;
    }
}
```

本算法的时间复杂度为 O(n)。

(3)CreateList_h()函数从一个空表开始(初始化)，依次读入数据，生成新结点，将读入的数据元素存储到新结点的数据域中，将新结点插入当前链表的头结点后，直至读入所有数据为止。头插法建立单链表的示意如图 2.11 所示。

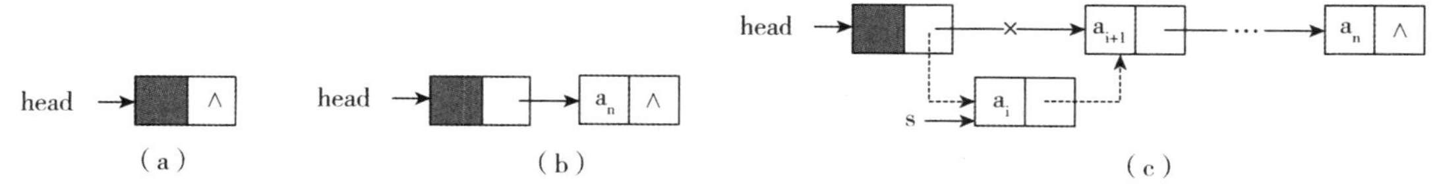

图 2.11 头插法建立单链表的示意

(a)初始化；(b)插入元素 a_n；(c)插入元素 a_i

由图 2.11 可知，头插法建立链表虽然算法简单，但为了保证链表中的结点保持 a_1，a_2，…，a_n 的位序，结点的输入顺序应与结点的逻辑顺序相反，即首先被插入的结点是线性表的最后一个数据元素 a_n，最后被插入的结点是线性表的第一个数据元素 a_1，因此该方法

也称为单链表的逆位序创建法。头插法创建单链表的算法如下：

```
void LinkList::CreateList_h(int n){
    LNode *s;
    for(int i=0;i<n;i++){
        s=new LNode;                //建立新结点
        cin>>s->data;               //读入数据元素
        s->next=head->next;         //将新结点插入头结点之后
        head->next=s;
    }
}
```

本算法的时间复杂度为 O(n)。

(4)CreateList_t()函数进行插入时，结点的输入顺序与结点实际的逻辑顺序相同，新生成的结点插入当前链表的表尾。为此需要增加一个尾指针 rear，rear 始终指向当前链表的尾结点。尾插法创建单链表示意如图 2.12 所示。

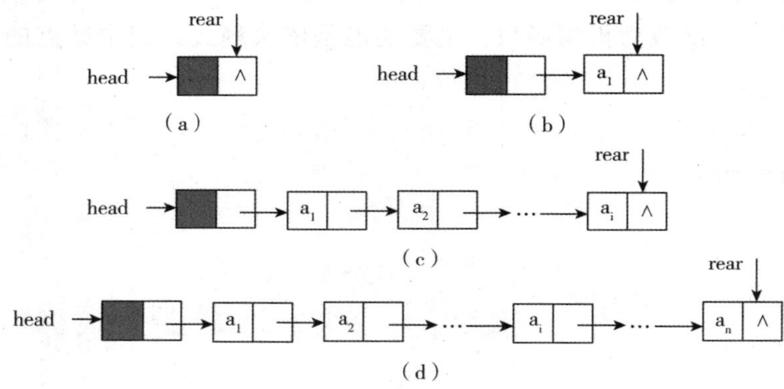

图 2.12　尾插法创建单链表示意

(a)初始化；(b)插入元素 a_1；(c)插入元素 a_i；(d)插入元素 a_n

由于尾插法按线性表中数据元素的位序依次创建单链表，新生成的结点插在表尾，因此也被称为“正位序”创建法。指针 rear 随着结点的插入而移动。尾插法创建单链表的 C++语言描述如下：

```
void LinkList::CreateList_t(int n){
    LNode *rear=head, *s;
    for(int i=0;i<n;i++){
        s=new LNode;                //建立新结点
        cin>>s->data;               //读入数据元素
        rear->next=s;               //将新结点插入表尾
        rear=s;                     //尾指针指向新结点
    }
    s->next=NULL;                   //置最后结点的指针域为 NULL
}
```

本算法的时间复杂度为 O(n)。

(5) InsertList( ) 函数将值为 e 的新结点插入第 i-1 个结点和第 i 个结点之间，成为新的第 i 个结点，如图 2.13 所示。

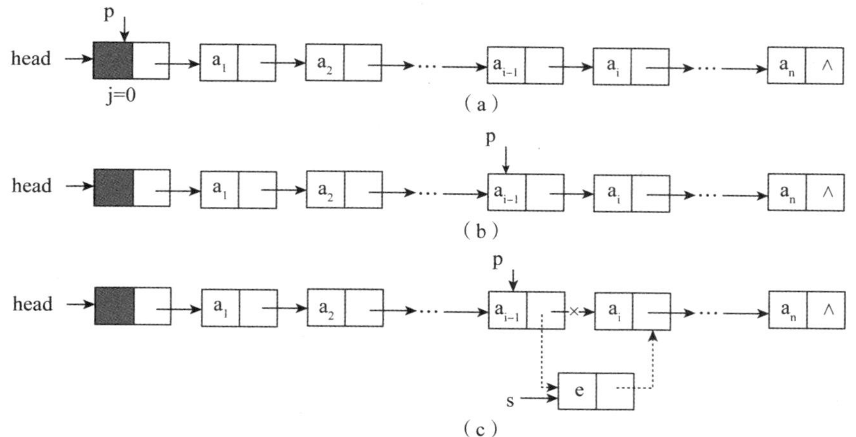

图 2.13 在单链表中插入结点的操作示意

(a) 初始化；(b) 找到第 i-1 个结点；(c) 插入后

在单链表中插入结点的 C++语言描述如下：

```
void LinkList::InsertList(int i,ElemType e){
    LNode *p=head, *s;        //初始化工作指针 p
    int j=0;                  //初始化计数器
    while(p&&j<i-1){          //查找第 i-1 个结点,并使工作指针指向该结点
        p=p->next;
        j++;
    }
    if(!p || j>i-1) return;   //插入位置不合理,异常处理
    else{                     //查找成功,生成值为 e 的新结点 s,并将 s 插入指针 p 所指结点的后面
        s=new LNode;
        s->data=e;
        s->next=p->next;      //插入新结点
        p->next=s;
    }
}
```

本算法的时间复杂度为 O(n)。

(6) DeleteList( ) 函数在单链表中删除第 i 个结点，即先找到第 i-1 个结点，然后删除其后继结点，如图 2.14 所示。

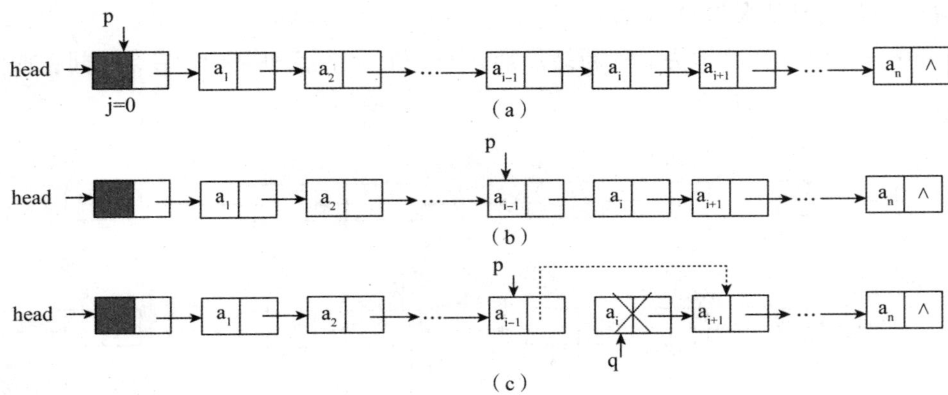

图 2.14 单链表删除的操作示意

(a)初始化；(b)找到第 i-1 个结点；(c)删除后

在单链表删除结点的 C++语言描述如下：

```
void LinkList::DeleteList(int i,ElemType &e){
    LNode *p=head;                //初始化工作指针 p
    int j=0;                      //初始化计数器
    while(p->next&&j<i-1){        //查找第 i-1 个结点
        p=p->next;
        j++;
    }
    if(!p->next || j>i-1)return;  //删除位置不合理,异常处理
    else{
        LNode *q=p->next;
        e=q->data;                //保存待删除结点的数据元素
        p->next=q->next;          //删除结点
        delete q;                 //释放空间
    }
}
```

本算法的时间复杂度为 O(n)。

(7)GetElem()函数从单链表头结点开始查找第 i 个结点，若存在第 i 个结点，则将该结点的数据域赋值给变量 e，并返回 1，否则返回 0。该函数的 C++语言描述如下：

```
int LinkList::GetElem(int i,ElemType &e){
    int j=0;
    LNode *p=head;
    while(j<i&&p){
        p=p->next;
        j++;
    }
    if(!p || j>i)return 0;        //不存在第 i 个结点,返回 0
```

```
    else{                         //存在第 i 个结点,返回 1
        e=p->data;
        return 1;
    }
}
```

本算法的时间复杂度为 O(n)。

(8) LocateElem( ) 函数在单链表中查找第一个值为 e 的结点，若存在这样的结点，则返回 1，否则返回 0，用 C++语言描述的算法如下：

```
int LinkList::LocateElem(ElemType e){
    LNode *p=head->next;
    while(p&&p->data!=e)
        p=p->next;
    if(!p)return 0;               //不存在元素值为 e 的结点,返回 0
    else return 1;                //存在元素值为 e 的结点,返回 1
}
```

本算法的时间复杂度为 O(n)。

(9) ListLength( ) 函数从单链表的第一个结点开始依次遍历整个链表，每遍历一个结点，计数器加 1，最后返回结点的数量。

```
int LinkList::ListLength(){
    LNode *p=head->next;
    int count=0;
    while(p){                     //依次遍历链表
        count++;                  //计数器加 1
        p=p->next;
    }
    return count;                 //返回结点的数量
}
```

本算法的时间复杂度为 O(n)。

例 2.5 已知一个带头结点的单链表 heada 存放一组整型数，设计一个算法将该链表分成两个单链表，分别存放值为偶数的结点和值为奇数的结点。

【解】将单链表 heada 分成 heada 和 headb，heada 用来存放值为偶数的结点，headb 用来存放值为奇数的结点，用 C++语言描述的算法如下：

```
void SplitList(LNode *&heada,LNode *&headb){
    LNode *pr=heada;              //pr 指向头结点
    LNode *p=heada->next;         //p 指向存放第一个数据元素的结点,用 p 扫描整个单链表,pr 尾随 p
    LNode *s;
    headb=new LNode;              //创建 headb 的头结点
    headb->next=NULL;
    while(p)
```

```
        if(p->data%2==0){          //结点的值为偶数,pr和p分别指向下一个结点
            pr=p;
            p=p->next;
        }
        else{                      //结点的值为奇数,用头插法在headb中插入该结点
            s=new LNode;
            s->data=p->data;
            s->next=headb->next;
            headb->next=s;
            pr->next=p->next;      //删除heada中的结点
            delete p;
            p=pr->next;
        }
    }
```

例 2.6 已知一个带头结点的单链表 head 存放了一组值按非递减排列的整型数，设计一个算法删除单链表中值大于 min 且小于 max 的所有结点。

【解】查找单链表 head 中第一个值大于 min 的结点，再删除该结点后所有值小于 max 的结点，用 C++语言描述的算法如下：

```
void DeleteRange(LNode *&head,int min,int max){
    LNode *pr=head, *p=head->next;
    while(p&&p->data<=min){          //查找第一个值大于min的结点
        pr=p;
        p=p->next;
    }
    while(p&&p->data<max){           //查找值小于max的结点并删除
        pr->next=p->next;
        delete p;
        p=pr->next;                  //p指向下一个结点
    }
}
```

例 2.7 已知一个不带头结点的单链表 head 存放了一组整型数，在不借助辅助空间的情况下，设计一个倒置该单链表的算法。

【解】设置中间指针 q 来实现单链表 head 的倒置，用 C++语言描述的算法如下：

```
void ReverseList(LNode *&head){
    LNode *p=head;
    if(p==NULL || p->next==NULL)return;//链表为空或仅有一个结点,无须倒置
    LNode *qr=p->next, *q;
    p->next=NULL;
    while(qr->next){                     //依次倒置结点
        q=qr->next;
```

```
        qr->next=p;
        p=qr;
        qr=q;
    }
    qr->next=p;
    head=qr;                        //头指针指向最后一个结点
}
```

2.3.3 循环链表

循环链表是一种头尾相接的链表。它的特点是链表尾结点的指针域指向头结点，整个链表形成一个环，从表上任何一个结点出发均可找到链表中的其他结点。

在单链表中，将终端结点的指针域 NULL 改为指向表头结点或开始结点，即可得到单链形式的循环链表，称为单循环链表。与单链表一样，为了使空表和非空表的处理一致，循环链表中也可设置一个头结点，如图 2.15 所示。

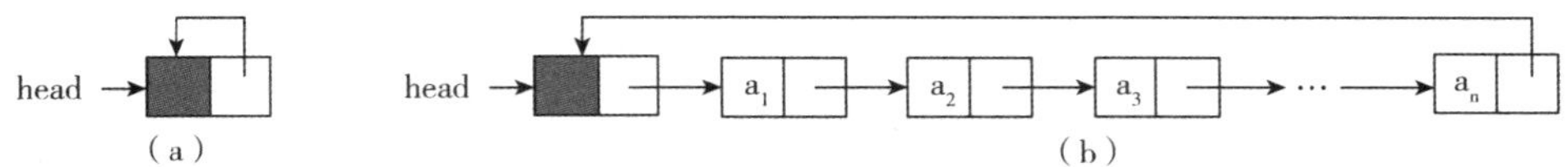

图 2.15 单循环链表

(a)空单循环链表；(b)非空单循环链表

单循环链表的基本算法与非循环单链表的算法基本相同，只需对表尾的判断条件稍作修改。例如，判断表尾结点的条件为“p->next==head”。

例 2.8 已知一个带头结点的单循环链表存放了一组整型数(链表中可能有相同值的结点)，设计一个算法，删除值相同的结点，使链表中无相同值的结点。

【解】设单循环链表相同结点删除前后如图 2.16 所示，用 C++语言描述的算法如下：

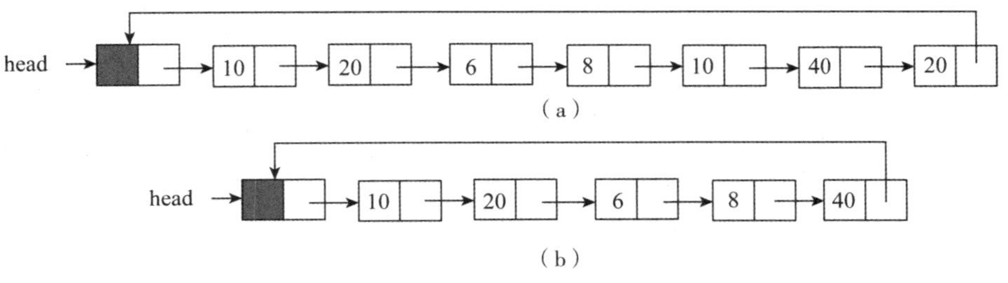

图 2.16 例 2.8 的示例

(a)删除前；(b)删除后

```
void DeleteNode(LNode *&head){
    LNode *p=head->next, *q, *qr;
    if(p==head || p->next==head)return;   //空表或仅有一个结点的链表,无须删除
    while(p!=head){
        qr=p;
        q=p->next;
```

```
        while(q!=head){                   //从q开始扫描链表,删除与p->data相同的结点
            if(p->data!=q->data){         //值不相同,指针q向后移动
                qr=q;
                q=q->next;
            }
            else{                         //删除与指针p指向的结点值相同的结点
                qr->next=q->next;
                delete q;
                q=qr->next;
            }
        }
        p=p->next;                        //p向后移动,处理下一个结点
    }
}
```

例 2.9 已知一个带头结点的单循环链表 head 中存放了 n 个数据元素，设计一个返回中间结点地址的算法。存放 n 个元素的链表的中心结点位置为$\left\lceil \frac{n}{2} \right\rceil$①。

【解】用 C++语言描述返回中间结点地址的算法如下：

```
LNode *midnode(LNode *head){
    LNode *a1=head->next;
    if(a1==head || a1->next==head)return a1;//空链表或仅有一个结点的链表,返回a1
    LNode *a2=a1->next;
    while(a2!=head&&a2->next!=head){      //查找中心结点
        a1=a1->next;
        a2=a2->next->next;
    }
    return a1;                            //返回中心结点的地址
}
```

在实际问题中，表的操作常常在表尾上进行，此时头指针表示的单循环链表就显得不够方便。用尾指针 rear 表示单循环链表，查找开始结点 a_1 和终端结点 a_n 都很方便，它们的存储位置分别是 rear->next->next 和 rear，时间复杂度均是 O(1)。实际应用中常采用尾指针表示单循环链表。带尾指针的单循环链表如图 2.17 所示。

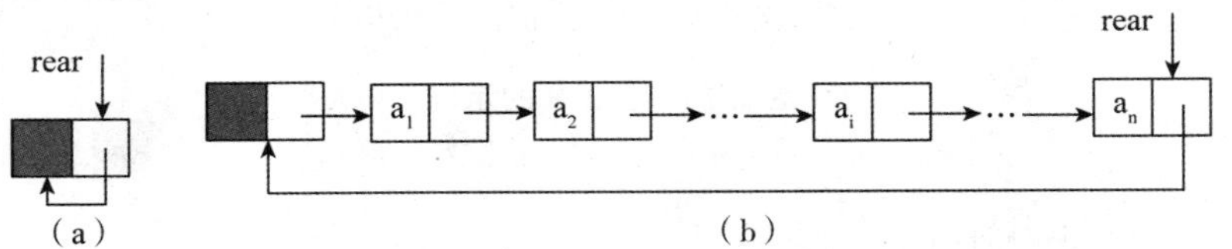

图 2.17 带尾指针的单循环链表

(a)空表；(b)非空表

① 符号⌊x⌋表示不大于 x 的最大整数，⌈x⌉表示不小于 x 的最小整数。

下面给出用 C++语言描述的带尾指针的单循环链表的创建、插入和删除等操作的算法。

(1)创建空表的算法如下：

```
void InitList(LNode *&rear){
    rear=new LNode;                    //创建头结点
    rear->next=rear;
}
```

(2)插入操作的算法如下：

```
void InsertList(LNode *&rear,ElemType e){
    LNode *s=new LNode;
    s->data=e;
    s->next=rear->next;
    rear->next=s;
    rear=s;
}
```

(3)删除操作的算法如下：

```
void DeleteList(LNode *&rear,ElemType &e){//删除链表中的第一个结点
    if(rear->next==rear)return;            //空表,无法删除元素
    LNode *p=rear->next->next;             //p 指向第一个数据元素
    e=p->data;
    rear->next->next=p->next;
    if(p==rear)rear=p->next;               //表中仅有一个结点,删除后 rear 指向头结点
    delete p;
}
```

2.3.4 双向链表

双向链表的类定义与单链表类似，下面介绍其操作函数。

(1)CreateDList_h()函数采用头插法创建 n 个元素的双向链表，用 C++语言描述的算法如下：

```
void CreateDList_h(DNode *&head,int n){
    DNode *s;
    head=new DNode;                        //创建头结点
    head->next=head->prior=NULL;           //前后指针置为 NULL
    for(int i=0;i<n;i++){                  //循环创建数据结点
        s=new DNode;                       //创建数据结点
        cin>>s->data;                      //读入数据
        s->next=head->next;                //连接 s 的两个指针
        s->prior=head;
        if(head->next!=NULL)head->next->prior=s;
        head->next=s;
    }
}
```

（2）CreateDList_t( )函数采用尾插法创建 n 个元素的双向链表，用 C++语言描述的算法如下：

```
void CreateDList_t(DNode *&head,int n){
    DNode *s, *rear;
    head=new DNode;                    //创建头结点
    head->next=head->prior=NULL;       //前后指针置为 NULL
    rear=head;                         //rear 始终指向尾结点,开始时头结点与尾结点相同
    for(int i=0;i<n;i++){              //循环创建数据结点
        s=new DNode;                   //创建数据结点
        cin>>s->data;                  //读入数据
        s->prior=rear;                 //将 s 插入 rear 后面
        rear->next=s;
        rear=s;
    }
    rear->next=NULL;
}
```

（3）InsertDList( )函数：在双向链表中，结点的插入操作涉及前驱结点和后继结点两个指针域的变化。设在双向链表中指针 p 所指结点后插入结点 s，需修改 4 个指针域。插入操作的指针变化过程如图 2.18 所示。其操作语句描述如下：

```
s->next=p->next;
s->prior=p;
p->next->prior=s;
p->next=s;
```

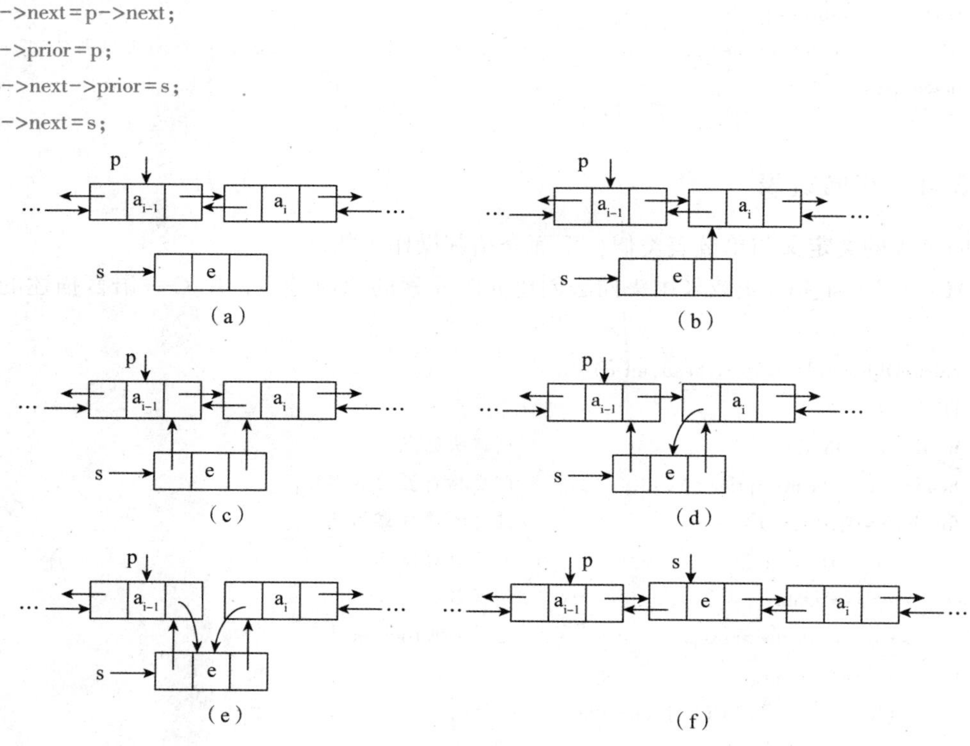

图 2.18　在双向链表中插入结点的指针变化过程

（a）插入前；（b）s->next=p->next；（c）s->prior=p；（d）p->next->prior=s；（e）p->next=s；（f）插入后

用C++语言描述在双向链表中第i个位置上插入值为e的结点的算法如下：

```
void InsertDList(DNode *&head,int i,ElemType e){
    int j=0;                              //计数器置0
    DNode *p=head, *s;                    //p指向头结点
    while(p&&j<i-1){                      //查找第i-1个结点
        p=p->next;
        j++;
    }
    if(!p || j>i-1)return;                //未找到第i-1个结点,插入位置不合理,元素未插入
    s=new DNode;                          //找到第i-1个结点,创建结点s
    s->data=e;
    s->next=p->next;                      //在结点p后插入结点s
    s->prior=p;
    if(p->next)p->next->prior=s;          //p存在后继结点,其后继结点的前驱指向s
    p->next=s;                            //p不存在后继结点,其后继结点指向s
}
```

(4)DeleteDList()函数：在双向链表中，结点的删除操作涉及前驱结点和后继结点两个指针域的变化。设在双向链表中删除指针p所指结点的后继结点q，需修改两个指针域。删除操作的指针变化过程如图2.19所示。其操作语句描述如下：

```
p->next=q->next;
q->next->prior=p;
```

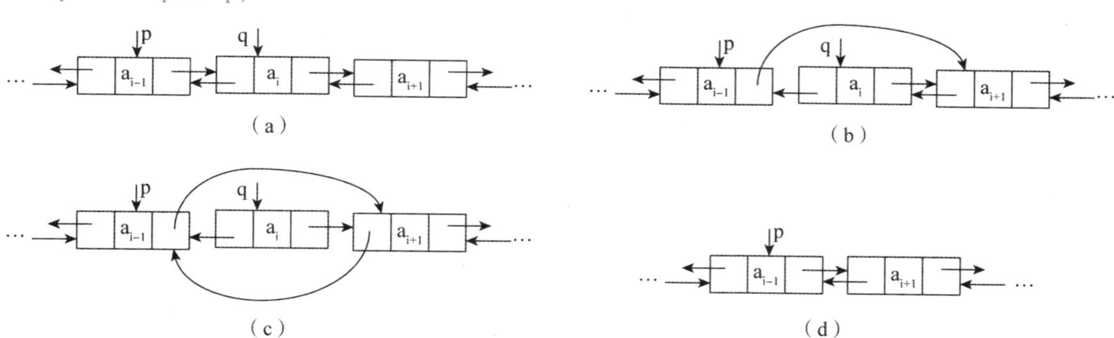

图2.19 在双向链表中删除结点的指针变化过程

(a)删除前；(b)p->next=q->next；(c)q->next->prior=p；(d)删除后

用C++语言描述在双向链表中删除第i个结点的算法如下：

```
void DeleteDList(DNode *&head,int i,ElemType &e){
    int j=0;                              //计数器置为0
    DNode *p=head, *q;                    //p指向头结点
    while(p->next&&j<i-1){                //查找第i-1个结点
        p=p->next;
        j++;
    }
```

```
    if(!p->next || j>i-1) return;           //未找到第 i 个结点,删除位置不合理,元素未删除
    q=p->next;                              //找到第 i 个结点,q 指向第 i 个结点
    e=q->data;                              //q 有后继结点,q 的后继结点的前驱指向 p
    p->next=q->next;                        //删除 q 所指结点
    if(q->next) q->next->prior=p;
    delete q;
}
```

例 2.10 已知一个带头结点的双向链表存放了一组整型数，设计一个算法删除值等于 x 的所有结点。

【解】用 C++语言描述的删除算法如下：

```
void DeleteX(DNode *&head,int x){
    DNode *pr=head, *p=head->next;          //pr 指向头结点,p 指向第一个结点
    while(p)                                //循环删除值等于 x 的所有结点
      if(p->data!=x){                       //结点的值不等于 x,指针向后移动
        pr=p;
        p=p->next;
      }
      else{                                 //结点的值等于 x,删除该结点
        pr->next=p->next;
        if(p->next) p->next->prior=pr;
        delete p;
        p=pr->next;
      }
}
```

例 2.11 已知一个带头结点的双向链表存放了一组整型数，设计一个算法使其元素非递减排列。

【解】用 C++语言描述的排序算法如下：

```
void SortDList(DNode *&head){
    DNode *pr, *p=head->next, *q;
    if(p==NULL || p->next==NULL) return;//空双向链表或仅有一个结点的双向链表,无须处理
    p=p->next;                             //p 指向第二个数据元素
    head->next->next=NULL;                 //构造只有一个数据元素的有序表
    while(p){
        q=p->next;
        pr=head;                           //从有序表开始进行比较,pr 指向插入 p 的前驱结点
        while(pr->next&&pr->next->data<p->data)
          pr=pr->next;
        p->next=pr->next;                  //将 p 插入 pr 后面
        if(pr->next) pr->next->prior=p;
        pr->next=p;
```

```
        p->prior=pr;
        p=q;                          //继续处理原双链表中余下的结点
    }
}
```

练习：完成双向循环链表相关算法的构造。

2.4 有序表

有序表是其中所有元素以递增或递减方式有序排列的线性表。它是线性表的特例，算法实现上稍有不同。

2.4.1 有序表的抽象数据类型描述

有序表的抽象数据类型描述如下：

ADT OrderList{

数据对象：

$D=\{a_i \mid i=1,2,\cdots,n-1,n,a_i\in ElemType\}$

数据关系：

$R=\{(a_i,a_{i+1})\mid i=1,2,\cdots,n-1,a_i,a_{i+1}\in D \text{ 且 } a_i\leqslant a_{i+1}\}$

基本操作：

InitList(&L)：初始化有序表，建立一个空的有序表

DestroyList(&L)：销毁有序表，释放有序表占用的存储空间

ListLength(L)：求有序表的长度，返回有序表中的元素数量

ListEmpty(L)：判断线性表是否为空表，若为空表返回1，否则返回0

GetElem(L,i,&e)：读取有序表中的第i个元素，并把值赋给e

DispList(L)：输出有序表中的元素值

LocateElem(L,e)：在有序表中查找值等于e的结点，若找到返回e的序号，否则返回-1

InsertList(&L,e)：在有序表中插入元素e

DeleteList(&L,i,e)：删除有序表中的第i个元素

}ADT OrderList

有序表中数据元素的逻辑关系与线性表中数据元素的逻辑关系完全相同，可以采用顺序表和链表进行存储。

采用带头结点的单链表存储有序表的类定义如下：

```
typedef int ElemType;
typedef struct LNode{
    ElemType data;
    LNode  *next;
}LNode;
class OrderList{
  private:
```

```
    LNode *head;
  public:
    OrderList();                              //构造一个空有序表
    ~OrderList();                             //销毁有序表
    void OrderInsert(ElemType e);             /在有序表中插入数据元素 e
    void OrderDelete(int i,ElemType &e);      //删除有序表中的第 i 个数据元素
    void GetElem(int i,ElemType &e);          //获取第 i 个数据元素
    int EmptyOrder();                         //有序表判空
};
```

(1)OrderList()函数为构造函数，申请一个头结点并置指针域为 NULL，用 C++语言描述的算法如下：

```
OrderList::OrderList(){
    head=new LNode;
    head->next=NULL;
}
```

(2) ~OrderList()函数为析构函数，依次释放有序表中结点的存储空间，用 C++语言描述的算法如下：

```
OrderList::~OrderList(){
    LNode *p=head;
    while(p){
        head=head->next;
        delete p;
        p=head;
    }
}
```

(3)OrderInsert()函数在有序表中插入数据元素，用 C++语言描述的算法如下：

```
void OrderList::OrderInsert(ElemType e){
    LNode *p=head->next, *pr=head, *s;
    while(p)
      if(p->data<e){                   //查找插入位置
        pr=p;
        p=p->next;
      }
      else{                            //插入元素
        s=new LNode;
        s->data=e;
        s->next=p;
        pr->next=s;
      }
}
```

(4)OrderDelete()函数删除有序表中的第 i 个元素，用 C++语言描述的算法如下：

```
void OrderList::OrderDelete(int i,ElemType &e){
    LNode  *p=head, *q;
    int j=0;
    while(p->next&&j<i-1){              //寻找第 i 个结点,p 指向其前驱结点
        p=p->next;
        j++;
    }
    if(!p->next || j>i-1)return;          //位置不合理,无法删除元素
    q=p->next;
    e=q->data;
    p->next=q->next;                      //删除元素
    delete q;
}
```

(5)GetElem()函数获取有序表的第 i 个数据元素，用 C++语言描述的算法如下：

```
void OrderList::GetElem(int i, ElemType &e){
    LNode  *p=head, *q;
    int j=0;
    while(p&&j<i){                        //寻找第 i 个结点,p 指向该结点
        p=p->next;
        j++;
    }
    if(!p || j>i)return;                  //获取位置不合理,无法获取元素
    e=p->data;
}
```

(6)EmptyOrder()函数判断有序表是否为空表，如果是空表则返回 1，否则返回 0，用 C++语言描述的算法如下：

```
int OrderList::EmptyOrder(){
    LNode  *p=head->next;
    if(p)return 0;
    else return 1;
}
```

例 2.12　已知两个带头结点的单链表分别按顺序存放集合 ha 和 hb，设计一个算法求 ha∪hb 放入 ha 中，返回 ha 中的元素数量。

【解】用 C++语言描述的算法如下：

```
int UnionSet(LNode  *&ha,LNode hb){
    LNode  *pr=ha, *pa=ha->next, *pb=hb->next, *s;
    int n=0;
    while(pa&&pb)                         //遍历两个链表,pr 和 pa 向后移动并计数
      if(pa->data<pb->data){
```

```
            pr=pa;
            pa=pa->next;
            n++;
        }
        else if(pa->data==pb->data){          //pr、pa 和 pb 向后移动并计数
            pr=pa;
            pa=pa->next;
            pb=pb->next;
            n++;
        }
        else{                                 //把 hb 中的结点插入 ha 中,pb 向后移动并计数
            s=new LNode;
            s->data=pb->data;
            s->next=pa;
            pr->next=s;
            n++;
            pr=s;
            pb=pb->next;
        }
    while(pa){                                //计算 ha 中剩余结点的数量
        n++;
        pa=pa->next;
    }
    while(pb){                                //把 hb 中的剩余结点加入集合 ha 中并计数
        s=new LNode;
        s->data=pb->data;
        s->next=NULL;
        pr->next=s;
        pr=s;
        pb=pb->next;
        n++;
    }
    return n;
}
```

例 2.13 已知一个单循环链表存放一组按值非递减的数据元素，设计一个插入元素 x 的算法，插入后链表仍然按值非递减排列。

【解】用 C++语言描述的算法如下：

```
void InsertX(LNode *&head,ElemType x){
    LNode *pr=head, *p=head->next, *s;
    while(p!=head&&p->data<=x){               //查找插入位置
        pr=p;
```

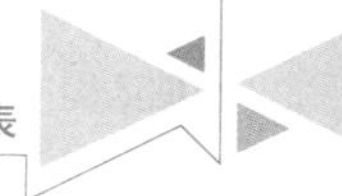

```
        p=p->next;
    }
    s=new LNode;                        //插入结点
    s->data=x;
    s->next=p;
    pr->next=s;
}
```

例 2.14　已知3个带头结点的双向链表ha、hb、hc分别存放集合A、B、C，其中结点均递增排列。设计一个算法求A∩B∩C，结果存放在链表ha中。

【解】用C++语言描述的算法如下：

```
void IntersectionSet(DNode *&ha,DNode *hb,DNode *hc){
    DNode *pa=ha->next, *pb=hb->next, *pc=hc->next;
    DNode *pr=ha;
    while(pa){                              //查找3个集合有公共元素的结点
        while(pb&&pa->data>pb->data)        //pa指向的结点与hb中的结点比较
            pb=pb->next;
        while(pc&&pa->data>pc->data)        //pa指向的结点与hc中的结点比较
            pc=pc->next;
        if(pb&&pc&&pa->data==pb->data&&pa->data==pc->data){//存在公共结点
            pr=pa;
            pa=pa->next;                    //pa指向下一个结点
        }
        else{                               //删除非公共结点
            pr->next=pa->next;
            if(pa->next)pa->next->prior=pa->prior;
            delete pa;                      //释放非公共结点空间
            pa=pr->next;                    //pa指向下一个结点
        }
    }
}
```

2.5　线性表的应用——多项式的操作

1. 问题描述

多项式的操作是线性表处理的典型用例，数学上一元多项式通常按降幂表示如下(指数为正整数的情况)：

$$A(x)=a_nx^n+a_{n-1}x^{n-1}+\cdots+a_1x+a_0 \qquad (a_n\neq 0)$$

A(x)由n+1个系数和指数的二元组唯一确定。在计算机中，A(x)可以用线性表$((a_n, n), (a_{n-1}, n-1), \cdots, (a_1, 1), (a_0, 0))$表示。

在实际应用中，多项式的指数可能很高且变化很大，在表示多项式的线性表中会存在很多数据元素 0。一个较好的存储方法只存储非 0 数据元素。例如，多项式 $A(x)=28x^6+8x^4-7x^2+10$ 可以用线性表((28，6)，(8，4)，(-7，2)，(10，0))表示。

本节通过一元多项式的加法运算讨论线性表的应用。多项式的加法实际上是合并同类项的过程。

设有两个多项式 A(x)与 B(x)：

$$A(x)=a_nx^n+a_{n-1}x^{n-1}+\cdots+a_1x+a_0$$

$$B(x)=b_nx^n+b_{n-1}x^{n-1}+\cdots+b_1x+b_0$$

两个多项式相加得

$$C(x)=A(x)+B(x)=(a_n+b_n)x^n+(a_{n-1}+b_{n-1})x^{n-1}+\cdots+(a_1+b_1)x+(a_0+b_0)$$

上式中，若系数之和为 0，则该项不在多项式中显示。

2. *数据表示*

用单链表作为多项式的存储结构，每个结点包含系数、指数和指针 3 个数据项。该单链表中数据结点的类型定义如下：

```
typedef struct LNode{
    int coef;                          //多项式的系数
    int exp;                           //多项式的指数
    LNode  *next;                      //指针
}LNode;
```

例如，多项式 $A(x)=28x^6+8x^4-7x^2+10$ 和 $B(x)=14x^8-8x^4+5x^3+6x^2+9x$ 可分别表示为如图 2.20 所示的单链表。

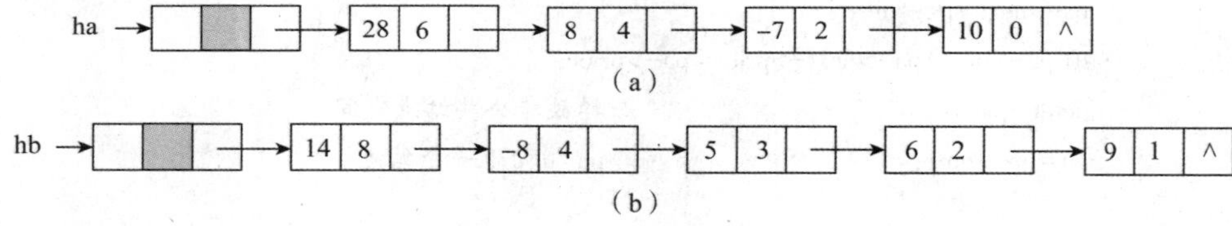

图 2.20　多项式存储示意

(a)A(x)；(b)B(x)

3. *多项式加法的类定义*

多项式加法运算的类定义用 C++语言描述如下：

```
#include<iostream>
using namespace std;
typedef struct LNode{
    int coef;
    int exp;
    LNode  *next;
}LNode;
```

```
class Poly{
    LNode  *head;
  public:
    void Create(int n);                    //创建多项式
    int Comp(int a,int b);                 //比较指数
    void AddPoly(poly &ha,poly hb);        //多项式相加
    void Print();                          //输出多项式
};
```

4. 基本操作的设计

（1）Create()函数采用头插法创建多项式，用 C++语言描述的算法如下：

```
void Poly::Create(int n){
    head=new LNode;                        //建立头结点
    head->next=NULL;
    LNode  *p;
    for(int i=0;i<n;i++){                  //输入 n 项多项式
        p=new lnode;
        cin>>p->coef>>p->exp;              //升序输入
        p->next=head->next;
        head->next=p;
    }
}
```

（2）Comp()函数比较多项式每一项的指数，用 C++语言描述的算法如下：

```
int Poly::Comp(int a,int b){
    if(a>b)return -1;
    else if(a==b)return 0;
        else return 1;
}
```

（3）AddPoly()函数分别对链表 ha 和 hb 进行扫描。设工作指针 pa 和 pb 分别指向两个多项式当前进行比较的结点，指针 q 指向 pa 的前驱，用 C++语言描述的算法如下：

```
void Poly::AddPoly(Poly &ha,Poly hb){
  LNode  *q=ha.head, *pa=ha.head->next, *pb=hb.head->next, *r;
  while(pa&&pb)  //当 pa 和 pb 都不为空时,比较指数的大小,将指数相同项的系数相加
    switch(comp(pa->exp,pb->exp)){
        case -1:q=pa;pa=pa->next;          //pa 的指数大于 pb 的指数,指针后移
                break;
        case 0:pa->coef+=pb->coef;          //pa 与 pb 的指数相同,系数相加
              if(pa->coef==0){             //系数相加的和为 0,删除该结点
                  q->next=pa->next;
                  delete pa;
```

```
                pa=q;
            }
            else q=pa;                      //系数相加的和不为0,将结果赋值给pa的系数
            pa=pa->next;
            pb=pb->next;
            break;
        case 1:r=new LNode;//pa的指数小于pb的指数,复制pb的系数和指数插入pa所指的结点前
            r->coef=pb->coef;
            r->exp=pb->exp;
            q->next=r;
            r->next=pa;
            q=r;
            pb=pb->next;
            break;
        }
    while(pb){                              //将hb中的剩余结点复制到ha中
        r=new LNode;
        r->coef=pb->coef;
        r->exp=pb->exp;
        q->next=r;
        r->next=pa;
        q=r;
        pb=pb->next;
    }
}
```

(4)Print()函数输出多项式，验证程序的正确性，用C++语言描述的算法如下：

```
void Poly::Print(){
    LNode *p=head->next;
    while(p){
        cout<<p->coef<<' '<<p->exp<<' ';
        p=p->next;
    }
    cout<<endl;
}
```

5. 设计求解程序

建立如下主函数调用上述算法：

```
int main(){
    Poly ha,hb;
    cout<<"创建多项式1:"<<endl;
    ha.Create(4);                           //创建ha
```

```
    cout<<"创建多项式2:"<<endl;
    hb.Create(5);                        //创建hb
    ha.Print();
    hb.Print();
    ha.AddPoly(ha,hb);                   //多项式相加
    cout<<"多项式之和:"<<endl;
    ha.Print();                          //输出运算后的多项式
    return 0;
}
```

一、选择

1. 线性表采用链式存储结构时，其地址(　　)。

A. 必须是连续的　　B. 一定是不连续的

C. 部分地址必须是连续的　　D. 连续与否均可以

2. 线性表中最常用的操作是在最后一个数据元素后面插入一个数据元素或删除第一个数据元素，则采用(　　)存储方式最节省运算时间。

A. 单链表　　B. 仅有头指针的单循环链表

C. 双链表　　D. 仅有尾指针的单循环链表

3. 链表中结点的结构为(data，next)。已知指针 q 所指结点是指针 p 所指结点的直接前驱结点，若在 q 和 p 之间插入结点 s，则应执行(　　)。

A. s->next=p->next；p->next=s;　　B. q->next=s；s->next=p;

C. p->next=s->next；s->next=p;　　D. p->next=s；s->next=q;

4. 链表不具有的特点是(　　)。

A. 插入或删除元素不需要移动元素　　B. 不必事先估计存储空间

C. 可以随机访问任何元素　　D. 所需空间与线性表的长度成正比

5. 在下列顺序表的操作中，时间复杂度为 O(1)的算法是(　　)。

A. 访问第 i 个元素的前驱结点(1<i≤n)　　B. 在第 i 个元素后插入新元素(1≤i≤n)

C. 删除第 i 个元素(1≤i≤n)　　D. 对顺序表中的元素进行排序

6. 在头结点为 head 且表长大于 1 的单循环链表中，指针 p 指向表中某个结点，若 p->next->next==head，则(　　)。

A. p 指向头结点　　B. p 指向尾结点

C. p 的直接后继结点是头结点　　D. p 的直接后继结点是尾结点

7. 如果最常用的操作是取第 i 个结点及其前驱，则采用(　　)存储方式最节省时间。

A. 单链表　　B. 单循环链表　　C. 双链表　　D. 顺序表

8. 设单循环链表中结点的结构为(data，next)，且指针 rear 指向非空的带表头结点的单

循环链表的尾结点。若要删除链表的第一个结点，则应执行(　　)。

A. s=rear; rear=rear->next; delete s;

B. rear=rear->next; delete rear;

C. rear=rear->next->next; delete rear;

D. s=rear->next->next; rear->next->next=s->next; delete s;

9. 设双向链表中结点的结构为(pre, data, next)，且不带头结点。若在指针 p 所指结点后面插入结点 s，则应执行(　　)。

A. p->next=s; s->pre=p; p->next->pre=s; s->next=p->next;

B. p->next=s; p->next->pre=s; s->pre=p; s->next=p->next;

C. s->pre=p; s->next=p->next; p->next=s; p->next->pre=s;

D. s->pre=p; s->next=p->next; if(p->next)p->next->pre=s; p->next=s;

10. 与单链表相比，双向链表的优点是(　　)。

A. 可以随机地访问　　B. 插入、删除结点更简单

C. 可以灵活地访问前后相邻的结点　　D. 可以省略表头指针或表尾指针

11. 两个有序表分别有 n 个元素与 m 个元素，且 n≤m，将其合并成一个有序表，最少的比较次数是(　　)。

A. n　　B. m　　C. n−1　　D. m+n

12. 在一个双向链表中，若 pr 是 p 的直接前驱结点，则删除结点 p 的正确语句为(　　)。

A. pr->next=p->next; p->next->prior=pr; delete p;

B. pr->next=p->next; if(p->next)p->next->prior=pr; delete p;

C. p->next->prior=pr; pr->next=p->next; delete p;

D. pr->next=p->next; delete p;

二、填空

1. 在如题图 2.1 所示的链表中，若在指针 p 所指的结点后面插入数据域值相继为 a 和 b 的两个结点，请在空格处填入正确的语句实现该操作。

题图 2.1

__________;

p->next=s;

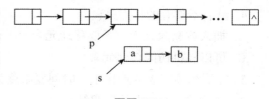

2. 若线性表的数据元素总数基本稳定，很少进行插入和删除操作，但要求以最快的速度存取表中的数据元素，则应采用__________存储表示；若经常进行插入和删除操作，则应采用________存储表示。

3. 已知 L 是无表头结点的单链表，且结点 p 既不是首元结点，也不是尾结点，选择合适的语句序列填入横线处。

(1)在结点 p 后插入结点 s 的语句序列是__________________;

(2)在结点 p 前插入结点 s 的语句序列是__________________;

(3)在表首插入结点 s 的语句序列是____________________；

(4)在表尾插入结点 s 的语句序列是____________________；

A. p->next=s；

B. p->next=p->next->next；

C. p->next=s->next；

D. s->next=p->next；

E. s->next=L；

F. s->next=NULL；

G. q=p；

H. while(p->next!=q)p=p->next；

I. while(p->next!=NULL)p=p->next；

J. p=q；

K. p=L；

L. L=s；

M. L=p；

4. 已知结点 p 是某双向链表的中间结点，选择合适的语句序列填入横线处。

(1)在结点 p 后插入结点 s 的语句序列是____________________；

(2)在结点 p 前插入结点 s 的语句序列是____________________；

(3)删除结点 p 的直接后继结点的语句序列是____________________；

(4)删除结点 p 的直接前驱结点的语句序列是____________________；

(5)删除结点 p 的语句序列是____________________；

A. p->next=p->next->next；

B. p->prior=p->prior->prior；

C. p->next=s；

D. p->prior=s；

E. s->next=p；

F. s->prior=p；

G. s->next=p->next；

H. s->prior=p->prior；

I. p->prior->next=p->next；

J. p->prior->next=p；

K. p->next->prior=p；

L. p->next->prior=s；

M. p->prior->next=s；

N. p->next->prior=p->prior；

O. q=p->next；

P. q=p->prior；

Q. delete p；

R. delete q；

三、算法设计

1. 已知一个带头结点的单链表 ha 中存放了一组整型数，构造算法：将链表 ha 中值为偶数的结点加入链表 hb 中，且链表 hb 按值非递减排列。函数原型为 void Inserthb(LNode *ha, LNode *&hb)。

2. 已知一个不带头结点的单链表 head 中存放了一组整型数，构造算法，删除链表中值最大的结点。

3. 设 ha=(a_1, a_2, …, a_n)和 hb=(b_1, b_2, …, b_m)是两个带头结点的单循环有序链表，设计一个算法将这两个表合并为带头结点的单循环链表 hc(合并后仍然有序)。

4. 已知两个带头结点的单循环链表 ha 和 hb 存放了整型数，设计一个算法，删除 ha 中第 i 个元素起共 len 个元素，并将它们插入 hb 中第 j 个元素前面。

5. 已知一个带头结点的双向链表按值递增排列，设计一个算法删除链表中值为 x 的结点。若结点不存在，则函数返回 0，否则返回 1。

6. 已知一个带头结点的双向链表 head 存放了一组按值非递减排列的整型数，设计一个算法删除双向链表中值大于 min 且小于 max 的所有结点。

四、上机实验

1. 编写一个程序，实现双向链表的下列操作(设双向链表的元素类型为 char)：

(1)创建一个带头结点的双向链表；

(2)采用尾插法创建 n 个元素的双向链表；

(3)在双向链表的第 i 个元素前插入元素 e；

(4)删除双向链表的第 i 个元素，并把值赋给 e；

(5)输出双向链表。

2. 以 2.5 节多项式的表示为基础，设计一个完整的程序实现多项式的乘法。

第 3 章　栈和队列

栈和队列是两种常用的线性结构，属于特殊的线性表。一般来说，线性表上的插入和删除操作不受任何限制，而栈只能在表的一端进行插入和删除操作，队列只能在一端进行插入操作，在另一端进行删除操作。因此，栈和队列是操作受限的线性表。

3.1　栈

栈广泛用于操作系统、编译程序等各种软件系统中，是最常用和最重要的线性结构。将递归算法转换成非递归算法时通常需要用栈来实现。

3.1.1　栈的定义

栈是限定在表的一端进行插入和删除操作的线性表。表中允许插入和删除操作的一端称为**栈顶**，另一端称为**栈底**。没有任何元素时的栈称为**空栈**。栈顶位置是动态的，由一个称为栈顶的指针指示其位置(具体实现时一般指向当前元素的下一个空位)。栈的插入操作通常称为压栈或进栈，删除操作通常称为退栈或出栈。

栈具有**后进先出**的特点，即后进栈的元素先出栈。每次进栈的元素放在当前栈顶元素的前面，成为新的栈顶元素，每次出栈的元素是当前的栈顶元素。

如图 3.1 所示，(a)表示 n 个元素的栈 $S=(a_1, a_2, \cdots, a_n)$，其中 a_1 为栈底，a_n 为栈顶，base 指向栈底，top 指向栈顶(实际上是栈顶元素的下一个位置)，(b)表示空栈，(c)表示插入元素 x 后的状态。(d)表示插入元素 y、z、w 后的状态，(e)表示删除元素 w 后的状态。

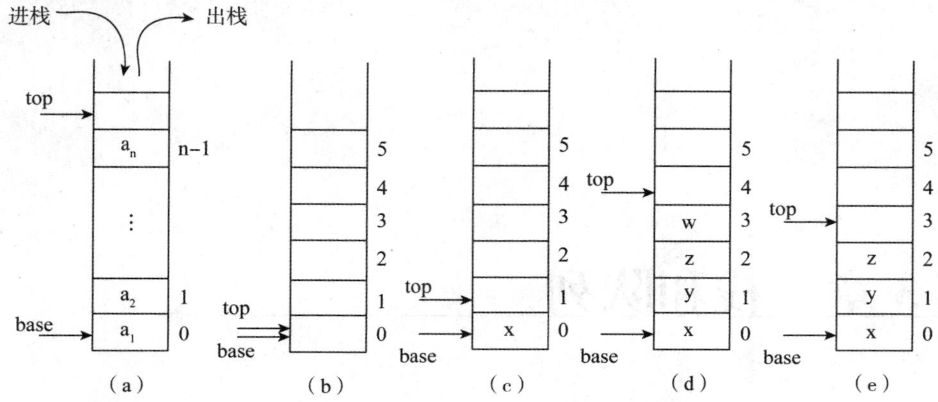

图 3.1　栈与栈操作示意

(a)n 个元素的栈；(b)空栈；(c)x 进栈；(d)y、z、w 进栈；(e)w 出栈

栈的抽象数据类型定义如下：

ADT Stack{

数据对象：

D={ a_i | a_i ∈ SElemType, i=1,2,…,n−1 }

数据关系：

R={ (a_i, a_{i+1}) | a_i, a_{i+1} ∈ D, i=1,2,…,n−1 }

基本操作：

InitStack(&s)：初始化空栈 s

DestroyStack(&s)：销毁栈，释放栈的空间

EmptyStack(s)：栈的判空函数

GetTop(s,&e)：获取栈顶元素

Push(&s,e)：进栈，将元素 e 压入栈中

Pop(&s,&e)：出栈，返回当前栈顶元素，并将其值赋给 e

}ADT Stack

栈是一种特殊的线性表，与线性表的存储结构分类类似，栈的存储结构分为顺序存储结构(通常称为顺序栈)和链式存储结构(通常称为链栈)。

3.1.2　顺序栈

顺序栈利用一组地址连续的存储空间依次存放栈中的元素，并用变量 top 指向当前栈顶元素的下一个空位来反映栈中元素的变化情况，用变量 base 指向栈底，如图 3.2 所示。

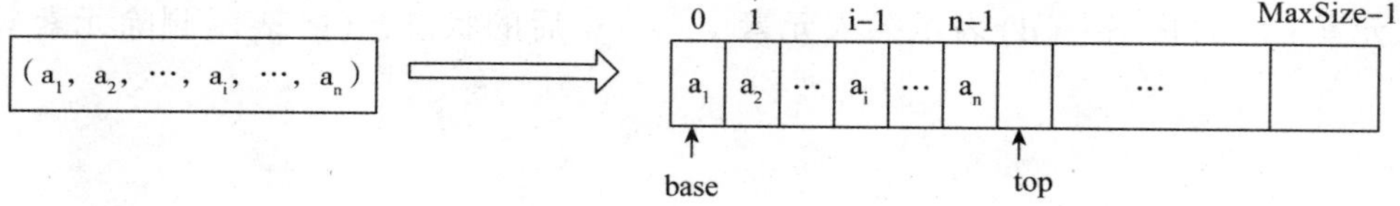

图 3.2　顺序栈

顺序栈的类定义如下：

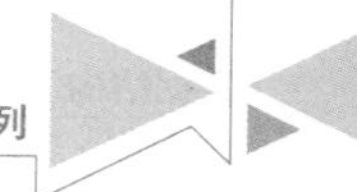

```
#define InitStackSize 100
#define StackIncrement 10
class SqStack{
  private:
    SElemType *base, *top;                //base为栈底指针,top为栈顶指针
    int stacksize;                        //栈容量
  public:
    SqStack();                            //初始化,建立空栈
    ~SqStack(){delete [] base;stacksize=0;}  //销毁栈
    SElemType GetTop();                   //获取栈顶元素
    void Push(SElemType e);               //进栈
    void Pop(SElemType &e);               //出栈
    int EmptyStack();                     //判断栈是否为空
    void PrintStack();                    //输出栈中的元素
};
```

(1)SqStack()函数为构造函数，用来初始化，建立空栈，用C++语言描述的算法如下：

```
SqStack::SqStack(){
    base=top=new SElemType[InitStackSize];
    stacksize=InitStackSize;
}
```

(2)GetTop()函数获取栈顶元素，用C++语言描述的算法如下：

```
SElemType SqStack::GetTop(){
    if(top==base){
      cout<<"栈空,栈顶无元素";
      exit(-1);
    }
    return *(top-1);
}
```

(3)Push()函数实现进栈操作，用C++语言描述的算法如下：

```
void SqStack::Push(SElemType e){
    if(top-base==stacksize){              //栈满,分配空间
        SElemType *base1=new SElemType[stacksize+StackIncrement];
        for(int i=0;i<stacksize;i++)      //转移元素
            base1[i]=base[i];
        delete []base;                    //释放空间
        base=base1;
        top=base+stacksize;
        stacksize+=StackIncrement;
    }
    *top++=e;
```

```
}
```

(4)Pop()函数实现出栈操作，用 C++语言描述的算法如下：

```
void SqStack::Pop(SElemType &e){
    if(top==base)return;                    //栈为空,删除操作不合法
    e= *--top;
}
```

(5)EmptyStack()函数判断栈是否为空栈，如果是空栈则返回 1，否则返回 0，用 C++语言描述的算法如下：

```
int SqStack::EmptyStack(){
    if(top==base)return 1;                  //栈为空,返回 1
    else return 0;                          //栈为非空,返回 0
}
```

(6)PrintStack()函数输出栈中元素，用 C++语言描述的算法如下：

```
void SqStack::PrintStack(){
    SElemType  *p=base;
    while(p!=top){
        cout<< *p;
        p++;
    }
}
```

例 3.1 利用顺序栈的类定义设计一个实现十进制转换成其他进制的算法。

【解】在进行数值计算时，常会遇到十进制整数 N 转换成 d 进制数(如二进制、八进制、十六进制等)的情况，一般进制转换基于下列原理：

$$N=(N/d)\times d+N\%d$$

例如，将十进制数 2020 转换成八进制的运算过程如下：

N	N/8	N%8
2 020	252	4
252	31	4
31	3	7
3	0	3

即$(2\,020)_{10}=(3\,744)_8$。由上述原理可知，一个非负十进制整数计算得到的是从低位到高位顺序产生的八进制的各个位数，而最终所要得到的输出序列是从高位到低位的数。因此，若将计算过程中产生的八进制数的各位顺序进栈，按出栈顺序输出的就是十进制数 N 对应的八进制数。

基于顺序栈类定义的进制转换算法的 C++程序代码如下：

```
typedef int SElemtype;
void conversion(int n){
    SqStack s;
```

```
    SElemType e;
    while(n){                              //八进制数从低位到高位依次进栈
        s.Push(n%8);
        n=n/8;
    }
    while(!s.Stackempty()){                //从高位到低位依次出栈
        s.Pop(e);
        cout<<e;
    }
}
```

3.1.3 链栈

链栈是利用一组地址任意的存储空间存放栈中元素的存储结构，本节采用链表来实现链栈。链栈如图3.3所示，top指向头结点，a_1 为栈顶元素，a_n 为栈底元素，栈的所有操作在单链表的表头进行。

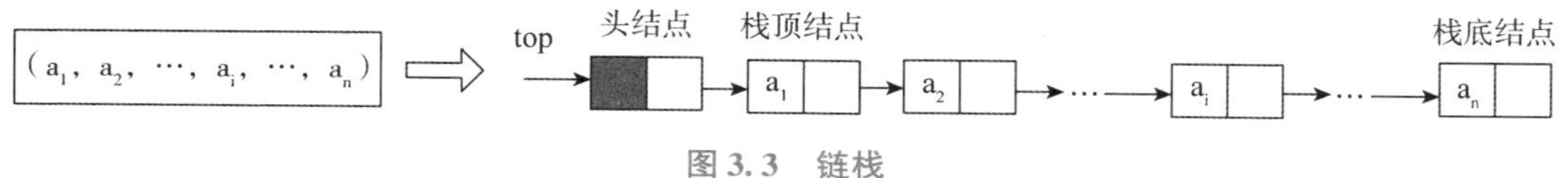

图3.3 链栈

链栈的结点结构与单链表的结点结构相同，链栈类定义的描述如下：

```
typedef struct LinkNode{
  SElemtype data;
  LinkNode *next;
}LinkNode;
class LinkStack{
  private:
    LinkNode *top;                         //栈顶指针即链栈的头指针
  public:
    LinkStack();                           //置空链栈
    ~LinkStack();                          //释放链栈中各结点的存储空间
    SElemtype GetTop();                    //获取栈顶元素
    void Push(SElemType e);                //元素e进栈
    void Pop(SElemType &e);                //栈顶元素出栈
    int EmptyStack();                      //判断链栈是否为空栈
};
```

(1) LinkStack()函数为构造函数，用来初始化，建立空栈，用C++语言描述的算法如下：

```
LinkStack::LinkStack(){
    top=new LinkNode;
    top->next=NULL;
}
```

(2) ~LinkStack( )函数是析构函数，用来销毁栈，释放链栈中各结点的存储空间，用 C++语言描述的算法如下：

```
LinkStack::~LinkStack(){
  LinkNode *p=top, *q=top->next;
  while(q){
    delete p;
    p=q;
    q=q->next;
  }
  delete p;                                    //删除最后一个结点
}
```

(3) GetTop( )函数获取栈顶元素，用 C++语言描述的算法如下：

```
SElemtype LinkStack::GetTop(){
  if(top->next==NULL){
    cout<<"栈空,无法获取元素";
    exit(-1);
  }
  return top->next->data;
}
```

(4) Push( )函数实现元素进栈操作，用 C++语言描述的算法如下：

```
void LinkStack::Push(SElemType e){
    LinkNode *s=new LinkNode;                  //分配空间
    s->data=e;
    s->next=top->next;                         //插入元素 e
    top->next=s;
}
```

(5) Pop( )函数实现元素进栈操作，用 C++语言描述的算法如下：

```
void LinkStack::Pop(SElemType &e){
    if(top->next==NULL)return;                 //栈为空,删除操作不合法
    LinkNode *p=top->next;                     //p 指向存放第一个元素的结点
    e=p->data;
    top->next=p->next;                         //删除存放第一个元素的结点
    delete p;
}
```

(6) EmptyStack( )函数判断栈是否为空栈，如果是空栈则返回 1，否则返回 0，用 C++语言描述的算法如下：

```
int LinkStack::EmptyStack(){
    if(top->next==NULL)return 1;               //栈为空,返回 1
    else return 0;                             //栈为非空,返回 0
}
```

例 3.2 利用链栈的类定义设计一个算法判断括号表达式是否正确配对。例如，“({}[()])”、“(){{[]}}(())”是正确配对的表达式，而“(([]){}”、“({})[”等是不正确配对的表达式。

【解】用 C++语言描述的算法如下：

```
typedef char SElemType;
void matching(char *st){
  LinkStack s;                              //建立空栈
  char e;
  int state=-1;
  while( *st)
    switch( *st){
      case '(':
        s.Push( *st);
        st++;
        break;
      case ')':
        if(s.EmptyStack()){
            cout<<"少(";
            return;
        }
        if(s.GetTop()=='('){
            s.Pop(e);
            st++;
        }
        else state=0;
        break;
      case '[':
        s.Push( *st);
        st++;
        break;
      case ']':
        if(s.EmptyStack()){
          cout<<"少[";
          return;
        }
        if(s.GetTop()=='['){
          s.Pop(e);
          st++;
        }
        else state=1;
```

```
            break;
        case '{':
            s.Push( *st);
            st++;
            break;
        case '}':
            if(s.EmptyStack()){
                cout<<"少{";
                return;
            }
            if(s.GetTop()=='{'){
                s.Pop(e);
                st++;
            }
            else state=2;
            break;
        default:{
            cout<<"error";
            return;
        }
    }
    if(s.EmptyStack())cout<<"配对正确"<<endl;
    else switch(s.GetTop()){
            case '(':
                cout<<"少)";
                break;
            case '[':
                cout<<"少]";
                break;
            case '{':
                cout<<"少}";
                break;
        }
    if(state==0)cout<<"少(";
    else if(state==1)cout<<"少[";
        else cout<<"少{";
}
```

3.1.4 迷宫求解问题

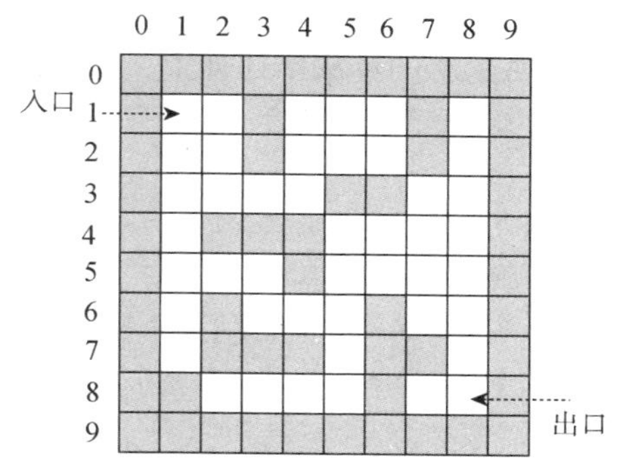

图 3.4 迷宫示意

迷宫求解问题从指定入口到指定出口的路径问题，且所求路径必须是简单路径。给定的 M×N 迷宫如图 3.4 所示（M=8，N=8）。为了方便算法设计，在迷宫四周增加了围墙形成 10×10 的迷宫。在图中，白色方块表示通道，灰色方块表示墙。

【解】用数组 mazearr[]表示迷宫，数组中的每个元素表示一个方块状态，值为 0 时表示对应的方块是通道，值为 1 时表示对应的方块是墙。用 C++ 语言定义该数组如下：

```
int mazearr[]={{1,1,1,1,1,1,1,1,1,1},{1,0,0,1,0,0,0,1,0,1},{1,0,0,1,0,0,0,1,0,1},{1,0,0,0,0,1,1,0,0,1},{1,0,1,1,1,0,0,0,0,1},{1,0,0,0,1,0,0,0,0,1},{1,0,1,0,0,0,1,0,0,1},{1,0,1,1,1,0,1,1,0,1},{1,1,0,0,0,0,1,0,0,1},{1,1,1,1,1,1,1,1,1,1}};
typedef struct{
   int row;                      //当前方块的行号
   int col;                      //当前方块的列号
}PosType;
typedef struct{
   int step;                     //通道在路径上的序号
   PosType seat;                 //通道块在迷宫中的坐标
   int direction;                //下一个可走方块的方位号
}SElemType;                      //顺序栈或链栈中的数据元素类型
```

迷宫求解通常采用穷举求解法，即从入口出发，沿某个方向进行探索，若能走通，则继续往前走；否则沿原路返回，换一个方向继续探索，直至完成对所有可能通路的探索。为了保证在任何位置上都能沿原路退回，需要用栈结构保存从入口到当前位置的路径。

设当前位置是在搜索过程中某一时刻所在图中某个方块的位置，则求迷宫中一条路径的算法的基本思想是：若当前位置可以通过，则纳入当前路径，并继续向下一个位置探索，即切换下一个位置为当前位置，重复上述过程直至到达出口；若当前位置不可以通过，则沿着来时的路径退回到前一个通道方块，然后向来时路径以外的其他方向继续探索；若该通道方块的四周均不可以通过，则从当前路径删除该通道方块。

下一个位置指当前位置四周（东、南、西、北）相邻的 4 个方块。若当前位置用坐标(i，j)表示，则其东邻方块用(i，j+1)表示，位置记为 1；其南邻方块用(i+1，j)表示，位置记为 2；其西邻方块用(i，j-1)表示，位置记为 3；其北邻方块用(i-1，j)表示，位置记为 4。在探索过程中，规定按从位置 1 到位置 4 的顺序查找下一个可走方块。

以栈 S 记录当前路径，栈顶存放当前路径上的最后一个通道方块。将当前位置纳入路径的操作为进栈，从当前路径上删除前一个位置的通道方块的操作为出栈。其中，当前位置可以通过指未曾走过的通道方块，即要求该方块的位置不仅是通道方块，而且既不在当前路径上(否则所求路径就不是简单路径)，也不是曾纳入路径中的通道方块(否则只能陷入死循环)。

迷宫求解的算法描述如下：

```
设定当前位置的初值为入口位置;
do{
  若当前位置可以通过,则{
    将当前位置插入栈顶;                          //纳入路径
    若该位置是出口位置,则结束求解;               //求得路径存放在栈中
    否则切换当前位置的东邻方块为新的当前位置;
  }
  否则,
    若栈不空且栈顶位置有其他方向未探索,则设定新的当前位置为沿顺时针方向旋转找到的栈顶位置的下一个相邻块;
    若栈不空但栈顶位置的四周均不可以通过,则{
      删除栈顶位置;                              //从路径中删除该通道方块
      若栈不空,则重新测试新的栈顶位置,直至找到一个可以通过的相邻方块或出栈至栈空;
    }
}while(栈不空);
```

采用顺序栈实现的C++代码如下：

```
SElemType CreateElem(int step,PosType pos,int direction){
    SElemType e;
    e.step=step;
    e.direction=direction;
    e.seat=pos;
    return e;
}
PosType NextPos(PosType curpos,int direction){
    PosType pos=curpos;
    switch(direction){
        case 1:pos.col++;break;
        case 2:pos.row++;break;
        case 3:pos.col--;break;
        case 4:pos.row--;break;
    }
    return pos;
}
void MazePrint(){
    int i,j;
    cout<<" ";
    for(i=0;i<10;i++)
        cout<<setw(2)<<i;
```

```
    cout<<endl;
    for(i=0;i<10;i++){
        cout<<setw(2)<<i;
        for(j=0;j<10;j++){
            switch(arr[i][j]){
                case 0:cout<<"  ";break;              //没有走过
                case 2:cout<<" *";break;              //走过且走得通
                case 3:cout<<"@";break;               //走过但无法通过
                case 1:cout<<"#";break;               //障碍
            }
        }
        cout<<endl;
    }
}
void MazePath(PosType start,PosType end){
    SqStark s;
    SElemType e;
    PosType curpos=start;
    int curstep=1;
    do{//迷宫求解,设当前位置的初值为入口位置,对栈进行判断
        if(mazearr[curpos.row][curpos.col]==0){            //当前位置可以通过
          mazearr[curpos.row][curpos.col]=2;               //通过,留下足迹
          e=CreateElem(curstep,curpos,1);
          s.Push(e);                                       //加入路径
          if(curpos.row==end.row&&curpos.col==end.col){ //当前位置是出口,结果求解,输出路径
            mazeprint();
            return;
          }
          //当前位置不是出口,切换当前位置的东邻方块为新的当前位置
          curpos=NextPos(curpos,1);                        //下一个位置是当前位置的东邻
          curstep++;                                       //探索下一步
        }
        else{                                              //当前位置不能通过
            if(!s.EmptyStack()){                           //栈非空且栈顶位置有其他方向未探索
                s.Pop(e);
                while(e.direction==4&&!s.EmptyStack()){
                    mazearr[e.seat.row][e.seat.col]=3;     //走过,但不能通过
                    s.Pop(e);                              //留下不能通过标记,并退回一步
                }
                if(e.direction<4){                         //换下一个方向探索
                    e.direction++;
                    s.Push(e);
```

```
                curpos=NextPos(e.seat,e.direction);  //设定当前位置是该新方向上的相邻方块
            }
        }
    }
}while(!s.EmptyStack());
}
```

3.2 队列

在现实生活中，队列有着广泛的应用，如操作系统中的作业调度、银行等顾客服务部门的工作序列等。

3.2.1 队列的定义

队列也是一种操作受限的线性表。它只允许在表的一端进行插入，在另一端进行删除。允许插入的一端被称为队尾，允许删除的一端被称为队头。从队尾插入元素的操作被称为入队；从队头删除元素的操作被称为出队。队列是一种先进先出的线性表，即每个元素按照进队的次序出队。

队列与队列的动态示意如图 3.5 所示，(a)表示 n 个元素的队列 $Q=(a_1, a_2, \cdots, a_n)$(以顺序队列为例)，其中 a_1 为队头，a_n 为队尾，front 指向队头，rear 指向队尾(实际上是队尾元素的下一个位置)；(b)表示空队列；(c)表示 x 入队后的状态；(d)表示元素 y、z、w 依次入队后的状态；(e)表示元素 x 出队后的状态。

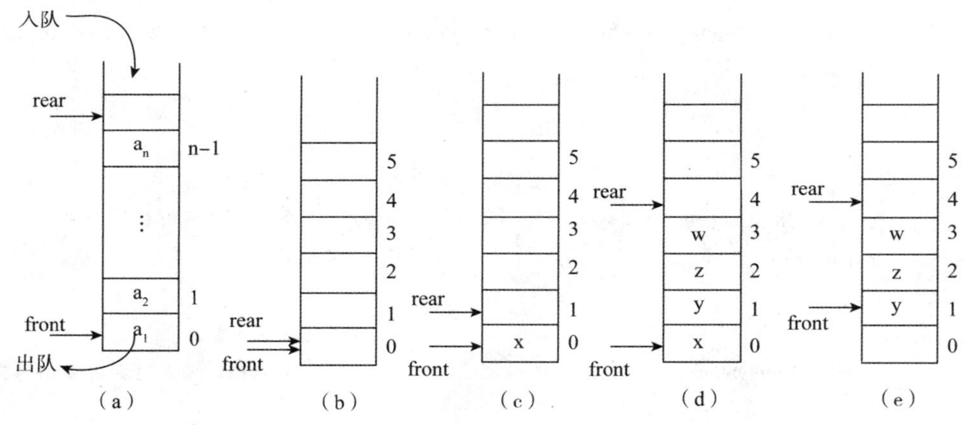

图 3.5 队列与队列的动态示意

(a)n 个元素的队列；(b)空队列；(c)x 入队；(d)y、z、w 入队；(e)x 出队

队列的抽象数据类型定义如下：

ADT Queue{

数据对象：

$D=\{a_i \mid a_i \in QElemType, i=1,2,\cdots,n\}$

数据关系：

$R=\{(a_i,a_{i+1})|a_i,a_{i+1}\in D,i=1,2,\cdots,n-1\}$

基本操作：

InitQueue(&s)：初始化空队列 s

DestroyQueue(&s)：销毁队列，释放队列的空间

EmptyQueue(s)：队列的判空函数

GetHead(s,&e)：获取队头元素

EnQueue(&s,e)：将元素 e 入队

DeQueue(&s,&e)：出队，返回当前队头元素，并将其值赋给 e

}ADT Queue

队列的存储结构分为顺序存储结构和链式存储结构。

3.2.2　顺序队列

队列的顺序存储结构称为顺序队列，它用一组地址连续的存储单元依次存放从队头到队尾的元素。由于队列的队头和队尾的位置是变化的，因此需要定义一个指向队头的指针(front)，也被称为头指针；一个指向队尾的指针(rear)，也被称为尾指针。

(1)初始化队列时，rear=front=0；

(2)元素入队时，如果队列未满，则将入队元素放入 rear 所指向的存储单元，并令 rear=rear+1；

(3)元素出队时，删除所指元素，如果队列不为空，则返回 front 所指向的存储单元的元素，并令 front=front+1。

(4)队列为空时，头指针和尾指针相等。

在非空队列里，头指针始终指向队头，而尾指针始终指向队尾元素的下一个位置。顺序队列及其操作的动态示意如图 3.6 所示。

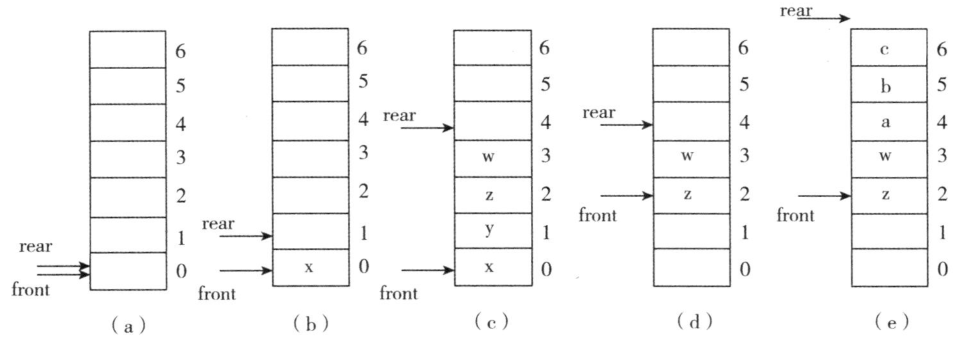

图 3.6　顺序队列及其操作的动态示意

(a)空队列；(b)x 入队；(c)y、z、w 入队；(d)x、y 出队；(e)a、b、c 入队

顺序队列可能出现假溢现象，如图 3.6(e)所示，当 rear 大于或等于队列的容量时，新元素将无法入队，但事实上队列的另一端仍有空闲的存储单元，这种现象被称为假溢。为充分利用存储空间，队列的存储方式可以进行改进，以解决假溢现象，由此产生了循环队列。

一般来说，采用循环队列存储时，首先要知道问题的规模，即循环队列的空间大小QueueSize，循环队列的空间大小是固定不变的。当空间不够时，原则上不能再分配存储空间。

将存储队列的数组看成头尾相接的圆环，并形成循环存储空间，即允许队列直接从数组中下标最大的位置延续到下标最小的位置。队列头尾相接的顺序存储结构被称为循环队列，如图3.7(a)所示，其中，灰色区域表示队列中已经存储数据元素的存储空间，空白区域表示空闲的存储空间。

在循环队列中进行入队、出队操作时，头指针和尾指针均加1，依次向前移动。当头指针和尾指针指向存储空间上界QueueSize-1时，其加1操作的结果指向存储空间的下界0。这种循环意义下的加1操作可以利用模运算来实现，即i=(i+1)%QueueSize。

循环队列动态操作的示意如图3.7(b)~(e)所示。其中，(b)表示空队列，空队列的判定条件为"rear==front"；(c)表示元素a、b、c、d入队后的状态，尾指针rear的移动方式为rear=(rear+1)%QueueSize；(d)表示元素a出队后的状态，头指针front的移动方式为front=(front+1)%QueueSize；(e)表示队列满的状态，判定条件为"front==(rear+1)%QueueSize"。

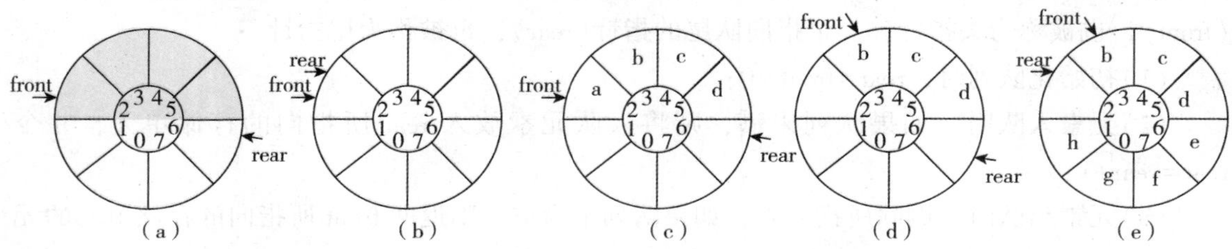

图3.7　循环队列及其动态操作示意

(a)循环队列示意；(b)空队列；(c)a、b、c、d入队；(d)a出队；(e)队列满

循环队列的类定义如下：

```
#define QueueSize 100
class SqQueue{
  private:
    QElemType *base;                          //存储空间首地址,QElemType为队列中的元素类型
    int front,rear;                           //front为队头指针,rear为队尾指针
  public:
    SqQueue();                                //建立空队列
    ~SqQueue(){delete []base;front=rear=0;}   //销毁队列
    QElemType GetHead();                      //读取队头元素
    void EnQueue(QElemType e);                //元素e入队
    void DeQueue(QElemType &e);               //队头元素出队
    int EmptyQueue();                         //队列判空
};
```

(1)SqQueue()函数是构造函数，用来初始化，建立空队列，用C++描述的算法如下：

```
SqQueue::SqQueue(){
```

```
        base = new QElemTpye[QueueSize];
        front = rear = 0;
    }
```

（2）GetHead()函数用来读取队头元素，用C++描述的算法如下：

```
QElemType SqQueue::GetHead(){
    if(front == rear){                          //空队列，无法读取队头元素
        cout<<"队列空，无队头元素";
        exit(-1);
    }
    return base[front];
}
```

（3）EnQueue()函数进行入队操作，用C++描述的算法如下：

```
void SqQueue::EnQueue(QElemType e){
    if(front == (rear+1)%QueueSize) return;     //队列已满，无法入队
    base[rear] = e;
    rear = (rear+1)%QueueSize;
}
```

（4）DeQueue()函数进行出队操作，用C++描述的算法如下：

```
void SqQueue::DeQueue(QElemType &e){
    if(front == rear) return;                   //队列为空，无法出队
    e = base[front];
    front = (front+1)%QueueSize;
}
```

（5）EmptyQueue()函数进行队列判空操作，用C++描述的算法如下：

```
int SqQueue::EmptyQueue(){
    if(front == rear) return 1;                 //队列为空队列，返回1
    else return 0;                              //队列为非空队列，返回0
}
```

例3.3　n个人站成一排，从左向右编号为1到n。如果从左至右报数“1，2，3，1，2，3，…”，数到“1”的人出列，数到“2”和“3”的人站到队列的最右端。报数过程反复进行，直到n个人出队为止。采用循环队列设计一个输出该出列顺序的算法。

【解】设n = 10，初始序列为1，2，3，4，5，6，7，8，9，10，出列序列为1，4，7，10，5，9，6，3，8，2。用C++描述的算法如下：

```
typedef int QElemType;
void NumberGame(int n){
    QElemType e;
    SqQueue q;
    for(int i = 0;i<n;i++)
        q.EnQueue(i+1);
```

```
    while( !q.EmptyQueue( ) ){
        q.DeQueue( e) ;
        cout<<e<<' ';
        if( !q.EmptyQueue( ) ){
            q.DeQueue( e) ;
            q.EnQueue( e) ;
            if( !q.EmptyQueue( ) ){
                q.DeQueue( e) ;
                q.EnQueue( e) ;
            }
        }
    }
    cout<<endl;
}
```

3.2.3 链队列

队列的链式存储结构被称为**链队列**。链队列可以通过带头结点的单链表实现，此时只允许在单链表的表头进行删除操作，在单链表的表尾进行插入操作。为此需要设置两个指针，一个指向头结点，称为表头指针(front)；另一个指向队尾结点，称为表尾指针(rear)。根据队列先进先出的特性，链队列是仅在表头删除元素和表尾插入元素的单链表。

链队列的存储结构如图 3.8 所示。操作的动态示意如图 3.9 所示，(a)是一个空队列，判定条件为“front==rear”；(b)是一个非空队列；(c)是元素 a 入队后的队列；(d)是元素 x 出队后的队列。

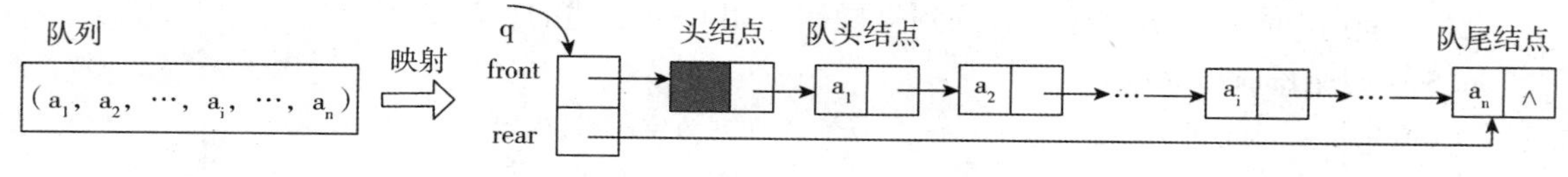

图 3.8　链队列的存储结构

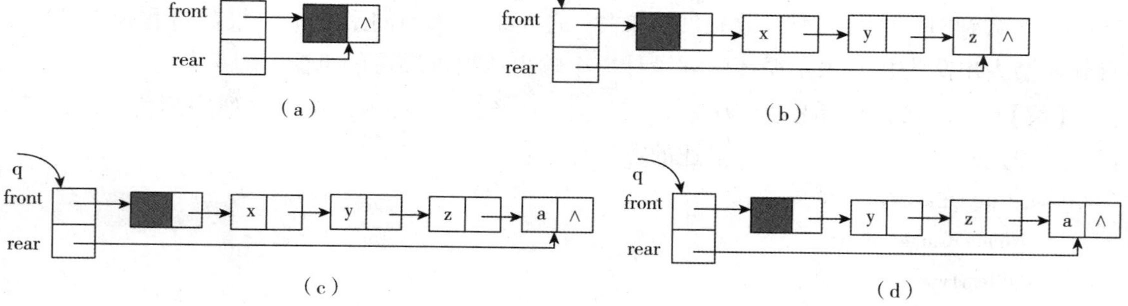

图 3.9　链队列操作的动态示意

(a)空队列；(b)非空队列；(c)a 入队后的队列；(d)x 出队后的队列

链队列的数据结点类型定义如下：

```
typedef struct QNode{
    QElemType data;
    QNode  *next;
}QNode;
```

链队结点的类型定义如下：

```
typedef struct{
    QNode  *front;
    QNode  *rear;
}LinkQNode;
class LinkQueue{
  private:
    LinkQNode q;
  public:
    LinkQueue();                          //建立空队列
    ~LinkQueue();                         //销毁队列
    QElemType GetHead();                  //读取队头元素
    void EnQueue(QElemType e);            //元素e入队
    void DeQueue(QElemType &e);           //队头元素出队
    int EmptyQueue();                     //队列判空
    int QueueLength();                    //获取队列长度,即队列中的元素数量
};
```

（1）LinkQueue()为构造函数，用来初始化，建立空队列，用C++描述的算法如下：

```
LinkQueue::LinkQueue(){
    q.front=q.rear=new QNode;
    q.front->next=NULL;
}
```

（2）~LinkQueue()为析构函数，用来销毁队列，释放队列的存储空间，用C++描述的算法如下：

```
LinkQueue::~LinkQueue(){
    QNode  *p=q.front->next;
    while(p){
        q.front->next=p->next;
        delete p;
        p=q.front->next;
    }
    delete q.front;                       //删除最后一个结点
}
```

(3) GetHead() 函数用来读取队头元素，用 C++描述的算法如下：

```
QElemType LinkQueue::GetHead() {
    if(q.front==q.rear) {                    //空队列,无法读取队头元素
        cout<<"队列为空,无队头元素";
        exit(-1);
    }
    return q.front->next->data;
}
```

(4) EnQueue() 函数进行入队操作，用 C++描述的算法如下：

```
void LinkQueue::EnQueue(QElemType e) {
    QNode  *s=new QNode;
    s->data=e;
    s->next=NULL;
    q.rear->next=s;
    q.rear=s;
}
```

(5) DeQueue() 函数进行出队操作，用 C++描述的算法如下：

```
void LinkQueue::DeQueue(QElemType &e) {
    if(q.front==q.rear) return;              //队列为空队列,无法出队
    QNode  *p=q.front->next;
    q.front->next=p->next;
    e=p->data;
    if(p==q.rear)                            //队列中仅有一个数据结点
        q.rear=q.front;                      //队列为空队列
    delete p;
}
```

(6) EmptyQueue() 函数进行队列判空操作，用 C++描述的算法如下：

```
int LinkQueue::EmptyQueue() {
    if(q.front==q.rear) return 1;            //队列为空队列,返回1
    else return 0;                           //队列为非空队列,返回0
}
```

(7) QueueLength() 函数用来求队列长度，用 C++描述的算法如下：

```
int LinkQueue::QueueLength() {
    QNode  *p=q.front->next;
    int count=0;
    while(p) {
        count++;
        p=p->next;
    }
    return count;
}
```

3.2.4 队列的应用——银行业务活动模拟

某银行有3个窗口对外接待客户，从早晨银行开门起就不断有客户进入银行。由于每个窗口在同一时刻只能接待一个客户，在客户人数多时需要在每个窗口前依次排队。如果某个窗口的业务员正处于空闲状态，刚进入银行的客户则可直接上前办理业务；如果3个窗口均有客户，新客户便会在人数最少的队伍后面排队。编写一个程序模拟银行上述业务活动，并计算一天之中每个客户在银行停留的平均时间。

1. 数据组织

要计算每个客户在银行停留的平均时间，需要了解每个客户到达银行和离开银行的时刻，二者之差为客户在银行的停留时间，所有客户停留时间的总和与一天内进入银行的客户总数的商，便是所求的平均时间。客户到达银行和离开银行两个时刻发生的事情称为事件，模拟程序将按照事件发生的先后顺序进行处理，这种模拟程序被称为事件驱动模拟。

模拟程序中处理的主要对象是事件，事件的主要信息是事件类型和事件发生的时刻。事件分为客户到达事件和客户离开事件。客户到达事件发生的时刻随着客户的到来自然形成，客户离开事件发生的时刻由客户办理业务所需时间和等待所耗时间共同决定。由于程序驱动是按照事件发生时刻的先后顺序进行的，因此事件是有序表，主要操作是插入和删除事件。

模拟程序利用队列来模拟客户排队。由于银行有3个排队窗口，则程序中需要3个队列，队列中有关客户的主要信息是客户到达的时刻和客户办理业务所需的时间。每个队列中的队头为当前正在窗口办理业务的客户，客户办理完业务离开队列的时刻是即将发生客户离开事件的时刻。也就是说，对于每个队头来说，都存在一个将要驱动的客户离开事件。在任何时刻即将发生的事件只有4种可能，即新的客户到达、1号窗口客户离开、2号窗口客户离开、3号窗口客户离开。

从以上分析可见，在模拟程序中有两种数据类型：有序表和队列，它们的结构和相关数据元素类型定义如下：

```
typedef struct{
    int OccurTime;              //事件发生的时刻
    int NType;                  //事件类型,0表示到达事件,1~3表示3个窗口的离开事件
}Event,ElemType;                //事件类型,有序表中的数据元素类型
```

事件有序表的定义参照有序表的类定义。

```
typedef struct{
  int ArrivalTime;              //客户的到达时刻
  int Duration;                 //办理业务所需的时间
}QElemType;                     //队列的数据元素类型
```

队列的类定义参照链队列的定义。

2. 算法描述

在实际的银行中，客户到达的时刻及其办理业务所需的时间是随机的，在模拟程序中可以用随机数来代替。设第一个顾客进门的时刻为0，即模拟程序处理的第一个事件，之后每个客户到达的时刻在前一个客户到达时设定。在客户到达事件发生时需要先产生两个随机

数，分别是此刻到达的客户办理业务所需时间 duration 和下一个客户将到达的时间间隔 intertime。设当前事件发生的时刻为 OccurTime，则下一个客户到达事件发生的时刻为 OccurTime+intertime。由此所产生的操作包括：一个新的客户到达事件插入事件表；刚到达的客户插入当前所含元素最少的队列中；若该队列在插入元素之前为空，还应将一个客户离开事件插入事件表。

客户离开事件的处理相对简单，首先计算该客户在银行的停留时间，然后从队列中删除该客户，查看当前队列是否为空，若队列不为空则设定一个新的队头客户离开事件。

模拟程序中的变量和主要函数定义如下：

```
OrderList ev;                                   //事件表对象,初始化置为空的事件表
Event en;                                       //事件变量
LinkQueue q[4];                                 //建立3个客户队列对象,3个队列初始化置为空队列
QElemType customer;                             //客户记录
int totaltime,customernum;                      //累计客户的停留时间和客户数
void CreateEventElem(Event &e,int a,int b){     //创建一个事件元素
    e.OccurTime=a;
    e.NType=b;
}
void Random(int &duration,int &intertime){     //生成随机数
    srand((unsigned)time(NULL));
    duration=rand()%30+1;                       //客户办理业务的时间不超过30min
    intertime=rand()%5+1;                       //两个相邻到达银行的客户的时间间隔不超过5min
    Sleep(1000);
}
void OpenForDay(){                              //初始化操作,银行开门
    totaltime=0;
    customernum=0;
    en.OccurTime=0;
    en.NType=0;
    ev.OrderInsert(en);
}
void CustomerArrived(){                         //处理客户到达事件,en.NType=0
    customernum++;
    int durtime,intertime;
    Random(durtime,intertime);                  //生成随机数
    Event e;
    int t=en.OccurTime+intertime;               //下一个客户到达的时刻
    en.NType=0;
    if(t<CloseTime){                            //银行未关门,插入事件表
        CreateEventElem(e,t,0);
        ev.OrderInsert(e);
    }
```

```
    int i=Mininum(q);                    //求长度最短队列的序号,读者可自行设计该函数
    customer.ArrivalTime=en.OccurTime;
    customer.Duration=durtime;
    q[i].EnQueue(customer);
    if(q[i].QueueLength()==1){           //设定第i个队列的一个离开事件并插入事件表
        CreateEventElem(e,en.OccurTime+durtime,i);
        ev.OrderInsert(e);
    }
}
void CustomerDeparture(){                //处理客户离开事件,en.NType>0
    int i=en.NType;
    q[i].DeQueue(customer);
    totaltime+=en.OccurTime-customer.ArrivalTime;  //第i个客户的停留时间
    if(!q[i].EmptyQueue()){                        //设定第i个队列的离开事件并插入事件表
        customer=q[i].GetHead();
        CreateEventElem(e,en.OccurTime+customer.Duration,i);
        Q[i].OrderInsert(e);
    }
}
void BankSimulation(int CloseTime){
    OpenForDay();
    LNode *p;
    while(!ev.EmptyOrder()){
        ev.OrderDelete(1,p);             //删除事件表的第一个元素
        en=p->data;
        if(en.NType==0)
            CustomerArrived();           //处理客户到达事件
        else CustomerDeparture();        //处理客户离开事件
    }
    cout<<"平均停留时间为"<<(float)totaltime/customernum<<endl;//计算并输出平均停留时间
}
```

3. 事件驱动模拟的过程

模拟程序从第一个客户到达开始运行，初始化操作如图3.10(a)所示。模拟开始后的一段时间后，事件表和队列的状态变化如下：

(1)删除事件表上第一个结点，此时en.OccurTime=0，en.NType=0，产生随机数(23，4)，生成第一个客户到达银行的事件(OccurTime=4，NType=0)插入事件表；第一个客户排在第一个窗口的队列中(ArrivalTime=0，Duration=23)，作为队列的头结点，生成一个客户将离开事件(OccurTime=23，NType=1)插入事件表，如图3.10(b)所示。

(2)删除事件表上的第一个结点，此时en.OccurTime=4，en.NType=0，产生随机数(3，1)，生成第二个客户到达银行的事件(OccurTime=4+1=5，NType=0)插入事件表；此时第二个

窗口是空的，第二个客户为第二个队列的队头（ArrivalTime=4，Duration=3），同时生成一个客户将离开的事件（OccurTime=7，NType=2）插入事件表，如图3.10(c)所示。

(3)删除事件表上的第一个结点，此时en.OccurTime=5，en.NType=0，产生随机数(11，3)，生成第三个客户到达银行的事件（OccurTime=5+3=8，NType=0）插入事件表；此时第三个窗口是空的，第三个客户为第三个队列的队头（ArrivalTime=5，Duration=11），同时生成一个客户将离开的事件（OccurTime=16，NType=3）插入事件表，如图3.10(d)所示。

(4)删除事件表上的第一个结点，NType=2，说明第二个窗口的客户离开银行，en.OccurTime=7，删除第二个队列的队头customer.ArrivalTime=4，该客户在银行的停留时间为3min，如图3.10(e)所示。

(5)删除事件表上的第一个结点，此时en.OccurTime=8，en.NType=0，产生随机数(29，2)，生成第四个客户到达银行的事件（OccurTime=8+2=10，NType=0）插入事件表；此时第二个窗口是空的，刚到的客户为第二个队列的队头（ArrivalTime=8，Duration=29），同时生成一个客户将离开的事件（OccurTime=37，NType=2）插入事件表，如图3.10(f)所示。

(6)删除事件表上的第一个结点，此时en.OccurTime=10，en.NType=0，产生随机数(18，4)，生成第五个客户到达银行的事件（OccurTime=10+4=14，NType=0）插入事件表；此时3个窗口都不为空，选择长度最小的队列（队列1）插入该客户（ArrivalTime=10，Duration=18），如图3.10(g)所示。

(7)删除事件表上的第一个结点，此时en.OccurTime=14，en.NType=0，产生随机数(13，5)，生成第六个客户到达银行的事件（OccurTime=14+5=19，NType=0）插入事件表；此时3个窗口都不空，选择长度最小的队列（队列2）插入该客户（ArrivalTime=14，Duration=13），如图3.10(h)所示。

(8)删除事件表上的第一个结点，NType=3，说明第三个窗口的客户离开银行，en.OccurTime=16，删除第三个队列的队头customer.ArrivalTime=5，该客户在银行的停留时间为11min，如图3.10(i)所示。

(9)删除事件表上的第一个结点，此时en.OccurTime=19，en.NType=0，产生随机数(21，5)，生成第七个客户到达银行的事件（OccurTime=19+5=24，NType=0）插入事件表；此时第三个窗口为空，刚到的客户为第三个队列的队头（ArrivalTime=19，Duration=21），同时生成一个客户将离开的事件（OccurTime=40，NType=3）插入事件表，如图3.10(j)所示。

(10)删除事件表上的第一个结点，NType=1，说明第一个窗口的客户离开银行，en.OccurTime=23，删除第一个队列的队头customer.ArrivalTime=0，该客户在银行的停留时间为23min。第一个队列不为空，生成一个客户将离开事件（OccurTime=41，NType=1）插入事件表，如图3.10(k)所示。

(11)删除事件表上的第一个结点，此时en.OccurTime=24，en.NType=0，产生随机数(17，3)，生成第八个客户到达银行的事件（OccurTime=24+3=27，NType=1）插入事件表；此时3个窗口都不空，选择长度最小的队列（队列1）插入该客户（ArrivalTime=24，Duration=17），如图3.10(l)所示。

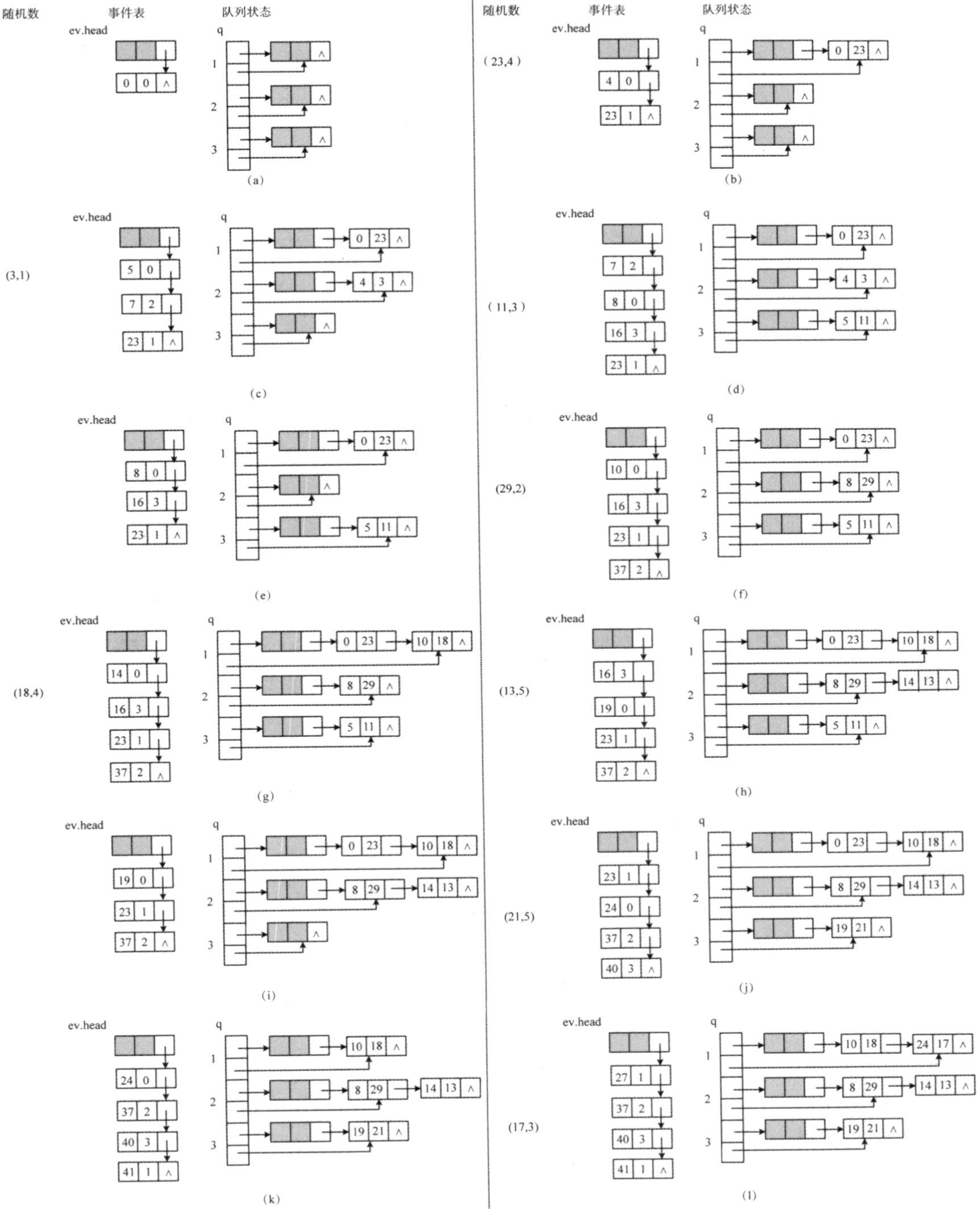

图 3.10 银行业务事件表和队列的状态变化

(a)初始化操作；(b)第一个客户到达后的状态；(c)第二个客户到达后的状态；(d)第三个客户到达后的状态；(e)队列 2 队头客户离开后的状态；(f)队列 2 新到客户到达后的状态；(g)队列 1 新到客户到达后的状态；(h)队列 2 新客户到达后的状态；(i)队列 3 客户离开后的状态；(j)队列 3 新到客户后的状态；(k)队列 1 客户离开后的状态；(l)队列新客户到达后的状态

习 题

一、选择

1. 若已知一个栈的进栈序列是 1，2，3，…，n，输出序列为 p_1，p_2，…，p_n，若 p_1 是 n，则 p_i 是(　　)。

A. i　　B. n-i　　C. n-i+1　　D. 不确定

2. 用循环队列 A[0…m-1]存放元素值，front 和 rear 分别表示队头及队尾，则当前队列中的元素数量是(　　)。

A. (rear-front+m)%m　　B. rear-front+1

C. rear-front-1　　D. rear-front

3. 一个栈的进栈序列是 a，b，c，d，e，进栈时可以出栈，则(　　)不可能是出栈序列。

A. abcde　　B. abedc　　C. cabcd　　D. edcba

4. 已知一个栈的进栈序列是 1，2，3，…，n，输出序列为 p_1，p_2，…，p_n，若 $p_1=3$，则 p_2 的值(　　)。

A. 一定是 1　　B. 一定是 2　　C. 不可能是 1　　D. 以上都不对

5. 设 n 个元素的进栈序列是 p_1，p_2，p_3，…，p_n，输出序列是 1，2，3，…，n，若 $p_3=1$，则 p_1 的值(　　)。

A. 一定是 2　　B. 可能是 2　　C. 不可能是 3　　D. 不可能是 2

6. 有 5 个元素，其进栈顺序为 a，b，c，d，e，在各种可能的出栈顺序中，以元素 c 第一个出栈且元素 d 第二个出栈的顺序共有(　　)个。

A. 1　　B. 2　　C. 3　　D. 4

7. 以 I 和 O 分别表示进栈和出栈操作，栈的初态和终态均为空，则(　　)的操作序列是合法的。

A. IOOIOIIO　　B. IOIIOIOO　　C. IIOOIOOI　　D. IIOOOIIO

8. (　　)是栈和队列的共同点。

A. 后进先出　　B. 先进先出

C. 先进后出　　D. 只允许在端点进行插入和删除操作

二、算法设计

1. 设计一个将任意输入的字符串倒置的递归算法和非递归算法。例如，输入序列为“abcdefgh”，输出序列为“hgfedcba”。

2. 构造一个算法，识别依次读入的一个以“#”为结束符的字符序列是否为“序列 1& 序列 2”模式的字符序列。其中序列 1 和序列 2 中不含字符“#”，且序列 2 是序列 1 的逆序列。例如，“abc&cba”是该模式的字符序列。

3. 利用栈构造 Ackerman 函数的非递归算法。

三、上机实验

1. 利用循环队列构造求 k 阶 Fibonacci 数列中前 n+1 项(f_1，f_2，…，f_n)的算法，且满足：$f_n \leqslant max < f_{n+1}$，其中 max 为某个约定的数(注：循环队列的容量为 k，在算法执行结束时，队列中的元素是所求 k 阶 Fibonacci 数列中的最后 k 项 f_{n-k+1}，…，f_n)。

2. 编写程序，反映病人到医院排队就诊的情形。在病人排队的过程中，重复下列两个事件：

(1)病人到达诊室，将病历交给护士，排到等待队列中候诊；

(2)护士从等待队列中取出下一位病人的病历，该病人进入诊室就诊。

要求模拟病人等候就诊过程，采用菜单方式完成下列操作：

(1)排队：输入排队病人的病历号，加入病人队列中；

(2)就诊：病人队列中最前面的病人就诊，并将其从队列中删除；

(3)查看队列：从队头到队尾列出所有排队病人的病历号；

(4)不再排队：余下依次就诊，即从队头到队尾列出所有排队病人的病历号，并退出运行；

(5)休诊：退出运行。

第4章　串

字符串简称串，是一种重要的线性结构，在计算机的非数值计算问题中占有重要的地位，如文本编辑、信息检索系统、自然语言处理系统等均以串为处理对象。

4.1　串的基本概念

串是 n(n≥0)个字符组成的有限序列，一般记作 S="$a_1a_2\cdots a_i\cdots a_n$"，其中 S 是串名，双引号中的字符序列是串的值，a_i 代表一个字符，可以是字母、数字或其他符号。串中所包含的字符数量称为**串的长度**。长度为 0 的串为**空串**，它不包含任何字符。通常将仅由一个或多个空格组成的串称为**空格串**。例如，" "是长度为 1 的空格串，""是长度为 0 的空格串。

当且仅当两个串的长度相等，且其对应位置上的字符均相等时，两个**串相等**。

串中任意个连续字符组成的子序列被称为该串的**子串**。包含子串的串被称为**主串**。

字符在字符序列中的序号为该字符在串中的位置。子串在主串中的位置用子串的首字符在主串的位置来表示。空串是任意串的子串，串总是其自身的子串。

例如，设 A、B、C 为如下的 3 个串：A="NJU"，B="University"，C="Nanjing University is short for NJU"，则 A、B、C 的长度分别为 3、10 和 35；A 和 B 都是 C 的子串，它们在 C 中的位置分别是 33 和 9。

串的抽象数据类型定义如下：

ADT String{

数据对象：

D={a_i | a_i ∈ char 类型,i=1,2,…,n}

数据关系：

R={(a_i,a_{i+1}) | a_i,a_{i+1} ∈ D,i=1,2,…,n-1}

基本操作：

StrAssign(&s,str)：生成值等于 str 的串 s

StrDestroy(&s)：销毁串 s

StrCopy(&t,s)：将串 s 复制给串 t

StrLength(s):返回串的长度

StrCompare(s,t):串的比较,若s=t,则返回0;若s>t,则返回值大于0;若s<T,则返回值小于0

SubString(&sub,s,pos,len):用 sub 返回串 s 中第 pos 个字符开始长度为 len 的子串

StrConcat(&t,s_1,s_2):用 t 返回串 s_1 和 s_2 连接后的新串

StrInsert(&s,pos,t):在串 s 中第 pos 个字符前插入串 t

StrDelete(&s,pos,len):在串 s 中删除第 pos 个字符开始长度为 len 的子串

StrReplace(&s,t,u):用 u 替换主串 s 中出现的所有与 t 相等的不重复的子串

StrIndex(s,t,pos):若主串 s 中存在和串 t 相同的子串,则返回它在主串 s 中第 pos 个字符之后第一次出现的位置,否则返回0

}ADT String

(1)SubString()函数复制字符序列，将串 s 中第 pos 个字符开始的连续的 len 个字符复制到串 sub 中，用 C++描述的算法如下：

```
void SubString(String &sub,String s,int pos,int len){
    if(pos<1 || pos>strlength(s) || len<0 || pos+len-1>StrLength(s))
        sub='\0';                              //参数不正确,sub 为空串
    else{
      for(int i=pos-1;i<pos+len-1;i++)         //将 s[pos-1…pos+len-2]复制给 sub
        sub[i-pos+1]=s[i];
    }
}
```

(2)StrIndex()函数在主串中取从第 pos 个字符起、长度等于串 t 的子串与 t 比较，若相等，则返回 pos，否则值加 1，直至 s 中不存在和串 t 相等的子串为止，并返回 0。用 C++描述的算法如下：

```
int StrIndex(String s,String t,int pos){
  String sub;
  if(pos>0){
    int n=StrLength(s);
    int m=StrLength(t);
    int i=pos;
    while(i<n-m+1){
      SubString(sub,s,i,m);
      if(StrCompare(sub,t)!=0)
          ++i;
      else
          return i;                            //返回子串在主串中的位置
    }
  }
  return 0;                                    //s 中不存在与 t 相等的子串
}
```

4.2 串的存储结构

串的存储结构分为顺序存储结构和链式存储结构。根据存储空间的分配方式，顺序存储结构可以用定长顺序存储表示和堆分配存储表示。

4.2.1 定长顺序存储表示

定长顺序存储表示的串也称为静态存储分配的顺序表。它用一组地址连续的存储单元(即数组)来存放串中的字符序列。

定长顺序存储表示的类定义如下：

```
#define MaxStrLen 255                              //串的最大长度
typedef unsigned char SString[MaxStrLen+1];       //0 号单元存放串的长度
class String{
  private:
    SString s;
  public:
    String(){s[0]=0;s[1]='\0';}                  //创建空串
    ~String(){delete[]s;}                          //销毁串 s
    void StrAssign(char *str);                     //串赋值
    void StrCopy(SString t);                       //串复制
    int StrLength(){return s[0];}                  //返回串的长度
    int StrCompare(SString t);                     //串的比较
    int StrConcat(SString s1,SString s2);          //连接串 s1 和 s2
    void StrInsert(int pos,SString t);             //在第 pos 个字符前插入串 t
    void StrDelete(int pos,int len);               //删除第 pos 个字符开始长度为 len 的子串
    void StrReplace(int pos,int len,SString t);    //将第 pos 字符开始的 len 个字符子串用串 t 替换
};
```

(1)StrAssign()函数将字符串常量赋值给私有成员 s，用 C++描述的算法如下：

```
void String::StrAssign(char *str){
  for(int i=0;str[i]!='\0';i++)
    s[i+1]=str[i];
  s[0]=i;
}
```

(2)StrCopy()函数将串 t 复制给私有成员 s，用 C++描述的算法如下：

```
void String::StrCopy(SString t){
  s[0]=t[0];
  for(int i=1;i<=t[0];i++)
    s[i]=t[i];
}
```

(3)StrCompare()函数判断串 s 和 t 是否相等，串比较的过程是从 s 的第 i 个字符开始依次与 t 的第 i 个字符进行比较，若 s[i]>t[i]，则返回 1；若 s[i]<t[i]，则返回-1；若

s[i]=t[i]，则继续比较下一个字符，直到某一个字符串出现结束标记(如终止符)为止；若均相等，则返回0。用C++描述的算法如下：

```
int String::StrCompare(SString t){                    //s为类私有成员
  for(int i=1;i<=s[0] || i<=t[0];i++)
      if(s[i]>t[i])return 1;
      else if(s[i]<t[i])return -1;
  return 0;
}
```

(4)StrConcat()函数用私有成员s返回 s_1 和 s_2 连接成的新串，若未截断则返回1，否则返回0。根据串 s_1 和 s_2 长度的不同情况，串s的值可以分为3种情况，如图4.1所示。

①若 $s_1[0]+s_2[0]\leq$ MaxStrLen，则s为 s_1 和 s_2 连接的正常结果；

②若 $s_1[0]<$ MaxStrLen 且 $s_1[0]+s_2[0]>$ MaxStrLen，则将串 s_2 截断，s只包含串 s_2 前面的部分；

③若 $s_1[0]=$ MaxStrLen，则串s仅为串 s_1。

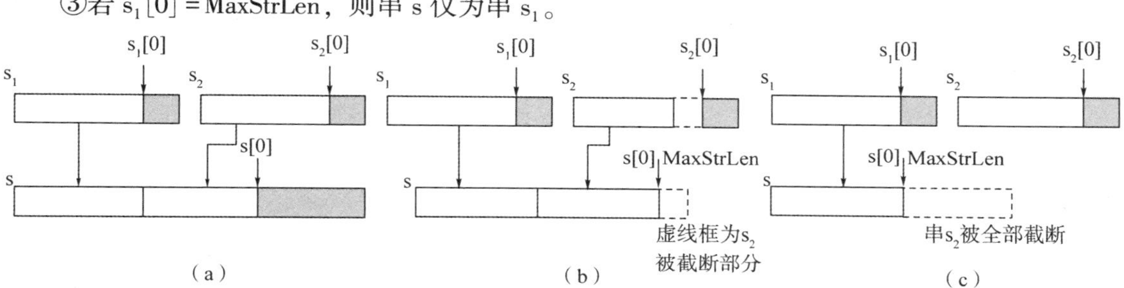

图4.1 串连接操作示意

(a) $s_1[0]+s_2[0]<=$ MaxStrLen；(b) $s_1[0]<$ MaxStrLen&& $s_1[0]+s_2[0]>$ MaxStrLen；(c) $s_1[0]=$ MaxStrLen

串连接操作的C++代码如下：

```
int String::StrConcat(SString s1,SString s2){
    int flag=0,i=0;
    if(s1[0]+s2[0]<=MaxStrLen){                    //未截断
        for(i=1;i<=s1[0];i++)
            s[i]=s1[i];
        for(i=s1[0]+1;i<=s1[0]+s2[0];i++)
            s[i]=s2[i-s1[0]];
        s[0]=s1[0]+s2[0];
        flag=1;
    }
    else if(s1[0]<MaxStrLen){                      //截断
        for(i=1;i<=s1[0];i++)
            s[i]=s1[i];
        for(i=s1[0]+1;i<=MaxStrLen;i++)
            s[i]=s2[i-s1[0]];
        s[0]=MaxStrLen;
```

```
            flag=0;
        }
        else{
            for(i=1;i<=s1[0];i++)
                s[i]=s1[i];
            s[0]=s1[0];
            flag=0;
        }
    return flag;
}
```

4.2.2 堆分配存储表示

堆分配存储表示用一组地址连续的存储单元存放串字符序列，它们的存储空间可以在程序执行过程中动态分配。

用 C++描述串的堆分配存储的类定义如下：

```
class HString{
  private:
    char *ch;
    int length;
  public:
    HString(){ch=NULL;length=0;}                              //创建空串
    ~HString(){delete ch;}                                    //销毁串 s
    void StrAssign(HString &s,char *str);                     //串赋值
    void StrCopy(HString &s,HString t);                       //把串 t 复制给 s
    int StrLength(HString s){return s.length;}                //返回串的长度
    int StrCompare(HString s,HString t);                      //串比较
    void StrConcat(HString &s,HString s1,HString s2);         //串连接
    void SubString(HString &sub,HString s,int pos,int len);   //求子串
    void StrInsert(HString &s,int pos,HString t);             //串插入
    void StrDelete(HString &s,int pos,int len);               //串删除
    void StrReplace(HString &s,int pos,int len,HString t);    //串替换
};
```

(1)StrAssign()函数为串赋值，用 C++描述的算法如下：

```
void HString::StrAssign(HString &s,char *str){
    char *c=str;
    for(int i=0; *c!='\0';c++)                                //求 str 的长度
        i++;
    if(!i){                                                   //str 为空串
        s.ch=NULL;
        s.length=0;
```

```
    }
    else{                                        //str 为非空串
        s.ch=new char[i];
        for(int j=0;j<i;j++)
            s.ch[j]=str[j];
        s.length=i;
    }
}
```

(2)StrCopy()函数复制串，用 C++描述的算法如下：

```
void HString::StrCopy(HString &s,HString t){
    s.ch=new char[t.length];
    for(int i=0;i<t.length;i++)
        s.ch[i]=t.ch[i];
    s.length=t.length;
}
```

(3)StrCompare()函数判断两个串 s 和 t 是否相等，若 s=t，则返回 0；若 s>t，则返回值大于 0；若 s<t，则返回值小于 0。用 C++描述的算法如下：

```
int HString::StrCompare(HString s,HString t){
    for(int i=0;i<s.length&&i<t.length;i++)
        if(s.ch[i]!=t.ch[i])return s.ch[i]-t.ch[i];
    return s.length-t.length;
}
```

(4)StrConcat()函数用 s 返回 s_1 和 s_2 连接成的新串，用 C++描述的算法如下：

```
void HString::StrConcat(HString &s,HString s1,HString s2){
    s.ch=new char[s1. length+s2. length];
    s.length=s1. length+s2. length;
    for(int i=0;i<s1. length;i++)
        s.ch[i]=s1. ch[i];
    for(i=0;i<s2. length;i++)
        s.ch[i+s1. length]=s2. ch[i];
}
```

(5)SubString()函数用 sub 返回串 s 中第 pos 个字符开始的长度为 len 的子串，用 C++描述的算法如下：

```
void HString::SubString(HString &sub,HString s,int pos,int len){
    if(pos<1 || pos>s.length || len<0 || len>s.length-pos+1)return;
    if(!len){                                 //空子串
        sub.ch=NULL;
        sub.length=0;
        return;
    }
```

```
    sub.ch=new char[len];
    for(int i=0;i<len;i++)
        sub.ch[i]=s.ch[pos+i-1];
    sub.length=len;
}
```

(6)StrInsert()函数在串 s 的第 pos 个字符前插入串 t，用 C++描述的算法如下：

```
void HString::StrInsert(HString &s,int pos,HString t){
    int i;
    if(pos<1 || pos>s.length+1)                  //参数不正确,无法插入
        return;
    char *ch=new char[s.length+t.length];
    for(i=0;i<pos-1;i++)                         //将 s.ch[0…pos-2]复制到 ch
        ch[i]=s.ch[i];
    for(i=0;i<t.length;i++)                      //将 t[0…t.length-1]复制到 ch
        ch[i+pos-1]=t.ch[i];
    for(i=pos-1;i<s.length;i++)                  //将 s[pos-1…s.length-1]复制到 ch
        ch[t.length+i]=s.ch[i];
    delete []s.ch;
    s.ch=ch;
    s.length+=t.length;
}
```

(7)StrDelete()函数删除串 s 中第 pos 个字符开始长度为 len 的子串，用 C++描述的算法如下：

```
void HString::StrDelete(HString &s,int pos,int len){
    int i;
    if(pos<1 || pos>s.length || i+pos>s.length+1)    //参数不正确,无法删除
        return;
    char *ch=new char[s.length-len];
    for(i=0;i<pos-1;i++)
        ch[i]=s.ch[i];                               //将 s.ch[0…pos-2]复制到 ch
    for(i=pos+len-1;i<s.length;i++)
        ch[i-len]=s.ch[i];                           //将 s.ch[pos+len-1…s.length-1]复制到 ch
    delete []s.ch;
    s.ch=ch;
    s.length-=len;
}
```

(8)StrReplace()函数将 s 中第 pos 字符开始的 len 个字符子串用串 t 替换，用 C++描述的算法如下：

```
void HString::StrReplace(HString &s,int pos,int len,SString t){
    int i;
```

```
    if(pos<1 || pos>s.length || pos+len-1>s.length)  //参数不正确,不操作
        return;
    char  *ch=new char[s.length-len+t.length];
    for(i=0;i<pos-1;i++)
        ch[i]=s.ch[i];                            //将 s.ch[0…pos-2]复制到 ch
    for(i=0;i<t.length;i++)
        ch[pos+i-1]=t.ch[i];                      //将 t.ch[0…t.length-1] 复制到 ch
    for(i=pos+len-1;i<s.length;i++)
        ch[t.length+i-len]=s.ch[i];               //将 s.ch[pos+len-1…s.length-1] 复制到 ch
    delete []s.ch;
    s.ch=ch;
    s.length=s.length-len+t.length;
}
```

例 4.1　已知字符串 s 以堆分配存储结构存储，设计一个算法，计算 s 中出现的第一个最长的连续相同字符构成的串的开始位置和最大的相同字符串长度。

【解】用 pos 存储连续相同字符构成的串的开始位置，max 存储连续相同字符构成的串的最大长度，初始值置为 0，用 C++描述的算法如下：

```
void LongestSameStr(HString s,int &pos,int &max){
    int len=1,i=0,start=0;
    pos=0;max=0;
    while(i<s.length-1)
      if(s.ch[i]==s.ch[i+1]){
          len++;
          i++;
      }
      else{                                   //上一个字符串查找结束
          if(max<len){                        //当前所查字符串的长度大,更新 max
              max=len;
              pos=start;
          }
          i++;                                //初始化,查找下一个字符串的位置和长度
          start=i;
          len=1;
      }
}
```

4.2.3　串的链式存储

串的链式存储表示与线性表的链式存储相似，不同的是串的链式存储每个结点中的数据元素可以包含一个字符，也可以包含多个字符。如图 4.2 所示，(a)和(b)分别表示同一个

字符串“Nanjing University”的结点大小为 4 和 1 的链式存储结构。如果串长不是结点大小的整数倍，则最后一个结点用“#”补满。

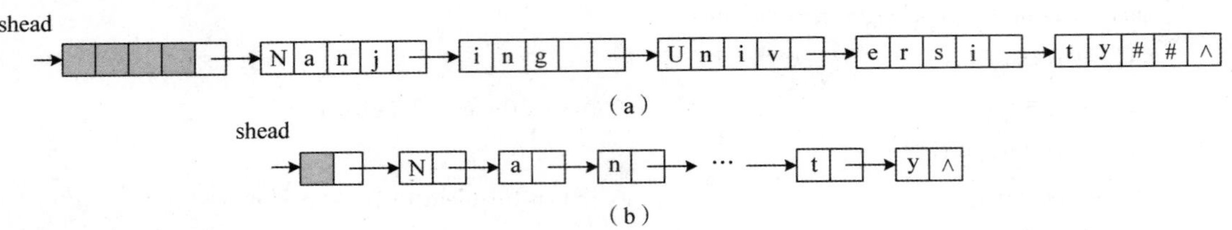

图 4.2　串的链式存储表示

(a)结点大小为 4；(b)结点大小为 1

在串的链式存储表示中，结点的大小直接影响串处理的效率。经常进行插入和删除操作的串，一般采用密度(串所占用的存储空间/实际分配的存储空间)较小的链表存储，反之采用密度较大的链表存储。本节为了算法方便，采用结点大小为 1 的链表存储。

用链式存储表示的串被称为链串。链串的类定义如下：

```
typedef struct SNode{
  char data;
  SNode  *next;
}SNode;
class LString{
  private:
    SNode  *shead;
  public:
    LString(){shead=new SNode;shead->next=NULL;}      //创建空链串
    ~LString();                                         //销毁链串
    void StrAssign(char  *str);                         //链串赋值
    void StrCopy(LString t);                            //链串复制
    int StrLength();                                    //返回链串的长度
    int StrCompare(LString s,LString t);                //链串比较
    void StrConcat(LString s1,LString s2);              //连接链串 s1 和 s2
    void SubString(LString &sub,LString s,int pos,int len); //用 sub 返回链串 s 中第 pos 个字符开始
                                                        //长度为 len 的子串
    void StrInsert(LString &s,int pos,LString t);       //在链串 s 的第 pos 个字符前插入串 t
    void StrDelete(LString &s,int pos,int len);         //删除链串 s 中第 pos 个字符开始长度为
                                                        //len 的子串
    void StrReplace(LString &s,int pos,int len,LString t); //将链串 s 中第 pos 字符开始的 len 个字符
                                                        //子串用串 t 替换
};
```

(1) ~LString()函数是析构函数，用来释放链串的所有存储空间，用 C++描述的算法如下：

```
LString:: ~LString(){
    SNode *p=shead;
    while(p){
        shead=p->next;
        delete p;
        p=shead;
    }
}
```

(2)StrAssign()函数将字符串赋值给 shead，用 C++描述的算法如下：

```
void LString::StrAssign(char *str){
    int i;
    SNode *s, *rear=shead;                    //rear 始终指向尾结点
    for(i=0; *str!='\0';i++)
    {
        s=new SNode;
        s->data= *str;
        str++;
        rear->next=s;
        rear=s;
    }
    rear->next=NULL;
}
```

(3)StrCopy()函数将链串复制给 shead，用 C++描述的算法如下：

```
void LString::StrCopy(LString t){
    SNode *r, *p=t.shead->next;               //p 指向链串 t 的第一个数据结点
    SNode *rear=shead;                        //rear 始终指向 shead 的最后一个结点
    while(p){
        r=new SNode;
        r->data=p->data;
        rear->next=r;
        rear=r;
        p=p->next;
    }
    rear->next=NULL;
}
```

(4)StrLength()函数返回链串中的字符数量，用 C++描述的算法如下：

```
int LString::StrLength(){
    SNode *p=shead->next;
    int count=0;
```

```
    while(p){
        count++;
        p=p->next;
    }
    return count;
}
```

(5)StrCompare()函数判断两个链串是否相等，若相等则返回1，否则返回0，用C++描述的算法如下：

```
int LString::StrCompare(LString s,LString t){
    SNode  *p=s.shead->next, *q=t.shead->next;
    while(p&&q&&p->data==q->data){
        p=p->next;
        q=q->next;
    }
    if(!p&&!q)    return 1;
    else return 0;
}
```

(6)StrConcat()函数连接链串 s_1 和 s_2，结果存储在 shead 中，用C++描述的算法如下：

```
void LString::StrConcat(LString s1,LString s2){
    SNode  *p=s1. shead->next, *s, *rear=shead;
    while(p){                               //将 s1 的所有结点复制给 shead
        s=new SNode;
        s->data=p->data;
        rear->next=s;
        rear=s;
        p=p->next;
    }
    p=s2. shead->next;
    while(p){                               //将 s2 的所有结点复制给 shead
        s=new SNode;
        s->data=p->data;
        rear->next=s;
        rear=s;
        p=p->next;
    }
    rear->next=NULL;
}
```

(7)SubString()函数用 sub 返回链串 s 中第 pos 个字符开始的长度为 len 的子串，用C++描述的算法如下：

```
void LString::SubString(LString &sub,LString s,int pos,int len){
    int i;
    SNode  *p=s.shead->next, *r;
    SNode  *rear=sub.shead;                    //rear 始终指向 sub 的最后一个结点
    if(pos<1 || pos>s.StrLength() || len<0 || pos+len-1> s.StrLength())
        return;                                //参数不正确,不进行操作
    for(i=1;i<pos;i++)                         //p 移动至第 pos 个结点
        p=p->next;
    for(i=1;i<=len;i++){                       //将 s 的第 pos 个结点开始的 len 个结点复制到 sub
        r=new SNode;
        r->data=p->data;
        rear->next=r;
        rear=r;
        p=p->next;
    }
    rear->next=NULL;
}
```

(8)StrInsert()函数在链串 s 的第 pos 个字符前插入串 t，用 C++描述的算法如下：

```
void LString::StrInsert(LString &s,int pos,LString t){
    int i=0;
    SNode  *p=s.shead, *q=t.shead->next, *r;
    if(pos<1 || pos>s.StrLength()+1)           //参数不正确,不进行操作
        return;
    while(p&&i<pos-1){                         //查找第 pos-1 个结点
        p=p->next;
        i++;
    }
    while(q){                                  //将 t 的所有结点插入 s 中
        r=new SNode;
        r->data=q->data;
        r->next=p->next;
        p->next=r;
        p=r;
        q=q->next;
    }
}
```

(9)StrDelete()函数删除链串 s 中第 pos 个字符开始长度为 len 的子串，用 C++描述的算法如下：

```
void LString::StrDelete(LString &s,int pos,int len){
```

```
    int i=0;
    SNode *p=s.shead, *q;
    if(pos<1 || pos>s.StrLength() || len<0 || pos+len-1>s.StrLength())
        return;                                  //参数不正确,不进行操作
    while(p->next&&i<pos-1){                     //查找第 pos 个结点,p 指向其前驱结点
        p=p->next;
        i++;
    }
    for(i=0;i<len;i++){                          //删除并释放 len 个结点
        q=p->next;
        p->next=q->next;
        delete q;
    }
}
```

(10) StrReplace()函数将链串 s 中第 pos 字符开始的 len 个字符子串用串 t 替换，用 C++ 描述的算法如下：

```
void LString::StrReplace(LString &s,int pos,int len,LString t){
    int i=0;
    SNode *p=s.shead, *q, *r;
    if(pos<1 || pos>s.StrLength() || len<0 || pos+len-1>s.StrLength())
        return;                                  //参数不正确,不进行操作
    while(p->next&&i<pos-1){                     //查找第 pos 个结点,p 指向其前驱结点
        p=p->next;
        i++;
    }
    for(i=0;i<len;i++){                          //删除并释放 len 个结点
        q=p->next;
        p->next=q->next;
        delete q;
    }
    q=t.shead->next;
    while(q){                                    //将 t 插入 pos 开始的位置
        r=new SNode;
        r->data=q->data;
        r->next=p->next;
        p->next=r;
        p=r;
        q=q->next;
    }
}
```

4.3 串的模式匹配

设有主串 s 和子串 t，在主串 s 中寻找等于子串 t 的过程被称为模式匹配或串匹配。通常把主串 s 称为目标串，子串 t 称为模式串。串匹配在文本处理中有着重要的应用。例如，给定一个需要处理的目标串和一个需要在文本串中搜索的模式串，经常要查找模式串在目标串中出现的位置和次数等。Brute-Force 和 KMP 是常用的模式匹配算法，采用堆式存储分配表示串。

4.3.1 Brute-Force 算法

Brute-Force 算法简称为 BF 算法，其基本思想是将目标串 s 的第一个字符与模式串 t 中的第一个字符进行比较，若相等，则继续逐个比较后续字符；若不相等，则将目标串 s 的第二个字符与模式串 t 的第一个字符进行比较。依次类推，若目标串 s 的第 i 个字符开始，每个字符依次和模式串 t 中的对应字符相等，则匹配成功，返回 i；否则，匹配失败，返回-1。

例如，已知目标串 s="abcabdefaebaa"，模式串 t="abde"，模式匹配时设置两个指针 i 和 j，i 指向 s 的当前字符，j 指向 t 的当前字符。模式串匹配过程如图 4.3 所示。

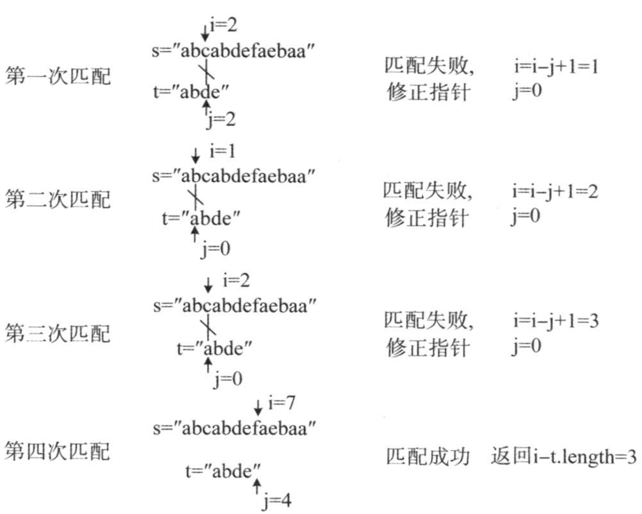

图 4.3 BF 模式串的匹配过程

对应的 BF 算法如下：

```
int BFIndex(HString s,HString t){
  int i=0,j=0;
  while(i<s.length&&j<t.length)
    if(s.ch[i]==t.ch[j]){                //比较字符
        i++;
        j++;
```

```
    }
    else{                                    //目标串、模式串回溯,开始下一次匹配
        i=i-j+1;
        j=0;
    }
  if(j>=t.length)   return i-t.length;       //返回匹配的第一个字符的下标
  else return -1;                            //匹配不成功,返回-1
}
```

4.3.2 KMP 算法

BF 算法简单、易于理解，但目标串指针 i 在若干个字符序列比较相等后，若有一个字符比较不相等，目标串指针需要回溯，没有充分利用前面部分匹配的结果，效率不高。为此，D. E. Knuth、J. H. Morris 和 V. R. Pratt 共同提出了消除目标串指针回溯的 Knuth-Morris-Pratt 算法，简称 KMP 算法。其主要思想是在匹配过程中出现字符比较不相等时，不需要回溯指针 i，而是利用已经得到的部分匹配的结果将模式向右移动尽可能多的字符后继续进行比较。

例如，目标串 s="aaaaababababbba" 和模式串 t="aaaab" 在进行第一次匹配时，匹配失败处为 i=4，j=4，尽管匹配失败，但可以得出信息：s 的前 4 个字符 $s_0s_1s_2s_3$ 与 t 的前 4 个字符 $t_0t_1t_2t_3$ 相同，且从 t 中发现，$t_0t_1t_2$ 与 $t_1t_2t_3$ 相同，即 $t_0t_1t_2=t_1t_2t_3=s_1s_2s_3$。根据 BF 算法，下一次应回溯至 s_1 重新匹配，由于 $t_0t_1t_2=s_1s_2s_3$，因此从 s_4 与 t_3 开始比较即可，如图 4.4 所示。

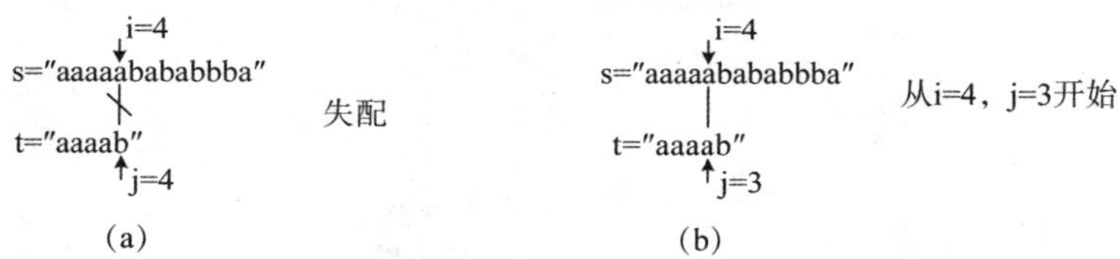

图 4.4 利用部分匹配信息的匹配示例

(a)第一次匹配；(b)第二次匹配

由上述实例可以看出，为了实现改进算法需要解决如下两个问题：

(1)目标串的回溯问题；

(2)在匹配过程中产生失配($s_i \neq t_j$)时，模式串需向右移动的字符数量，即目标串中的第 i 个字符应与模式串中的哪个字符再比较。

第一个问题需要分析模式串 t。对于 t 的每个字符 t_j，若存在整数 k(k<j)使模式 t 中 k 所指字符之前的 k 个字符 $t_0t_1t_2\cdots t_{k-1}$ 依次与 t_j 前面的 k 个字符 $t_{j-k}t_{j-k+1}\cdots t_{j-1}$ 相同，并与目标串 s 中 i 所指字符前的 k 个字符相同，就可以利用这种信息，消除不必要的回溯。

对于第二个问题，设目标串的第 i 个字符应与模式串的第 k 个字符继续比较，则模式串中前 k 个字符的子串必须满足式(4.1)，且不可能存在大于 k 的数满足式(4.1)。

$$t_0t_1\cdots t_{k-1}=s_{i-k}s_{i-k+1}\cdots s_{i-1} \tag{4.1}$$

若已经得到的部分匹配的结果是

$$t_{j-k}t_{j-k+1}\cdots t_{j-1}=s_{i-k}s_{i-k+1}\cdots s_{i-1} \tag{4.2}$$

由式(4.1)和式(4.2)可得式(4.3)。

$$t_0t_1\cdots t_{k-1}=t_{j-k}t_{j-k+1}\cdots t_{j-1} \tag{4.3}$$

反之，若模式串中存在满足式(4.3)的两个子串，则在匹配过程中，当目标串中第 i 个字符与模式串中第 j 个字符不相等时，仅需将模式串向右移动，模式串中第 k 个字符与目标串中第 i 个字符对齐，此时，模式串中的子串 $t_0t_1\cdots t_{k-1}$ 与目标串中第 i 个字符之前长度为 k 的子串 $s_{i-k}s_{i-k+1}\cdots s_{i-1}$ 相等，由此，匹配仅需从模式中第 k 个字符与目标串中第 i 个字符起继续进行比较。

用数组 next[j] 存放模式串 t 的部分匹配信息，表明当模式串中的第 j 个字符与目标串中的相应字符不匹配时，在模式串中需重新和目标串中该字符进行比较的字符的位置。该数组的定义如下：

$$next[j]=\begin{cases}-1 & j=0\\ \max\{k\mid 0<k<j，且\ t_0t_1\cdots t_{k-1}=t_{j-k}t_{j-k+1}\cdots t_{j-1}\} & 集合非空时\\ 0 & 其他情形\end{cases}$$

例如，在图 4.4 中的实例中，对于模式串 t="aaaab" 的 0 号字符 a，规定 next[0]=-1；对于 1 号字符 a，规定 next[1]=0；对于 2 号字符 a，前面的子串"a"字符与模式串 t 开头的 1 个字符匹配，则 next[2]=1；对于 3 号字符 a，前面子串"aa"、"a"与模式串 t 开头的 2 个和 1 个字符匹配，则 next[3]=2；对于 4 号字符 b，前面子串"aaa"、"aa"和"a"与模式串 t 开头的 3 个、2 个和 1 个字符匹配，则 next[4]=3。模式串 t 对应的 next 数组见表 4.1。

表 4.1 模式串的 next 数组

j	0	1	2	3	4
t[j]	a	a	a	a	b
next[j]	-1	0	1	2	3

从计算可知，当 i=4，j=4 产生不匹配时，下一次匹配从目标串的第 i 个字符与模式串的第 next[j]=3 个字符开始比较即可。

综上，KMP 算法的匹配过程如下：设目标串为 s，模式串为 t，i 和 j 分别指向目标串和模式串中待比较的字符，i 和 j 的初值均为 0。若 $s_i=t_j$，则 i 和 j 分别加 1，否则 i 不变，j 退回到 next[j] 位置，即模式串向右移动；再比较 s_i 和 t_j，若相等，则 i 和 j 分别加 1，否则 i 不变，j 退回到 next[j] 位置，即模式串向右移动。以此类推，直至出现下列两种情况之一为止：

(1) j 退回到某个 next[j] 值时有 $s_i=t_j$，即字符比较相等，则指针各自加 1 后继续进行匹配；

(2)j 退回到 j=-1，将 i 和 j 分别加 1，即从目标串的下一个字符 s_{i+1} 与模式串中的 t_0 开始重新匹配。

用 C++描述的 KMP 算法如下：

```
#define MaxSize 100
void GetNext(HString t,int next[]){//计算模式串 t 的 next 值
    int j=0,k=-1;
    next[0]=-1;
    while(j<t.length-1)
        if(k==-1 || t.ch[j]==t.ch[k]){
            j++;
            k++;
            next[j]=k;
        }
        else k=next[k];
}
int KMPIndex(HString s,HString t){
    int next[MaxSize],i=0,j=0;
    GetNext(t,next);
    while(i<s.length&&j<t.length)
        if(j==-1 || s.ch[i]==t.ch[j]){
            i++;
            j++;
        }
        else j=next[j];
    if(j>=t.length)   return i-t.length;
    else return -1;
}
```

例 4.2 已知目标串 s="abbabcabcababacb"，模式串 t="abcaba"，给出模式串 t 的 next 数组和 KMP 算法的模式匹配过程。

【解】模式串 t 对应的 next 数组见表 4.2。

表 4.2 例 4.2 中模式串 t 对应的 next 数组

j	0	1	2	3	4	5
t[j]	a	b	c	a	b	a
next[j]	-1	0	0	0	1	2

KMP 算法的模式匹配过程如图 4.5 所示。

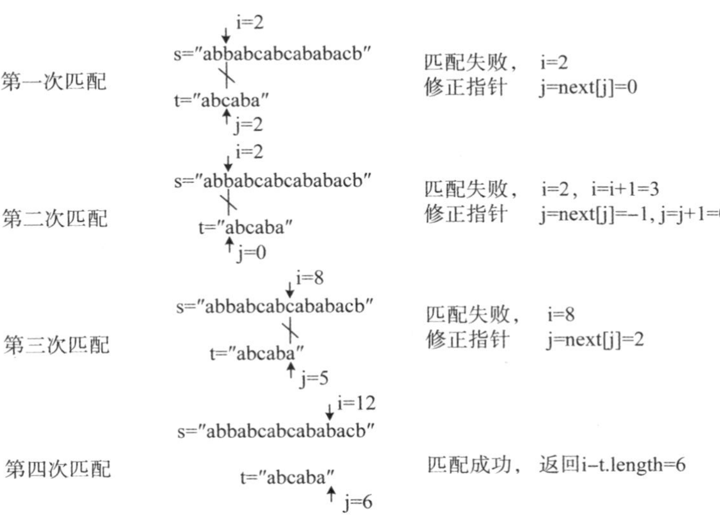

图 4.5　例 4.2 中 KMP 算法的模式匹配过程

一、选择

1. 串是一种特殊的线性表，其特殊性体现在(　　)。

A. 可以采用顺序存储　　B. 可以采用链式存储

C. 数据元素是一个字符　　D. 数据元素可以是多个字符

2. 设有两个串 s 和 t，其中 t 是 s 的子串，求 t 在 s 中首次出现的位置的操作被称为(　　)。

A. 求串长　　B. 连接　　C. 求子串　　D. 匹配

3. 串 s="university" 共有(　　)个非空子串。

A. 10　　B. 11　　C. 55　　D. 56

4. 模式串 t="abbabbca" 的 next 数组为(　　)。

A. -1，0，0，1，2，0，3，0　　B. -1，0，0，0，1，2，3，1

C. -1，0，0，0，1，2，3，0　　D. -1，0，0，1，2，3，0，1

5. 下面关于串的叙述中，(　　)是不正确的。

A. 模式匹配是串的一种重要运算

B. 串是字符的有限序列

C. 空串是由空格构成的串

D. 串既可以采用顺序存储，也可以采用链式存储

6. 串采用堆分配存储表示，StrIndex("DATA STRUCTURE","STR")的值为(　　)。

A. 3　　B. 4　　C. 5　　D. 6

7. 设目标串 s = " abccdcdccbaa"，模式串 t = " cdcc"，采用 KMP 算法要经过(　　)次匹配才能匹配成功。

A. 4　　B. 5　　C. 6　　D. 7

8. 两个串相等的条件为(　　)。

A. 长度相等　　B. 对应位置上的字符相同

C. A 和 B　　D. A 或 B

二、算法设计

1. 若 s 和 t 是用结点大小为 1 的单链表存储的两个串，设计一个算法找出 s 中第一个不在 t 中出现的字符。

2. 已知串采用堆分配存储表示，设计一个将串 s 中出现的所有与串 t 相等的不重复子串替换为串 w 的算法(注：t 和 w 的长度不一定相等)。

3. 一个文本串可以用事先给定的字母映射表进行加密，字母映射见题表 2.1，则字符串" encrypt" 被加密为" tkzwsdf" 。

题表 2.1　字母映射表

a	b	c	d	e	f	g	h	i	j	k	l	m	n	o	p	q	r	s	t	u	v	w	x	y	z
n	g	z	q	t	c	o	b	m	u	h	e	l	k	p	d	a	w	x	f	y	i	v	r	s	j

(1)设计一个算法，将输入的文本串加密后输出；

(2)设计一个算法，将输入的已加密的文本串进行解密后输出。

4. 设计一个计算长度为 1 的链串 s 中字符 x 出现的次数的算法。

第 5 章　数组和广义表

数组和广义表可以看成特殊的线性表，表中的元素也是一种数据结构。数组中的每个数据元素具有相同的结构，数组元素的下标具有固定的上界和下界，因此，数组的处理比较简单；广义表中的数据元素可以具有不同的数据结构，因此，难以用顺序存储结构表示，通常采用链式存储结构表示。数组和广义表广泛用于计算机的各个领域。

5.1　数组

5.1.1　数组的定义

从逻辑结构上看，数组 A 是由 $n(n\geqslant1)$ 个相同类型的数据元素 a_1，a_2，$\cdots a_i$，$\cdots$，a_n 构成的有限序列，其逻辑表示为

$$A=(a_1,\ a_2,\ \cdots a_i,\ \cdots,\ a_n)\qquad i=1,\ 2,\ \cdots,\ n$$

其中，a_i 表示数组的第 i 个数据元素。

数组 A 可以看作一个线性表。数组维数确定后，数据元素数量和元素之间的关系不再发生改变，适合顺序存储。一个二维数组可以看作每个数据元素都是相同类型一维数组的一维数组。以此类推，$d(d\geqslant2)$ 维数组可以看作每个数据元素都是相同类型 $d-1$ 维数组的一维数组。

数组被定义后，其维数和维界固定不变。

d 维数组的抽象数据类型定义如下：

ADT Array{

数据对象：

$D=\{a_{j_1j_2\cdots j_d}|j_i=0,1,2,\cdots b_i-1,i=1,2,\cdots,d\}$//第 i 维的数组长度为 b_i

数据关系：

$R=\{R_1,R_2,\cdots,R_d\}$

$R_i=\{(a_{j_1j_2\cdots j_i\cdots j_d},a_{j_1j_2\cdots j_i+1\cdots j_d})|0\leqslant j_k\leqslant b_k-1,1\leqslant k\leqslant d$ 且 $k\neq i,0\leqslant j_i\leqslant b_i-2,a_{j_1j_2\cdots j_i\cdots j_d},a_{j_1j_2\cdots j_i+1\cdots j_d}\in D,i=2,3,\cdots,d\}$

基本操作：

InitArray(&a, d, $bound_1$, $bound_2$, …, $bound_d$)：数组的初始化

DestroyArray(&a)：销毁数组

Value(&a, &e, $index_1$, $index_2$, …, $index_d$)：把指定下标的元素值赋给 e

Assign(&a, e, $index_1$, $index_2$, …, $index_d$)：将 e 赋值给指定下标的元素

DispArray(a, $bound_1$, $bound_2$, …, $bound_d$)：输出 d 维数组的元素值

} ADT Array

5.1.2 数组的存储结构

从存储结构上看，数组的所有元素存储在一个地址连续的内存单元中。由于计算机的内存结构是一维的，因此用一维内存来表示多维数组，就必须按某种顺序将数据元素排成一个序列，然后将这个序列存放在存储空间中。数组只进行存取元素和修改元素的操作，且是一种随机存取的线性结构，一般采用顺序存储的方法表示。

在一维数组 A[n] 中，第一个数组元素 a_0 的存储地址 $Loc(a_0)$ 确定后，设每个元素占用 l 个字节，则任意一个元素的存储地址 $Loc(a_i)$ 可以按照下列公式计算：

$$Loc(a_i)=Loc(a_0)+i\times l \qquad (1\leqslant i\leqslant n-1)$$

一个二维数组 A[m][n] 记作 $A_{m\times n}$，用矩阵表示如下：

$$A_{m\times n}=\begin{bmatrix} a_{0,0} & a_{0,1} & \cdots & a_{0,n-1} \\ a_{1,0} & a_{1,1} & \cdots & a_{1,n-1} \\ \vdots & \vdots & \vdots & \vdots \\ a_{m-1,0} & a_{m-1,1} & \cdots & a_{m-1,n-1} \end{bmatrix}$$

简记为 A，根据二维数组的定义，A 可以理解为如下的一维数组：

$$A=(a_0,\ a_1,\ \cdots,\ a_i,\ \cdots,\ a_{m-1})$$

其中，$a_i=(a_{i,0},\ a_{i,1},\ \cdots,\ a_{i,n-1}) \qquad (0\leqslant i\leqslant m-1)$；

或

$$A=(b_0,\ b_1,\ \cdots,\ b_j,\ \cdots,\ b_{n-1})$$

其中，$b_j=\begin{pmatrix} a_{0,j} \\ a_{1,j} \\ \vdots \\ a_{m-1,j} \end{pmatrix} \qquad (0\leqslant j\leqslant n-1)$。

由此可见，要将二维数组存储在一个线性结构中，存在行或列的排列问题。根据存储方式的不同，顺序存储方法分为两类。

(1)按行优先顺序存储：以行序为主序的存储方式。将数据元素按行排列，第 i+1 个行向量紧接在第 i 个行向量后面。以二维数组 A 为例，按行优先顺序存储的线性序列为 $a_{0,0}$，$a_{0,1}$，…，$a_{0,n-1}$，$a_{1,0}$，$a_{1,1}$，…，$a_{1,n-1}$，…，$a_{m-1,0}$，$a_{m-1,1}$，…，$a_{m-1,n-1}$，在内存中的存储方式如图 5.1(a)所示。

(2)按列优先顺序存储：以列序为主序的存储方式。将数据元素按列排列，第 i+1 个列

向量紧接在第 i 个列向量之后。以二维数组 A 为例，按列优先顺序存储的线性序列为 $a_{0,0}$，$a_{1,0}$，…，$a_{m-1,0}$，$a_{0,1}$，$a_{1,1}$，…，$a_{m-1,1}$，…，$a_{0,n-1}$，$a_{1,n-1}$，…，$a_{m-1,n-1}$。在内存中的存储方式如图 5.2(b)所示。

在二维数组 A[m][n]中，第一个数组元素 $a_{0,0}$ 的存储地址 $Loc(a_{0,0})$确定后，设每个元素占用1个字节，则任意一个元素按行存储的地址 $Loc(a_{i,j})$可以用下列公式计算：

$$Loc(a_{i,j})=Loc(a_{0,0})+(i\times n+j)\times l \qquad (0\leqslant i\leqslant m-1,\ 0\leqslant j\leqslant n-1)$$

任意一个元素按列存储的地址 $Loc(a_{i,j})$可以用下列公式计算：

$$Loc(a_{i,j})=Loc(a_{0,0})+(j\times m+i)\times l \qquad (0\leqslant i\leqslant m-1,\ 0\leqslant j\leqslant n-1)$$

上述公式可推广到三维甚至多维数组中，读者可自行推导。

例 5.1　已知二维数组 A[10][20]的起始地址为1000，每个元素占用4个字节，求数组元素 $a_{7,8}$ 的地址。

【解】

按列优先存储数组元素 $a_{7,8}$ 的地址为

$$Loc(a_{7,8})=1\,000+(8\times10+7)\times4=1\,348$$

按行优先存储数组元素 $a_{7,8}$ 的地址为

$$Loc(a_{7,8})=1\,000+(7\times20+8)\times4=1\,592$$

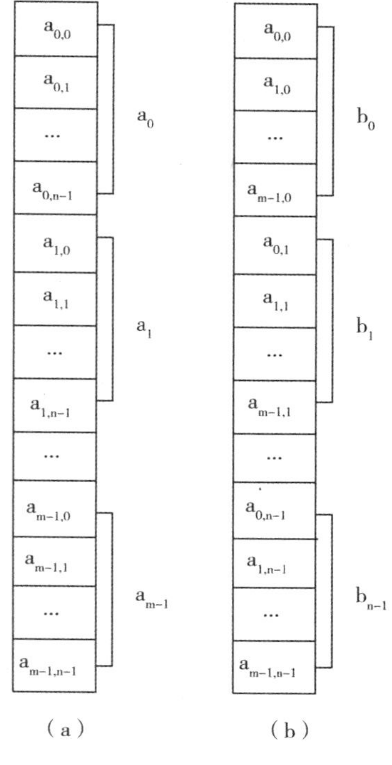

图 5.1　二维数组的存储方式

(a)按行优先；(b)按列优先

5.1.3　数组的类定义及其实现

数组的顺序存储表示的类定义及其实现如下：

```
#include<stdarg.h>                     //头文件,提供宏 va_start、va_arg 和 va_end
#define MaxDim 10                      //最大维数为 10
class Array{
    private:
        ElemType  *base;
        int dim;                       //数组维数
        int  *bounds;                  //数组维界基址
        int  *constants;               //数组映像函数常量基址
    public:
        void InitArray(int d,…);       //d 为维数,随后的是各维的长度
        void DestroyArray();
        int Locate(va_list ap,int &off);
        int Value(ElemType &e,…);      //e 为元素变量,随后是 n 个下标值
        int Assign(ElemType e,…);      //e 为元素变量,随后是 n 个下标值
};
void Array::InitArray(int d,…){        //…为各维长度
```

```
    dim=d;
    bounds=new int[d *sizeof(int)];
    int elemtotal=1;
    va_list ap;
    va_start(ap,d);                          //ap存放变长参数表信息的数组
    for(int i=0;i<dim;++i){
        bounds[i]=va_arg(ap,int);
        elemtotal *=bounds[i];               //数组元素的数量
    }
    va_end(ap);
    base=new int[elemtotal *sizeof(ElemType)];
    constants=new int[dim *sizeof(int)];
    constants[d-1]=1;
    for(i=d-2;i>=0;i--)
        constants[i]=bounds[i+1] *constants[i+1];
}
void Array::Destroy(){
    delete base;
    base=NULL;
    delete bounds;
    bounds=NULL;
    delete constants;
    constants=NULL;
}
int Array::Locate(va_list ap,int &off){      //ap指示各元素的下标,off指示元素在数组中的相对地址
    off=0;
    int ind;
    for(int i=0;i<dim;i++){
        ind=va_arg(ap,int);
        if(ind<0 || ind>=bounds[i])return -1;
        off+=constants[i] *ind;
    }
    return 1;
}
int Array::Value(ElemType &e,…){
    int off;
    va_list ap;
    va_start(ap,e);
    if(Locate(ap,off)==-1)retrun -1;         //下标值不合理
    e= *(base+off);
    return 1;
}
int Array::Assign(ElemType e,…){
```

```
    va_list ap;
    int off;
    if(Locate(ap,off)==-1)return -1;      //下标值不合理
    *(base+off)=e;
    return 1;
}
```

5.2 矩阵的压缩存储

在科学与工程计算问题中，矩阵是一种常用的数学对象。用高级语言编制程序时，可以将矩阵描述为二维数组。矩阵在这种存储表示之下，可以对其元素进行随机存取，各种矩阵运算也非常简单。

在非0元素呈现某种规律分布或者出现大量0元素的矩阵中，重复的非0元素或0元素占用了许多空间，造成极大的浪费。为了节省存储空间，这类矩阵可以进行压缩存储，使多个相同的非0元素共享一个存储空间，0元素则不分配存储空间。

如果值相同的数据元素或0元素在矩阵中的分布有一定规律，则称此类矩阵为特殊矩阵；如果矩阵中有许多0元素(一般根据稀疏因子的值判定0元素是否较多)，则称此类矩阵为稀疏矩阵。

5.2.1 特殊矩阵的压缩存储

常见的特殊矩阵有对称矩阵和对角矩阵。

1. 对称矩阵的压缩存储

若n阶矩阵A[n][n]中的元素满足下列性质：

$$a_{i,j}=a_{j,i} \qquad (i,\ j=0,\ 1,\ 2,\ \cdots,\ n-1)$$

则称A[n][n]为n阶对称矩阵。

对称矩阵中的元素关于主对角线对称，只需要存储矩阵中上三角或下三角的元素，能节约近一半的存储空间。按行优先顺序存储主对角线(包括对角线)以下的元素，即为每一个对称元素分配一个存储空间时，可将n^2个元素空间压缩存储到$\frac{n(n+1)}{2}$个元素空间中。

设以一维数组$As\left[\frac{n(n+1)}{2}\right]$作为n阶对称矩阵A的存储结构，则As[k]和矩阵元素$a_{i,j}$之间的对应关系如下：

$$k=\begin{cases}\dfrac{i(i+1)}{2}+j & (i\geqslant j)\\[2ex] \dfrac{j(j+1)}{2}+i & (i<j)\end{cases}$$

对于任意给定的一组下标(i，j)，均可在As[k]中找到矩阵元素$a_{i,j}$；反之，对于所有的$k=0,\ 1,\ 2,\ \cdots,\ \frac{n(n+1)}{2}-1$，均能确定$As\left[\frac{n(n+1)}{2}\right]$中的元素在矩阵中的位置。

$As\left[\frac{n(n+1)}{2}\right]$为 n 阶对称矩阵 A 的压缩存储，对应关系如图 5.2 所示。

k=	0	1	2	3		$\frac{n(n-1)}{2}$		$\frac{n(n+1)}{2}-1$
As[k]	$a_{0,0}$	$a_{1,0}$	$a_{1,1}$	$a_{2,0}$	…	$a_{n-1,0}$	…	$a_{n-1,n-1}$

图 5.2　对称矩阵的压缩存储

有些非对称矩阵可采用此方法存储，如 n 阶上(下)三角矩阵①。以一维数组 $As\left[\frac{n(n+1)}{2}\right]$作为 n 阶三角矩阵 A 的存储结构，则 As[k]和矩阵元素 $a_{i,j}$ 之间的对应关系如下：

上三角矩阵：

$$k=\begin{cases}\frac{i(2n-i+1)}{2}+j-i & (i\leqslant j)\\ \frac{n(n+1)}{2} & (i>j)\end{cases}$$

下三角矩阵：

$$k=\begin{cases}\frac{i(i+1)}{2}+j & (i\geqslant j)\\ \frac{n(n+1)}{2} & (i<j)\end{cases}$$

其中，$As\left[\frac{n(n+1)}{2}\right]$中存放常数 C。

2. 对角矩阵的压缩存储

n 阶对角矩阵是指 n 阶方阵 A[n][n]的所有非 0 元素集中在以主对角线为中心的带状区域中的矩阵，即除了主对角线上和主对角线相邻两侧的 b 条次对角线上的数据元素之外，其余所有数据元素皆为 0。其中 b 为矩阵半带宽，(2b+1)为矩阵带宽，如图 5.3 所示。

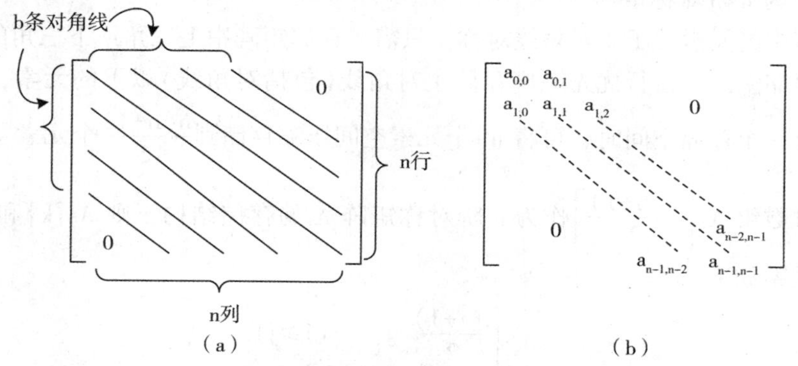

图 5.3　对角矩阵

(a)一般形式；(b)三对角矩阵

① n 阶上(下)三角矩阵是指矩阵的下(上)三角(不包括对角线)中的元素均为常数 C 或 0 的 n 阶矩阵。

对于 b=1 的三对角矩阵(如图 5.3(b)所示)，按行优先顺序将非 0 元素 $a_{i,j}$ 存储到一维数组 A_b 中，即将 A 的非 0 元素 $a_{i,j}$ 存储到元素 $a_b[k]$ 中。数组下标 k 和 i、j 的对应关系如下：

$$k=2+3(i-1)+(j-i+1)=2i+j$$

三对角矩阵的压缩存储如图 5.4 所示。

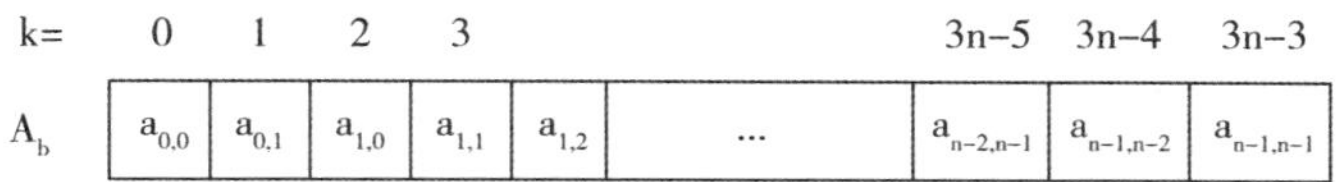

k=	0	1	2	3			3n−5	3n−4	3n−3
A_b	$a_{0,0}$	$a_{0,1}$	$a_{1,0}$	$a_{1,1}$	$a_{1,2}$	…	$a_{n-2,n-1}$	$a_{n-1,n-2}$	$a_{n-1,n-1}$

图 5.4　三对角矩阵的压缩存储

5.2.2　稀疏矩阵的压缩存储

一个阶数较大的矩阵 A[m][n]中非 0 元素的数量 s 远小于矩阵元素的总数 m×n，即 s≪m×n，则称矩阵 A 为稀疏矩阵。稀疏矩阵可以用三元组或十字链表表示。

1. 稀疏矩阵的三元组表示

在存储稀疏矩阵时，为了节省存储单元，不存储元素 0。由于非 0 元素的分布一般是没有规律的，因此在存储非 0 元素的同时，必须存储其所在的行和列的位置(i, j)。稀疏矩阵中的每个非 0 元素由一个三元组(i, j, a_{ij})唯一确定，所有非 0 元素构成三元组的线性表。

例如，一个 7×8 的稀疏矩阵为：

$$A=\begin{bmatrix}1&0&7&0&0&0&0&0\\0&0&0&0&3&0&6&0\\0&0&0&5&0&0&0&1\\0&0&1&0&0&3&0&0\\0&0&0&0&0&0&0&0\\0&0&0&0&2&0&0&0\\0&1&0&0&0&5&0&0\end{bmatrix}$$

其对应的三元组线性表为((0, 0, 1), (0, 2, 7), (1, 4, 3), (1, 6, 6), (2, 3, 5), (2, 7, 1), (3, 2, 1), (3, 5, 3), (5, 4, 2), (6, 1, 1), (6, 5, 5))。

采用顺序存储结构存储稀疏矩阵的三元组线性表，被称为稀疏矩阵的三元组顺序表。三元组顺序表的类定义如下：

```
#define MaxSize 1000                    //自定义顺序表的最大空间数
#define MaxRow 100                      //行数
#define MaxCol 100                      //列数
typedef struct{                         //三元组定义
  int row;                              //行号
  int col;                              //列号
  ElemType ev;                          //矩阵元素的值
}TupNode;
class TSMatrix {                        //三元组顺序表的类定义
```

```
  private:
    int rows;                                        //行数
    int cols;                                        //列数
    int nznum;                                       //非0元素的数量
    TupNode elem[MaxSize];
  public:
    TSMatrix(){rows=0;cols=0;nznum=0;}               //构造函数,初始化空三元组
    void CreateTMatrix(ElemType a[MaxRow][MaxCol]);  //创建三元组
    void SaveValue(ElemType e,int i,int j);          //存储元素
    void FetchValue(ElemType &e,int i,int j);        //读取元素
    void TranSMatrix(TSMatrix a);                    //矩阵转置
    void AddMatrix(TSMatrix a,TSMatrix b);           //矩阵加法
};
```

稀疏矩阵 A 及其对应的三元组顺序表如图 5.5 所示。

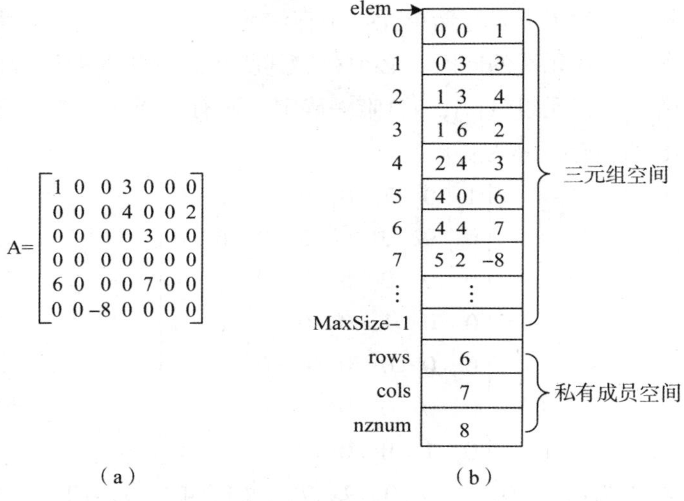

图 5.5　稀疏矩阵 A 及其对应的三元组顺序表

(a)矩阵；(b)三元组顺序表

(1)CreateTMatrix()函数用来创建三元组，以行序方式扫描二维矩阵，并将其非 0 元素插入三元组，用 C++描述的算法如下：

```
void TSMatrix::CreateTMatrix(ElemType a[MaxRow][MaxCol]){
  rows=MaxRow;
  cols=MaxCol;
  int i,j;
  nznum=0;
  for(i=0;i<MaxRow;i++)
    for(j=0;j<MaxCol;j++)
      if(a[i][j]!=0){
```

```
            elem[nznum].row=i;
            elem[nznum].col=j;
            elem[nznum].ev=a[i][j];
            nznum++;
        }
}
```

（2）SaveValue()函数对三元组赋值，即在三元组中找到合适的位置 k，将 k ~ nznum 位置的元素后移一个位置后插入 e，假设插入元素时三元组顺序表没满，用 C++描述的算法如下：

```
void TSMatrix::SaveValue(ElemType e,int i,int j){
  int k=0,h;
  if(i<0 || j<0 || i>rows || j>cols) return;                //位置不合理
  while(k<nznum&&i>elem[k].row)                             //查找行
      k++;
  while(k<nznum&&i==elem[k].row&&j>elem[k].col)             //查找列
      k++;
  if(elem[k].row==i&&elem[k].col==j)                        //元素存在
    elem[k].ev=e;
  else{
    for(h=nznum-1;h>=k;h--){                                //元素不存在
      elem[h+1].row=elem[h].row;
      elem[h+1].col=elem[h].col;
      elem[h+1].ev=elem[h].ev;
    }
    elem[k].row=i;
    elem[k].col=j;
    elem[k].ev=e;
    nznum++;
  }
}
```

（3）FetchValue()函数读取三元组的值，在三元组中找到指定的位置，并将值赋给 e，用 C++描述的算法如下：

```
void TSMatrix::FetchValue(ElemType &e,int i,int j){
  int k=0;
  if(i<0 || j<0 || i>rows || j>cols) return;                //位置不合理
  while(k<nznum&&i>elem[k].row)                             //查找行
      k++;
  while(k<nznum&&i==elem[k].row&&j>elem[k].col)             //查找列
      k++;
  if(elem[k].row==i&&elem[k].col==j)
```

```
        e=elem[k].ev;
    else e=0;
}
```

(4) TranSMatrix( )函数实现矩阵转置。一个 m×n 的矩阵 A 的转置 B 是一个 n×m 的矩阵，且 b[i][j]=a[j][i]，0≤i≤m-1，0≤j≤n-1，即 A 的行是 B 的列，A 的列是 B 的行。用 C++语言描述将 a 转置，转置后存放在私有成员中的算法如下：

```
void TSMatrix::TranSMatrix(TSMatrix a){
    cols=a.rows;
    rows=a.cols;
    nznum=a.nznum;
    int i,j,k=0;
    if(a.nznum!=0){
        for(i=0;i<a.cols;i++)
            for(j=0;j<a.nznum;j++)
                if(a.elem[j].col==i){
                    elem[k].row=a.elem[j].col;
                    elem[k].col=a.elem[j].row;
                    elem[k].ev=a.elem[j].ev;
                    k++;
                }
    }
}
```

矩阵转置示例如图 5.6 所示。

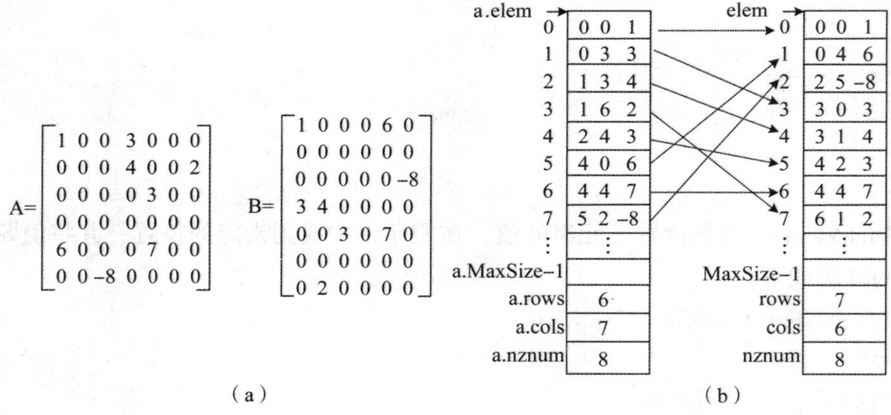

图 5.6　矩阵转置示例

(a)矩阵；(b)三元组顺序表

(5) AddMatrix( )函数实现矩阵加法。已知矩阵 A 和 B，用 C++描述 A+B 并将结果存储于私有成员中的算法如下：

```
void TSMatrix::AddMatrix(TSMatrix a,TSMatrix b){
   int i=0,j=0,k=0;
   ElemType e;
   if(a.rows!=b.rows || a.cols!=b.cols) return;          //矩阵大小不同,无法相加
   rows=a.rows;
   cols=a.cols;
   while(i<a.nznum&&j<b.nznum){
         if(a.elem[i].row==b.elem[j].row){
            if(a.elem[i].col<b.elem[j].col){               //a 加入私有成员中
               elem[k].row=a.elem[i].row;
               elem[k].col=a.elem[i].col;
               elem[k].ev=a.elem[i].ev;
               k++;
               i++;
            }
            else if(a.elem[i].col>b.elem[j].col){          //b 加入私有成员中
                  elem[k].row=b.elem[j].row;
                  elem[k].col=b.elem[j].col;
                  elem[k].ev=b.elem[j].ev;
                  k++;
                  j++;
            }
            else{
                  e=a.elem[i].ev+b.elem[j].ev;
                  if(e!=0){                                //将不为 0 的元素加入私有成员中
                     elem[k].row=a.elem[i].row;
                     elem[k].col=a.elem[i].col;
                     elem[k].ev=e;
                     k++;
                  }
                  i++;
                  j++;
            }
      }
      else if(a.elem[i].row<b.elem[j].row){               //a 加入私有成员中
            elem[k].row=a.elem[i].row;
            elem[k].col=a.elem[i].col;
            elem[k].ev=a.elem[i].ev;
```

```
                k++;
                i++;
            }
            else{                                        //b 加入私有成员中
                elem[k].row=b.elem[j].row;
                elem[k].col=b.elem[j].col;
                elem[k].ev=b.elem[j].ev;
                k++;
                j++;
            }
            nznum=k;
        }
    }
```

矩阵加法算法新增对象 c，计算 c=a+b，算法相对简单。若计算 a=a+b，则三元组顺序表中非 0 元素的插入或删除操作会引起 a.elem 中元素的移动，算法的效率明显下降。为此，可以采用稀疏矩阵的十字链表表示三元组以避免三元组的移动。

2. 稀疏矩阵的十字链表表示

十字链表为稀疏矩阵的每一行设置一个单链表，同时为每一列设置一个单链表。稀疏矩阵的每个非 0 元素同时包含在两个链表中，即所在行的行链表和所在列的列链表。十字链表存储降低了行方向和列方向的搜索时间，避免了三元组元素的移动，降低了算法的时间复杂度。

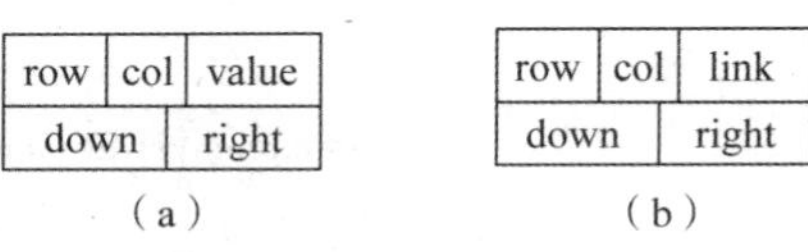

图 5.7　十字链表结构

(a)结点；(b)头结点

对于一个 m×n 阶的稀疏矩阵，每个非 0 元素用一个结点存储，结点结构如图 5.7(a)所示。其中 row、col 和 value 分别记录非 0 元素所在的行号、列号和相应的非 0 元素的值；right 和 down 分别指向同行和同列的下一个非 0 元素结点。稀疏矩阵中同一行的所有非 0 元素通过 right 指针链接成一个行链表，同一列的所有非 0 元素通过 down 指针链接成一个列链表。

十字链表中设置行头结点、列头结点和链表头结点，它们采用与非 0 元素类似的结构，如图 5.7(b)所示。其中行头结点和列头结点的 row、col 域值为空；行头结点的 right 指针指向对应链表的第一个结点，down 指针域为空；列头结点的 down 指针指向对应链表的第一个结点，right 指针域为空。具体实现时，行(列)头结点顺序连接且行头结点和列头结点可以合用，根据 right 和 down 的取值来区分行头结点和列头结点。链表头结点的 row 和 col 分别记录稀疏矩阵的行数和列数，link 指针指向行(列)头结点链表中第一个行(列)结点。

稀疏矩阵 A[5][4]及其十字链表存储结构如图 5.8 所示。

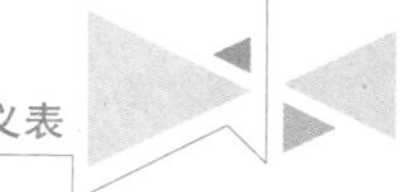

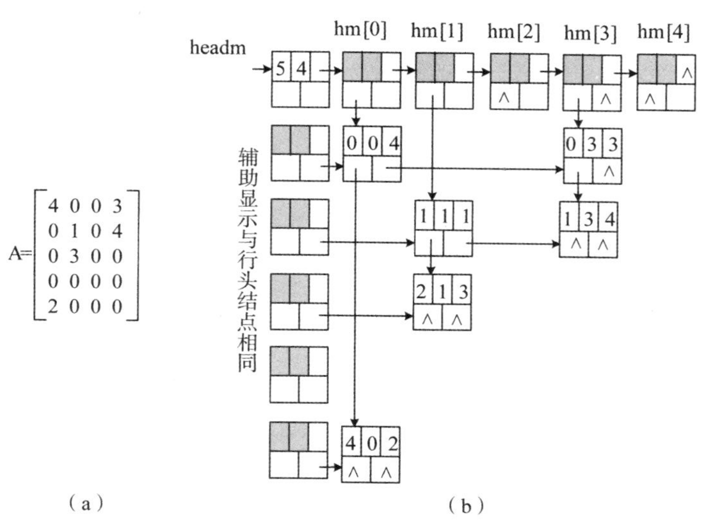

图 5.8 稀疏矩阵及其十字链表存储结构

(a)稀疏矩阵 A；(b)稀疏矩阵的十字链表存储结构

稀疏矩阵的十字链表存储结构类定义如下：

```
#define MaxRow   100                                    //行数
#define MaxCol   100                                    //列数
#define max ((MaxRow)>(MaxCol)? (MaxRow):(MaxCol))
typedef struct MatXNode{
  int row,col;
  MatXNode *down, *right;
  union{
    ElemType val;
    MatXNode *link;
  } tag;
} MatXNode;
class XSMatrix{
  private:
    MatXNode *headm;
  public:
    XSMatrix(){headm=new MatXNode;headm->tag.link=NULL;}//构造函数,创建链表头结点
    void CreateMat(ElemType a[MaxRow][MaxCol]);           //创建十字链表
    void AddMatrix(XSMatrix &a,XSMatrix b);               //矩阵相加
    void DispMatrix();                                    //输出十字链表矩阵
};
```

(1)CreateMat()函数创建十字链表，以行序扫描二维矩阵，将非 0 元素插入十字链表中，用 C++描述的算法如下：

```
void XSMatrix::CreateMat(ElemType a[MaxRow][MaxCol]){
  int i,j;
  MatXNode  *hm[max], *p, *q, *r;
  headm->row=MaxRow;
  headm->col=MaxCol;
  r=headm;
  for(i=0;i<max;i++){                          //采用尾插法创建头行(列)结点
    hm[i]=new MatXNode;
    hm[i]->right=hm[i]->down=NULL;
    r->tag.link=hm[i];
    r=hm[i];
  }
  r->tag.link=NULL;
  for(i=0;i<MaxRow;i++)
    for(j=0;j<MaxCol;j++)
      if(a[i][j]!=0){
        p=new MatXNode;
        p->row=i;
        p->col=j;
        p->tag.val=a[i][j];
        q=hm[i];
        while(q->right!=NULL&&q->right->col<j)
            q=q->right;
        p->right=q->right;
        q->right=p;
        q=hm[j];
        while(q->down!=NULL&&q->down->row<i)
            q=q->down;
        p->down=q->down;
        q->down=p;
      }
}
```

(2) AddMatrix()函数实现矩阵加法。已知两个矩阵 A 和 B，计算 A=A+B，根据矩阵相加的法则，分以下情形处理：

(1)若 $a_{i,j}\neq0$，$b_{i,j}=0$，则十字链表保持不变；

(2)若 $a_{i,j}=0$，$b_{i,j}\neq0$，则十字链表插入新结点；

(3)若 $a_{i,j}+b_{i,j}\neq0$，则在十字链表中改变对应结点的 val 值；

(4)若 $a_{i,j}+b_{i,j}=0$，则在十字链表中删除对应的结点。

用 C++描述矩阵加法的算法如下：

```
void XSMatrix::AddMatrix(XSMatrix &a,XSMatrix b){
```

```
MatXNode  *pr, *pa, *pb, *s, *hpr, *h;
MatXNode  *sa=a.headm->tag.link, *sb=b.headm->tag.link;
MatXNode  *ha[max], *hb[max];
int i;
for(i=0;i<max;i++){                        //存储行(列)头结点的地址
  ha[i]=sa;
  sa=sa->tag.link;
  hb[i]=sb;
  sb=sb->tag.link;
}
for(i=0;i<max;i++){                        //依次对每一行进行循环处理
  pr=ha[i];
  pa=pr->right;
  pb=hb[i]->right;
  if(pb==NULL)continue;
  else{
    while(pb){
      while(pa&&pa->col<pb->col){
        pr=pa;
        pa=pa->right;
      }
      if(pa==NULL || pa->col>pb->col){
          s=new MatXNode;
          s->row=pb->row;
          s->col=pb->col;
          s->tag.val=pb->tag.val;
          s->right=pa;                     //连接 right 方向指针
          pr->right=s;
          pr=s;
          hpr=ha[s->col];
          h=hpr->down;
          while(h&&h->row!=s->row){        //寻找列方向前驱
              hpr=h;
              h=h->down;
          }
          s->down=h;                       //连接 down 方向指针
          hpr->down=s;
      }
      else{
          pa->tag.val+=pb->tag.val;
```

```
                if(pa->tag.val==0){
                    hpr=ha[pa->col];
                    h=hpr->down;
                    while(h->row!=pa->row){    //寻找列方向前驱
                        hpr=h;
                        h=h->down;
                    }
                    hpr->down=h->down;
                    pr->right=pa->right;
                    delete pa;
                    pa=pr->right;
                }
            }
            pb=pb->right;
        }
    }
  }
}
```

(3) DispMatrix()函数输出十字链表矩阵。用 C++描述以行序方式依次输出十字链表中元素值的实现算法如下：

```
void XSMatrix::DispMatrix(){
  MatXNode  *p, *q;
  p=headm->tag.link;
  while(p){
    q=p->right;
    while(q){
      cout<<q->row<<' '<<q->col<<' '<<q->tag.val<<endl;
      q=q->right;
    }
    p=p->tag.link;
  }
}
```

5.3 广义表

广义表是一种特殊的结构，它兼有线性表、树、图等结构的特点。广义表的数据元素可以是基本数据类型，也可以是广义表。从基本数据元素的角度来看，广义表的数据元素之间不是单纯的线性关系，而是层次关系。广义表是 Lisp、Prolog 等人工智能语言中的基本数据结构。

5.3.1 广义表的定义

广义表是线性表的推广，简称表，一般记为

$$BL=(a_1, a_2, \cdots, a_n)$$

其中，n(n≥0)表示广义表的长度，n=0 时为空表；若 $a_i(1 \leqslant i \leqslant n)$ 为单个数据元素，则称其为广义表 BL 的**原子**；若 a_i 是一个广义表，则称其为广义表 BL 的**子表**；当广义表 BL 为非空时，第一个数据元素 a_1 称为 BL 的**表头**，即 head(BL)= a_1，其余数据元素组成的表(a_2，…，a_n)称为**表尾**，即 tail(BL)=(a_2，…，a_n)。显然，广义表的表尾是一个广义表，空表无表头和表尾。

例如：

(1)A=()：表 A 是一个空表，A 的长度为 0；

(2)B=(a)：表 B 只有一个原子 a，B 的长度为 1；

(3)C=(b，(c，d，e))：表 C 有两个元素，分别是原子 b 和子表(c，d，e)，C 的长度为 2；

(4)D=(A，B，(c，d，e))：表 D 有 3 个元素，3 个元素均为表，D 的长度为 3；

(5)E=(a，E)：表 E 一个递归的表，长度为 2。E=(a，(a，(a，(a，…))))，相当于一个无限的表。

若用圆圈表示表，方框表示原子，用线段把表和它的元素连接起来，则可得到广义表的图形表示。上述 5 个广义表的图形表示如图 5.9 所示。

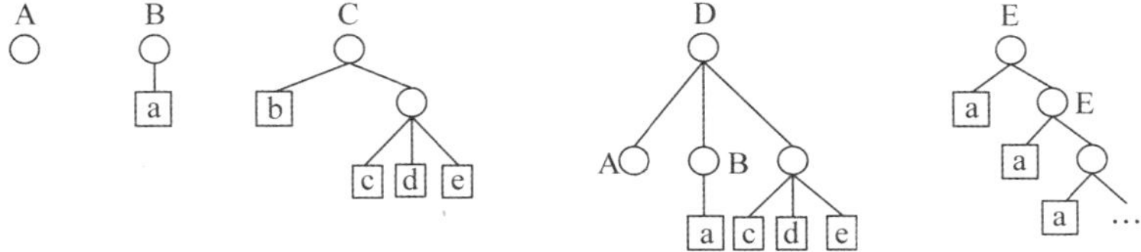

图 5.9　广义表的图形表示

由广义表的定义可以看出，广义表具有下列性质：

(1)广义线性：对任意广义表，若不考虑其数据元素的内部结构，则它是一个线性表，它的直接数据元素之间是线性关系。

(2)数据元素的复合性：由于广义表中有原子和子表两种数据元素，因此广义表中数据元素的类型不统一。一个子表在某一层次上可以作为数据元素，但其结构是广义表。

(3)数据元素的递归性：广义表可以是一个递归的表，即广义表可以是其自身的子表。递归表的深度是无穷值，长度是有限值。

(4)数据元素的共享性：广义表及其数据元素可以被其他广义表共享，如上述广义表示例中，表 A、表 B 是表 D 的子表。

广义表的抽象数据类型定义如下：

ADT BList{

数据对象：

D={a_i|a_i∈AtomSet 或 a_i∈BL,i=1,2,…,n,AtomSet 为某数据对象}

数据关系：

R={(a_i,a_{i+1})|a_i,a_{i+1}∈D,i∈{1,2,…,n-1}}

基本操作：

InitBList(&bl)：创建空的广义表

CreateBList(&bl,s)：由广义表格式的 s 创建广义表

DestroyBList(&bl)：销毁广义表

BListLength(bl)：计算广义表的长度

BListDepth(bl)：计算广义表的深度

DispBList(bl)：输出广义表

}ADT Blist

5.3.2 广义表的存储结构及类定义

广义表是一种递归的数据结构，且数据元素可以是原子或表，因此难以用顺序存储结构表示，通常采用链式存储结构表示。

广义表的结构定义如下：

tag	atom/sublist	link

其中，tag 为标志位域，用于区分结点类型。atom/sublist 域由 tag 确定，tag=0 表示该结点为原子结点，第二个域为 atom，存放相应原子元素的值；tag=1 表示该结点为子表，第二个域为 sublist，存放相应子表第一个元素对应结点的地址。link 域存放与本元素同一层的下一个元素所在结点的地址，最后一个结点的 link 域为 NULL。

图 5.9 所示的广义表的存储结构如图 5.10 所示。

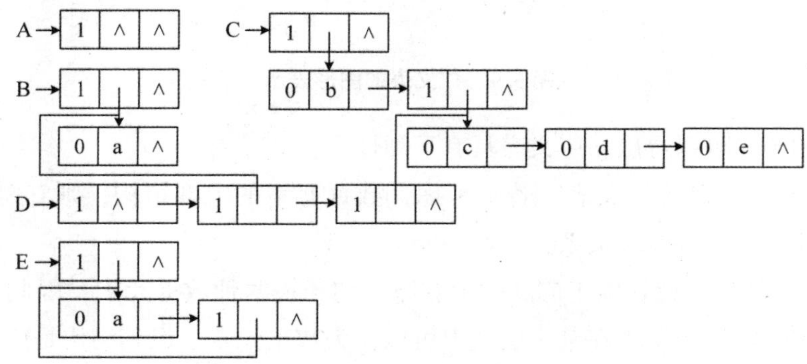

图 5.10 广义表存储结构示例

广义表的类定义如下：

```
typedef struct BLNode{
  int tag;
  union{
```

```
        AtomType atom;                          //原子结点的值,类型 AtomType 由用户定义
        BLNode *sublist;                        //指向子表的指针
    } value;
    BLNode *link;
} BLNode;
class BList{
    private:
        BLNode *bhead;
        BLNode *BCList(char *st);               //递归创建广义表
        int Depth(BLNode *bl);                  //递归计算广义表深度
        BLNode *Copy(BLNode *bs,BLNode *&bt);   //广义表复制递归算法
        void Print(BLNode *ls);                 //将 ls 所指的广义表显示出来
        int countatom(BLNode *bl);              //递归计算原子数量
    public:
        BList(){bhead=NULL;}                    //初始化空的广义表
        BLNode *CreateBList(char *st);          //创建广义表
        int BListDepth();                       //计算广义表的深度
        void BListCopy(Blist bl);               //复制广义表给私有成员
        void BListDisplay();                    //输出私有成员存储的广义表
        int atomnum();                          //计算私有成员存储的表的原子数量
        int BListLength();                      //计算广义表的长度
};
```

(1)BCList()函数用于创建广义表。创建广义表算法是一个递归算法，该算法使用具有广义表格式的字符参数 st，返回由它生成的广义表存储结构的头结点指针。为了方便，设广义表中的元素类型为 char，每个原子的值限定为单个英文字母，且广义表的格式约定为：元素之间用逗号隔开，表元素的起止符号分别为左、右圆括号，空表的圆括号内不包含任何字符。例如，((a，b)，(#)，(b，c，(d))，(#))是一个广义表格式的字符串，其中(#)表示该表为空表。

用 C++描述广义表的递归创建算法如下：

```
BLNode *BList::BCList(char *st){
    BLNode *b;
    char ch= *st++;
    if(ch!='\0'){
        b=new BLNode;
        if(ch=='('){
            b->tag=1
            b->value.sublist=BCList(st);        //递归创建子表并连接到表头结点
        }
        else if(ch==')')
```

```
            b=NULL;
        else if(ch=='#')                    //#表示空表,如(#)
                b=NULL;
            else{
                b->tag=0;
                b->value.atom=ch;
            }
    }
    else b=NULL;
    ch= *st++;
    if(b!=NULL)
      if(ch==',')
            b->link=BCList(st);             //递归构造兄弟结点
      else
            b->link=NULL;
    return b;
}
BLNode *BList::CreateBList(char *st){
    bhead=BCList(st);                       //将递归创建的广义表的表头结点传递给私有成员 bhead
}
```

(2)Depth()函数递归计算广义表深度。广义表的深度定义为广义表中括号的重数。设非空广义表为

$$BL=(a_1,\ a_2,\ \cdots,\ a_i,\ \cdots,\ a_n)\qquad (i=1,\ 2,\ \cdots,\ n)$$

其中，a_i 为原子或 BL 的子表。若 a_i 为原子，则其深度为 0；若 a_i 为广义表，则递归处理。BL 的深度是各 a_i 深度的最大值加 1。bhead = NULL 的深度为 0，空表(如 A = ())的深度为 1。

计算广义表深度的递归定义如下：

$$\text{depth}(BL)=\begin{cases}0 & \text{BL 为原子或空的广义表}\\ 1 & \text{BL 为空表}\\ 1+\max\limits_{\text{subBL为BL的子表}}\{\text{depth}(\text{subBL})\} & \text{其他}\end{cases}$$

例如，广义表 D=(A，B，C)=((a)，()，(b，(c，(d，e))))的递归计算过程如下：

```
depth(D)= 1+max(depth(A),depth(B),depth(C))
  depth(A)= 1+max(depth(a))= 1+0=1
  depth(B)= 1
  depth(C)= 1+max(depth(b),depth((c,(d,e))))
    depth(b)=0
    depth((c,(d,e)))= 1+max(depth(c),depth((d,e))= 2
      depth(c)=0
      depth((d,e))= 1+max(depth(d),depth(e))= 1+0=1
```

因此，depth(D)=1+max(1，1，3)=4。

用C++描述广义表深度的递归算法如下：

```
int BList::Depth(BLNode  *bl){
  BLNode  *p;
  int max=0,dep;                              //max 为同一层上计算过的子表中深度的最大值
  if(bhead==NULL || bhead->tag==0)return 0;   //空的广义表或原子的深度为0
  p=bhead->val.sublist;
  if(!p)return 1;                             //空表,长度返回1
  while(p){
      if(p->tag==1){
          dep=Depth(p);                       //递归调用计算子表的深度
          if(dep>max)
              max=dep;
      }
      p=p->link;
  }
  return max+1;
}
int BList::BListDepth(){                      //返回递归计算出的广义表的深度
    BLNode  *p=bhead;
    return depth(p);
}
```

(3)Copy()函数用来复制广义表。复制广义表的递归定义如下：

$$
\text{Copy}(bs,bt)=\begin{cases}bt=\text{NULL} & bs=\text{NULL}\\ \begin{cases}bt=\text{new BLNode}\\ bt\to tag=bs\to tag\\ \begin{cases}bt\to value.\ atom=bs\to value.\ atom & bs\to tag=0\\ \begin{cases}copy(bs\to value.\ sublist,\ bt\to value.\ sublist)\\ copy(bs\to link,\ bt\to link)\end{cases} & bs\to tag=1\end{cases}\end{cases} & bs\,!=\text{NULL}\\ \text{return } bt & \end{cases}
$$

用C++描述广义表复制的递归算法如下：

```
BLNode  *BList::Copy(BLNode  *bs,BLNode  *&bt){
  if(bs==NULL)   bt=NULL;
  else{
    bt=new BLNode;
    bt->tag=bs->tag;
    if(bs->tag==0)                            //复制单原子
      bt->value.atom=bs->value.atom;
    else{
```

```
            copy(bs->value.sublist,bt->value.sublist);
            copy(bs->link,bt->link);
        }
    }
    return bt;
}
void BList::BListCopy(BList bl){                    //复制广义表给私有成员
    BLNode *bs=bl.bhead;
    BLNode *bt;
    bhead=Copy(bs,bt);
}
```

(4)Print()函数用来显示广义表。显示广义表的递归算法先递归处理结点的元素，再递归处理结点的兄弟，用 C++描述的算法如下：

```
void BList::Print(BLNode *bl){                      //递归显示 bl 所指的广义表
  if(bl){                                           //广义表不为空
    if(bl->tag==0)
      cout<<bl->value.atom;                         //输出原子值
    else{                                           //bl 元素为子表
      cout<<'(';
      if(bl->value.sublist=='#')                    //空表
        cout<<'#';
      else                                          //非空表
        Print(bl->value.sublist);                   //递归输出子表
      cout<<')';
    }
    if(bl->link){                                   //递归输出兄弟
      cout<<',';
      Print(bl->link);
    }
  }
}
void BList::BListDisplay(){                         //输出私有成员存储的广义表
    BLNode *bl=bhead;
    Print(bl);
}
```

(5)countatom()函数递归计算广义表中原子数量。

计算广义表中原子数量的递归定义如下：

$$\text{countatom(bl)}=\begin{cases}0 & \text{bl}=0\\ 1+\text{countatom(bl->link)} & \text{bl}\rightarrow\text{tag}=0\ 且\ \text{bl}\neq 0\\ \text{countatom(bl->value. sublist)}+\text{countatom(bl->link)} & \text{bl}\rightarrow\text{tag}\neq 0\ 且\ \text{bl}\neq 0\end{cases}$$

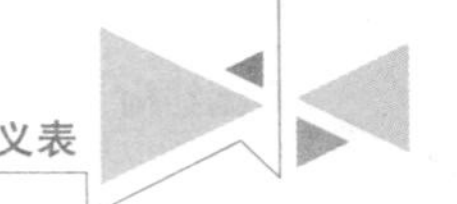

用C++描述广义表原子数量计算的算法如下：

```
int BList::countatom(BLNode *bl){
  if(bl){
    if(bl->tag==0)
        return 1+countatom(bl->link);
    else
        return countatom(bl->value.sublist)+countatom(bl->link);
  }
  else
    return 0;
}
int BList::atomnum(){                              //计算私有成员存储的表的原子数量
    BLNode *p=bhead;
    return countatom(p);
}
```

(6)BListLength()函数计算广义表长度。在广义表中同一层次的每个结点通过link域连接，计算广义表长度等同于计算同一层次单链表结点的数量。

```
int BList::BListLength(){                          //计算私有成员存储的广义表的长度
  int len=0;
  if(bhead==0)  return 0;
  BLNode *p=bhead->value.sublist;
  while(p){
    len++;
    p-p->link;
  }
  return len;
}
```

习题

一、选择

1. 设二维数组A[8][10]的每个元素占用3个字节，数组内存的首地址为1 000，按列存储时，元素$A_{5,8}$的存储首地址为(　　)。

A. 1 174　　B. 1 175　　C. 1 207　　D. 1 208

2. 设二维数组a[7][8]的每个元素占用3个字节，当数组a按行优先存储时，元素$a_{4,7}$的起始地址与数组a按列优先存储时元素(　　)的起始地址相同。

A. $a_{3,5}$　　B. $a_{3,4}$　　C. $a_{4,2}$　　D. $a_{4,3}$

3. 设有一个10阶的对称矩阵A，采用压缩存储方式，以行序为主存储，$a_{0,0}$为第一个元素，其存储地址为 1，且每个元素占用一个地址空间，则 $a_{8,5}$ 的地址为(　　)。

A. 36　　B. 37　　C. 41　　D. 42

4. 有一个 100×90 的稀疏矩阵存储整型数，非 0 元素有 10 个，设每个整型数占用 2 个字节，则用三元组表示该矩阵时，所需的字节数是(　　)。

A. 33　　B. 34　　C. 66　　D. 67

5. 在 C++中将一个 A[100][100]的三对角矩阵，按行优先存入一维数组 B[298]中，数组 A 中的元素 $a_{66,65}$ 在数组 B 中的位置 k 为(　　)。

A. 196　　B. 197　　C. 198　　D. 199

6. 一个矩阵从 a[0][0]开始存放，每个数组元素占用 4 个字节，若 $a_{7,8}$ 的存储地址为 2 732，$a_{13,16}$ 的存储地址为 3 364，则此矩阵(　　)。

A. 只能按行优先存储　　B. 只能按列优先存储

C. 按行优先或列优先存储均可　　D. 以上都不对

7. 稀疏矩阵压缩存储的目的是(　　)。

A. 方便矩阵运算　　B. 方便输入与输出

C. 节省存储空间　　D. 降低运算的时间复杂度

8. 下面说法不正确的是(　　)。

A. 广义表的表尾总是一个广义表　　B. 广义表的表头总是一个广义表

C. 广义表可以是一个多层次的结构　　D. 广义表难以用顺序存储结构

9. 广义表 A=(a，b，(c，d)，(e，(f，g)))，则 Head(Tail(Head(Tail(Tail(A)))))的值为(　　)。

A. a　　B. b　　C. (c，d)　　D. d

10. 广义表 A=(a，b，(c，d)，(e，(f，g，(h，i))))的长度和深度分别为(　　)。

A. 10，3　　B. 10，4　　C. 4，3　　D. 4，4

二、填空

1. 通常采用________存储结构来存放数组。二维数组有两种存储方法，一种是以________为主序的存储方式，另一种是以________为主序的存储方式。

2. 数组的基本操作是________和________。

3. 要计算一个数组元素的地址，必须已知________和________。

4. 稀疏矩阵常用的压缩存储方法有________和________两种。

5. 设三维数组 A[6][6][8]以行优先存储，$A_{0,0,0}$ 的地址为 1 000，每个元素占用 3 个字节，则 $A_{3,1,6}$ 的地址为________。

6. 在三元组顺序表中，每个三元组对应一个稀疏矩阵中的非 0 元素，它包括 3 个数据项，分别表示该元素的________、________和________。

7. 设广义表 L=((),())，则 head(L)=________，tail(L)=________，长度为________，深度为________。

8. 当广义表中的每个元素都是原子时，广义表为________。

三、算法设计

1. 以十字链表存储稀疏矩阵，设计算法求稀疏矩阵 A 和 B 的乘积并放于 A 中，即求 $A=A\times B$。

2. 利用栈构造一个计算广义表深度的非递归算法。

3. 设计一个算法，在给定的广义表中查找数据域为 x 的结点，若找到该结点，则返回该结点的指针，否则返回 NULL。

4. 设计一个算法 change(b，x，y)，将广义表 b 中的所有原子 x 替换成 y。例如，执行 change((a，(a，(a，e)))，a，b)后广义表变为(b，(b，(b，e)))。

5. 设计一个算法，计算广义表中长度为 2 的子表数量。例如，广义表(a，(b，(a，e))，(c，d)，(e，f，(a，f)))长度为 2 的子表数量为 4。

四、上机实验

1. 采用三元组表示 n×n 稀疏矩阵，设计一个程序实现如下功能：

(1)生成如下两个稀疏矩阵的三元组：

$$A=\begin{bmatrix}1&0&0&0&2\\0&1&0&0&0\\0&0&0&3&0\\0&0&0&6&0\\7&0&0&0&1\end{bmatrix}\quad B=\begin{bmatrix}0&2&0&0&1\\0&0&1&0&0\\9&0&0&0&2\\0&0&0&0&0\\4&0&0&1&0\end{bmatrix}$$

(2)存储并输出 A 的转置矩阵的三元组；

(3)输出 A+B 的三元组；

(4)输出 A×B 的三元组。

2. 已知广义表中存放一组整型数，设计一个程序实现广义表的如下功能：

(1)建立广义表的链式存储结构；

(2)计算广义表的深度；

(3)输出广义表的所有原子(不包括子表中的原子)；

(4)输出广义表中的最大原子(数值最大的原子)。

第 6 章 树和二叉树

前几章讨论的数据结构均属于线性结构，线性结构主要描述具有单一前驱和后继关系的数据。树结构是一类重要的非线性结构，其结点之间有分支，并且具有明显的层次关系，与自然界中的树类似。树结构在客观世界大量存在，如行政组织机构和人类社会的家谱都可用树来表示。树在计算机领域中也有着广泛的应用，例如，在数据库系统中可以用树来组织信息，在编译程序中可以用树来表示源程序的语法结构，在分析算法的行为时可以用树来描述其执行过程等。

6.1 树

6.1.1 树的定义

树是 n(n≥0) 个结点的有限集 T，T 可能是空树∅(n=0)，也可能是满足如下条件的树：

(1) 有且仅有一个特定的结点，该结点被称为根；

(2) 其余的结点可分为 m(m≥0) 个互不相交的子集 T_1，T_2，…，T_m，其中每个子集本身又是一棵树，并称其为根的子树。

树是一种递归结构，在树的定义中又用到了树的概念。在如图 6.1 所示的树中，(a) 是空树；(b) 是只有一个结点的树；(c) 是有 11 个结点的树，其中 A 是树根，其余结点分成 3 个互不相交的子集：$T_1=\{B, E, F\}$，$T_2=\{C, G\}$，$T_3=\{D, H, I, J, K\}$。T_1、T_2、T_3 均是 A 的子树，且本身均是一棵树。对于 T_3，D 为其根，其余结点又分成 3 个互不相交的子集：$T_{31}=\{H\}$，$T_{32}=\{I\}$，$T_{33}=\{J, K\}$。T_{31}、T_{32}、T_{33} 均为 D 的子树，T_{31}、T_{32} 只有一个结点。而 T_{33} 中，J 是根，{K} 是 J 的子树，其本身只有一个结点的树。

图 6.1(c) 是树的树形表示法，树还有其他表示方法。图 6.2 给出了树的表结构表示法、凹入表示法和嵌套集合表示法等 3 种表示方法。

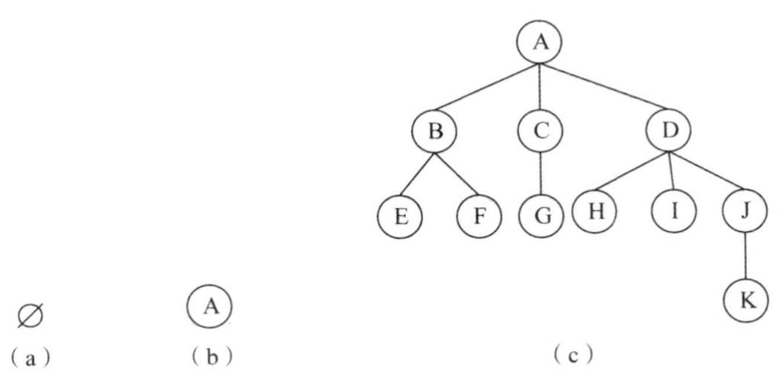

图 6.1　树的示意图

(a)空树；(b)只有根结点的树；(c)一般的树

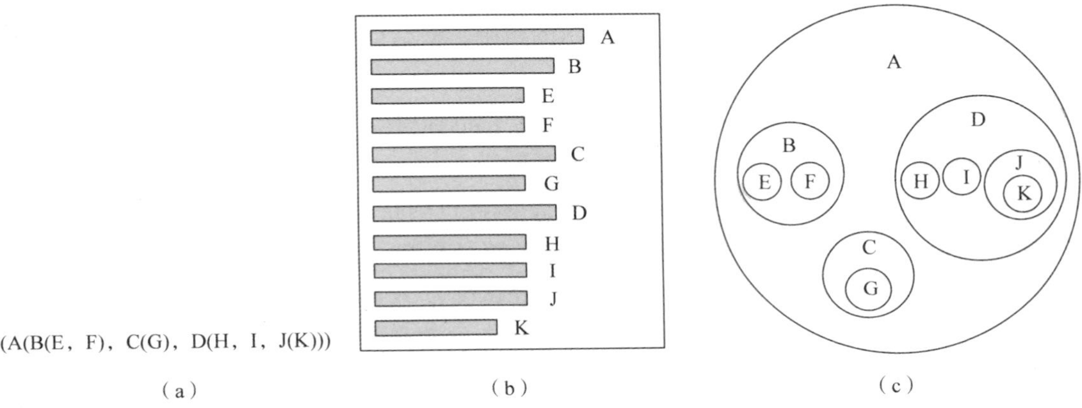

图 6.2　树的 3 种表示方法

(a)表结构表示法；(b)凹入表示法；(c)嵌套集合表示法

6.1.2　树的基本术语

结点：树中的每个元素对应一个结点。每个结点包含一个数据元素及若干个指向子树的分支。例如，图 6.1(c)中的树有 11 个结点，结点 D 包含 3 个分支。

结点的度：结点所拥有的子树数量称结点的度。例如，在图 6.1(c)所示的树中，结点 A 和 D 的度均为 3，结点 B 的度为 2，结点 C 的度为 1，结点 F 的度为 0。

叶子结点：度为 0 的结点称叶子结点(或树叶)，又称终端结点。例如，在图 6.1(c)所示的树中，E、F、G、H、I、K 都是叶子结点。

分支结点：度不为 0 的结点称分支结点，又称非终端结点。例如，在图 6.1(c)所示的树中，A、B、C、D、J 都是分支结点。

树的度：树中所有结点的最大度数称树的度。例如，图 6.1(c)所示的树的度为 3。

孩子结点：若结点 X 有子树，则子树的根结点为结点 X 的孩子结点，简称孩子。例如，在图 6.1(c)所示的树中，结点 D 有 3 个孩子 H、I、J，结点 C 有 1 个孩子 G，结点 E、F、G、H、I、K 没有孩子。

双亲结点：若结点 X 有孩子，则 X 为孩子的双亲结点，简称双亲。例如，在图 6.1(c)

所示的树中，结点 H、I、J 的双亲为 D；根结点 A 没有双亲，树中只有根结点没有双亲。

兄弟结点：同一个双亲的孩子结点称兄弟结点，简称兄弟。例如，在图 6.1(c)所示的树中，结点 H、I、J 为兄弟，结点 E、F 为兄弟，但结点 F、G、I 不为兄弟。

堂兄弟结点：在树中的层次相同，但双亲不同的结点称堂兄弟结点，简称堂兄弟。例如，在图 6.1(c)所示的树中，结点 F、G、H 为堂兄弟。

祖先结点：从根结点到结点 X 所经过分支上的所有结点，都称 X 的祖先结点，简称祖先。例如，在图 6.1(c)所示的树中，结点 K 的祖先为结点 A、D、J。

子孙结点：结点 X 的孩子，以及这些孩子的孩子都是 X 的子孙结点，简称子孙。例如，在图 6.1(c)所示的树中，结点 D 的子孙为 H、I、J、K。

结点的层次：根结点的层次为 1，根结点的孩子的层次为 2，根结点的孩子的孩子的层次为 3，依此类推。例如，在图 6.1(c)所示的树中，根结点 A 的层次为 1，结点 H，I，J 的层次为 3。

树的深度：树中结点的最大层次称树的深度，也称树高。空树的深度为 0，只有一个根结点的树的深度为 1，图 6.1(c)所示的树的深度为 4。

路径：从树的某个结点 X 到其子孙结点 Y 所经过的路线被称为路径；路径上经过的边的条数为路径长度。由于树中无回路，因此树的路径是唯一的。在如图 6.1(c)所示的树中，从结点 A 到结点 K 的路径是 A、D、J、K，路径长度为 3。

有序树与无序树：如果树中各结点的子树从左到右都是有顺序的树(即不能互换)，则称该树为有序树，否则称无序树。在有序树中最左边的子树的根为第一个孩子，最右边的子树的根为最后一个孩子。

森林：m(m≥0)棵互不相交的树构成的集合被称为森林。对树中每个结点而言，其子树的集合为森林。

从逻辑结构看，一棵树是一个二元组 Tree=(root，F)，其中 root 是数据元素，被称为树的根结点；F={T_1，T_2，…，T_m}是 m 棵树的森林，其中 T_i=(r_i，F_i)为根 root 的第 i 棵子树；当 m≠0 时，树根和子树森林之间存在如下关系：

$$RF=\{<root, r_i> \mid i=1, 2, \cdots, m, m>0\}$$

6.1.3 树的抽象数据类型定义

树在计算机领域中有着广泛的应用，树的基本操作在不同的应用中有所不同。树的一种抽象数据类型定义如下：

```
ADT Tree{
数据对象 D:
    D 为性质相同的数据元素的集合
数据关系 R:
    若 D 为空集,则 R 为空树;
    若 D 仅有一个数据元素,则 R=∅,否则 R≠∅,关系如下:
    (1)在 D 中存在唯一的被称为根的数据元素 root,它在关系 R 下无前驱;
```

(2) 存在 D-{root} 的一个划分 $\{D_1, D_2, \cdots, D_m\}(m>0)$，且对于任意的 $i(1 \leqslant i \leqslant m)$，存在唯一的数据元素 $x_i \in D_i$，有 $(root, x_i) \in R$；

(3) 对应 D-{root} 的一个划分，$R-\{(root,x_1),(root,x_2),\cdots,(root,x_m)\}$ 存在唯一的一个划分 $\{R_1,R_2,\cdots,R_m\}(m>0)$，对于 $\forall i(1 \leqslant i \leqslant m)$，$R_i$ 是 D_i 上的二元关系，$(x_i,R_i)(i=1,2,\cdots,m)$ 是一棵符合本定义的树，为根 root 的子树。

基本操作：

InitTree(&t)：构造一棵空树

DestroyTree(&t)：销毁一棵树

Parent(t,e)：求结点 e 的双亲结点

Sons(t,e)：求结点 e 的所有孩子结点

LeftChild(t,e)：返回结点 e 最左侧的孩子

RightSibling(t,e)：返回结点 e 的右兄弟结点

TraverseTree(t,visit())：用 visit()函数访问树中每个结点

DepthTree(t)：返回树的深度

}ADT Tree

6.2 二叉树

二叉树的操作算法简单，任何树都可以与二叉树进行相互转换，可以解决树的存储结构及其运算中存在的复杂性问题，在树结构的应用中起着非常重要的作用。

6.2.1 二叉树的定义

二叉树是由 n(n≥0)个结点构成的有限集合，该集合可以为空集，此时称空二叉树；可以由一个根结点及两棵互不相交的左右子树组成，并且左右子树均是二叉树。二叉树的子树有左右之分，其顺序不能颠倒。

二叉树的定义是一个递归定义。二叉树可以是空集合，根可以有空的左子树或空的右子树。二叉树不是树的特殊情况，它们是两个概念。二叉树中即使只有一棵子树也要进行区分，说明它是左子树，还是右子树，这是二叉树与树最主要的差别。因此，“二叉树是结点度为 2 的树”的说法是错误的。二叉树的 5 种基本形态如图 6.3 所示。

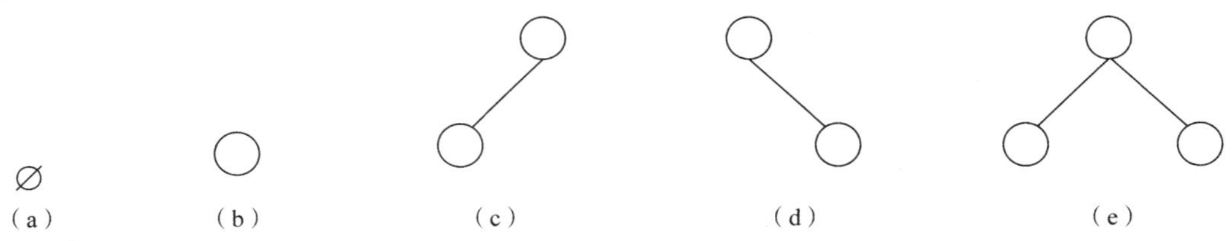

图 6.3 二叉树的 5 种基本形态

(a)空二叉树；(b)仅有根结点；(c)右子树为空；(d)左子树为空；(e)左右子树均非空

二叉树的抽象数据类型定义如下：

ADT BiTree{

数据对象 D:

D 为性质相同的数据元素的集合

数据关系 R:

若 D 为空集,则 R 为空二叉树;

若 D 仅有一个数据元素,则 R=∅,否则 R≠∅,关系如下:

(1)在 D 中存在唯一的被称为根的数据元素 root,它在关系 R 下无前驱;

(2)存在 D-{root}的一个划分{D_l,D_r}、{D_l}或{D_r}。若 D-{root}的一个划分为{D_l},则存在唯一的数据元素 $x_l \in D_l$,有($root,x_l$)$\in$ R,且存在 D_l 上的关系 $R_l \subseteq R$;若 D-{root}的一个划分为{D_r},则存在唯一的数据元素 $x_r \in D_r$,有($root,x_r$)$\in$ R,且存在 D_r 上的关系 $R_r \subseteq R$;R={($root,x_l$),($root,x_r$)}$\cup R_l \cup R_r$;

(3)对应 D-{root}的一个划分,R-{($root,x_l$),($root,x_r$)}存在唯一的一个划分{R_l,R_r}、{R_l}或{R_r},(x_l,R_l)或(x_r,R_r)是一棵符合本定义的树,被称为根 root 的左子树或右子树。

基本操作:

Initbitree(&t):构造空二叉树

DestroyBiTree(&t):销毁二叉树

CreateBiTree(&t,n):创建具有 n 个结点的二叉树

PreorderTree(t,visit()):用 visit()函数先序遍历二叉树

InorderTree(t,visit()):用 visit()函数中序遍历二叉树

PostorderTree(t,visit()):用 visit()函数后序遍历二叉树

LeafBiTree(t):计算二叉树的叶子数

DepthBiTree(t):计算二叉树的深度

CopyBiTree(s,&t):把二叉树 s 复制到二叉树 t

}ADT BiTree

关于树的相关术语也适用于二叉树。

6.2.2 二叉树的性质

性质 1: 二叉树的第 i 层上至多有 2^{i-1}($i \geqslant 1$)个结点。

证明: 利用数学归纳法证明。

(1)i=1 时,二叉树只有一个根结点,$2^{i-1}=2^0=1$,命题成立。

(2)假设 i=k 时命题成立,即第 k 层上至多有 2^{k-1} 个结点。

(3)当 i=k+1 时,由于二叉树的每个结点的度最多为 2,因此第 k+1 层上的最大结点数为第 k 层上最大结点数的 2 倍,即 $2\times2^{k-1}=2^{(k+1)-1}$。

命题成立。

性质 2: 深度为 k 的二叉树最多有 2^k-1($k \geqslant 1$)个结点。

证明: 由性质 1 知,深度为 k 的二叉树的结点数最多为

$$\sum_{i=1}^{k} 2^{i-1} = 2^k - 1$$

性质 3: 对于任何一棵二叉树,如果其叶子结点数为 n_0,度为 2 的结点数为 n_2,

则 $n_0=n_2+1$。

证明：设 n_1 为二叉树中度为1的结点数，因为二叉树中所有结点的度均小于或等于2，所以二叉树的总结点数为

$$n=n_0+n_1+n_2 \tag{6.1}$$

设二叉树的分支数为e，由于二叉树中除根结点没有分支进入外，其余结点都有一个分支进入，则 $n=e+1$。又由于这些分支都是由度为1或度为2的结点射出，则 $e=n_1+2n_2$，从而有：

$$n=n_1+2n_2+1 \tag{6.2}$$

由式(6.1)和(6.2)知：

$$n_0=n_2+1$$

说明：二叉树公式 $n_0=n_2+1$，$n=n_0+n_1+n_2$ 可以推广至k叉树的情形。k叉树是每个结点最多有k个分支的树。

推论：对于任何一棵k叉树，如果其叶子结点数为 n_0，度为1，2，…，k的结点数分别为 n_1，n_2，…，n_k，则 $n_0=n_2+2n_3+\cdots+(k-1)n_k+1$。

证明：因为k叉树中所有结点的度均小于或等于k，所以k叉树的总结点数为

$$n=n_0+n_1+n_2\cdots+n_k \tag{6.3}$$

再看k叉树中分支数e，由于k叉树中除根结点没有分支进入外，其余结点都有一个分支进入，则 $n=e+1$。又由于这些分支都是由度为1，2，…，k的结点射出，则 $e=n_1+2n_2+\cdots+kn_k$，从而有：

$$n=n_1+2n_2+\cdots+kn_k+1 \tag{6.4}$$

由式(6.3)和(6.4)知：

$$n_0=n_2+2n_3+\cdots+(k-1)n_k+1$$

例6.1　在一棵三叉树中，已知度为3的结点数等于度为2的结点数，且叶子结点数为10，求度为3的结点数。

【解】由推论知：

$$n_0=n_2+2n_3+1$$

由已知条件知：$n_3=3$。

满二叉树和**完全二叉树**是二叉树的两种特殊形态。

一棵深度为k且有 2^k-1 个结点的二叉树为**满二叉树**。满二叉树的特点是每一层的结点数都是最大结点数。如图6.4(a)所示是一棵深度为4的满二叉树。

可以从根结点开始，自上而下、从左至右地对满二叉树的结点进行顺序编号，称层序编号，如图6.4(a)所示。如果一棵深度为k且具有n个结点的二叉树，它的每个结点都与深度为k的满二叉树中顺序编号为1至n的结点一一对应，则称这棵二叉树为**完全二叉树**。图6.4(b)给出的就是一棵深度为4的完全二叉树，图6.4(c)是两棵非完全二叉树。

完全二叉树有如下特点：

(1)叶子结点只能在第k层和第k-1层上出现。

(2)对于任意结点，若其右子树的深度为l，则其左子树的深度为l或l+1。

(3)度为 1 的结点数为 0 或 1。当结点的总数为奇数时，度为 1 的结点数为 0；当结点的总数为偶数时，度为 1 的结点数为 1。

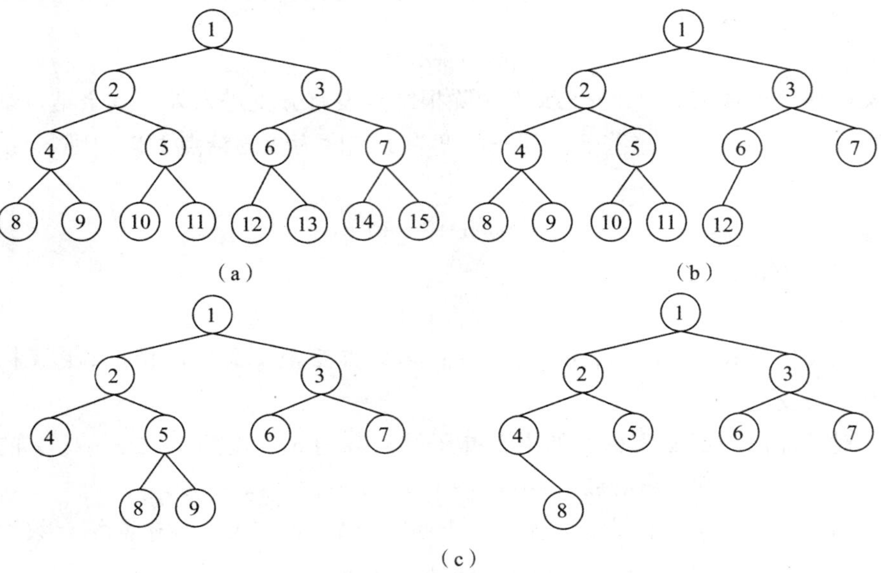

(c)

图 6.4 特殊形态的二叉树

(a)满二叉树；(b)完全二叉树；(c)非完全二叉树

性质 4：一棵具有 n 个结点的完全二叉树的深度为$\lfloor \log_2 n \rfloor+1$。

证明：设完全二叉树的深度为 k，由完全二叉树的定义知，该完全二叉树的前 k-1 层是一棵满二叉树，共有 $2^{k-1}-1$ 个结点，第 k 层至少有一个结点，又由性质 2 知

$$2^{k-1}-1<n\leqslant 2^k-1$$

即

$$2^{k-1}\leqslant n<2^k$$

得 $k-1\leqslant \log_2 n<k$，因为 k 为整数，所以 $k=\lfloor \log_2 n \rfloor+1$。

性质 5：如果对一棵有 n 个结点的完全二叉树的结点按层序编号，则对任意结点 $i(1\leqslant i\leqslant n)$有：

(1)如果 i=1，则结点 i 无双亲，是二叉树的根结点，否则其双亲结点的编号是$\left\lfloor \frac{i}{2} \right\rfloor$；

(2)如果 2i>n，则结点 i 无左孩子，否则其左孩子的结点编号为 2i；

(3)如果 2i+1>n，则结点 i 无右孩子，否则其右孩子的结点编号为 2i+1。

例 6.2 在一棵具有 n 个结点的完全二叉树中，求最大的分支点编号。

【解】由性质 3 知：$n_0=n_2+1$，$n=n_0+n_1+n_2=n_1+2n_2+1$，则

$$n_2=\frac{n-n_1-1}{2}$$

在完全二叉树中，n_1 为 0 或 1。

当 $n_1=0$ 时，n 为奇数，该二叉树只有叶子结点和度为 2 的结点，最大分支点的编号为 n_2，即

$$n_2=\frac{n-1}{2}=\left\lfloor\frac{n}{2}\right\rfloor$$

当 $n_1=1$ 时，n 为偶数，该二叉树只有一个度为 1 的结点，该结点为最后一个分支点，此时最大分支点的编号为 $n_2+1=\frac{n}{2}$。

综上所述，最大分支点的编号为$\left\lfloor\frac{n}{2}\right\rfloor$。

6.2.3　二叉树的存储结构

二叉树的存储结构有顺序存储结构和链式存储结构两种。

1. 二叉树的顺序存储结构

二叉树的顺序存储结构类型定义如下：

```
#define MaxSize   100                     //二叉树的最大存储容量
typedef ElemType SqBiTree[MaxSize];       //用数组存储二叉树的数据元素
SqBiTree bt;
```

在用数组存储二叉树时，必须确定树中各数据元素的存放次序，使各数据元素的相应位置反映数据元素之间的逻辑关系。用一组地址连续的存储单元依次自上而下、自左向右地存储完全二叉树上的结点元素，由二叉树的性质 5 可知，对于完全二叉树，若已知结点的编号，则可以推算出它的双亲结点和孩子结点的编号，只需将完全二叉树的各结点按照编号的次序 1 ~ n 依次存储到数组对应下标为 0 ~ (n−1) 的位置，就很容易根据结点在数组中的存储位置，计算出它的双亲结点和孩子结点的存储位置。一般的二叉树在采用顺序存储时，应采用完全二叉树的编号方式，没有编号的结点在对应的位置上用“#”表示。二叉树的存储结构如图 6.5 所示。

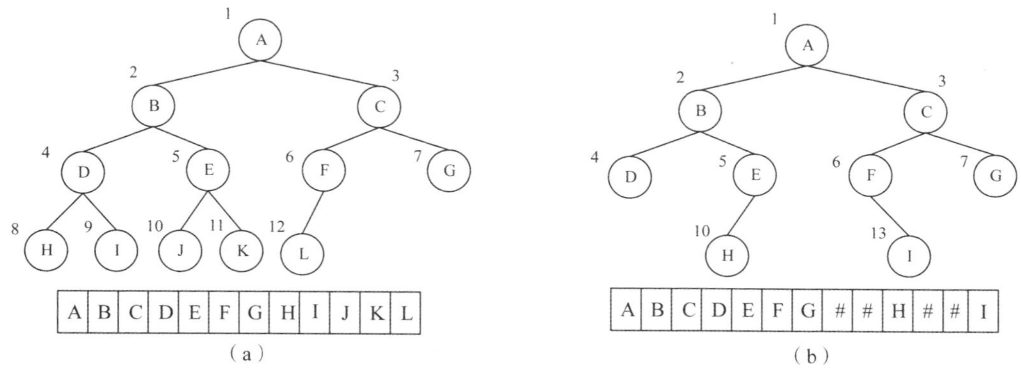

图 6.5　二叉树的顺序存储结构示意

(a)完全二叉树及其顺序存储结构；(b)一般二叉树及其顺序存储结构

采用顺序存储结构方式存放完全二叉树能够充分利用存储空间，而存放一般的二叉树会造成大量的空间浪费。在最坏的情况下，一棵深度为 k 且只有 k 个结点的单分支二叉树需要长度为 2^k-1 的一维数组来存储。

2. 二叉树的链式存储结构

链式存储结构能够克服用顺序存储方式存放一般二叉树的缺点。在实际应用中，二叉树一般采用链式存储结构。

根据二叉树的定义，二叉树的每个结点可以有两个分支，分别指向结点的左子树和右子树。在二叉树中，标准存储方式的结点结构如图 6.6 所示。

lchild	data	rchild

图 6.6　标准存储方式的结点结构

其中，data 表示数据域，用来存放数据元素信息；lchild 表示左指针域，用来存放指向左孩子的指针，当左孩子不存在时为空指针；rchild 表示右指针域，用来存放指向右孩子的指针，当右孩子不存在时为空指针。这种链式存储结构通常被称为二叉链表。

二叉链表的结点类型定义如下：

```
typedef struct BiTNode{
  ElemType data;                    //数据元素信息
  BiTNode *lchild;                  //指向左孩子结点的指针
  BiTNode *rchild;                  //指向右孩子结点的指针
}BiTNode;
```

二叉树的链表存储结构如图 6.7 所示。

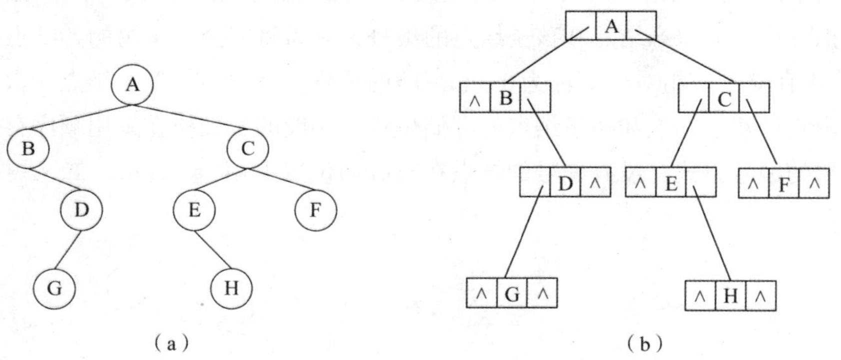

图 6.7　二叉树及其存储结构

(a)二叉树；(b)二叉树存储结构

由二叉树的链式存储结构可知，对于具有 n 个结点的二叉树，每个结点有两个指针域，共有 2n 个指针域，其中有 n-1 个非空链域，n+1 个空链域。

6.3　二叉树的类定义及其实现

假设二叉树采用二叉链表存储结构，每个结点的值为字符类型，其类定义如下：

```
typedef struct BiTNode{
  char data;                                  //数据元素信息
  BiTNode *lchild;                            //指向左孩子结点
  BiTNode *rchild;                            //指向右孩子结点
}BiTNode;
class BiTree{
  private:
    BiTNode *bt;
    void Rcreate(BiTNode *&t);                //递归创建二叉树
    void PreTraverse(BiTNode *t);             //先序遍历递归函数
    void InTraverse(BiTNode *t);              //中序遍历递归函数
    void PostTraverse(BiTNode *t);            //后序遍历递归函数
    int BTNodeDepth(BiTNode *t);              //计算二叉树的树高递归函数
    int BTNodeLeaf(BiTNode *t);               //计算二叉树的树叶数递归函数
    BiTNode *SearchNode(BiTNode *t,char x);   //查找值等于x的结点递归函数
  public:
    BiTree(){bt=NULL;}                        //创建空树
    void RcreateBiTree();                     //创建二叉树
    void PreTraverseBiTree();                 //先序遍历二叉树
    void InTraverseBiTree();                  //中序遍历二叉树
    void PostTraverseBiTree();                //后序遍历二叉树
    int BTNodeDepthBiTree();                  //计算二叉树的树高
    int BTNodeLeafBiTree();                   //计算二叉树的叶子数
    BiTNode *SearchNodeBiTree(char x);        //查找值等于x的结点
};
```

（1）Rcreate()函数递归创建二叉树，其过程为：读入字符 ch，若“ch=='.'”，则创建空二叉树；若“ch!='.'”，则先创建左子树，再创建右子树。

用 C++语言描述的算法创建二叉树如下：

```
void BiTree::Rcreate(BiTNode *&t){
  char ch;
  cin>>ch;
  if(ch=='.')    t=NULL;                      //创建空二叉树
  else{                                       //创建非空二叉树
    t=new BiTNode;                            //申请空间
    t->data=ch;
    Rcreate(t->lchild);                       //递归创建左子树
    Rcreate(t->rchild);                       //递归创建右子树
  }
}
void BiTree::RcreateBiTree(){
  BiTNode *t;
```

```
    Rcreate(t);                                  //递归创建二叉树
    bt=t;                                        //将根结点指针赋值给私有成员 bt
}
```

(2)BTNodeDepth()函数递归计算二叉树的树高，其过程为：判断二叉树 t 是否为空树，若为空树，树高则为 0；若为非空树，则计算左子树的高度 m 和右子树的高度 n，m≥n 时返回 m，m<n 时返回 n。

用 C++语言描述计算二叉树树高的算法如下：

```
int BiTree::BTNodeDepth(BiTNode *t){
  if(t==NULL)return 0;
  else{
      int m=1+BTNodeDepth(t->lchild);           //计算左子树的树高
      int n=1+BTNodeDepth(t->rchild);           //计算右子树的树高
      if(m>=n)return m;                         //比较左子树和右子树的高度
      else return n;
  }
}
int BiTree::BTNodeDepthBiTree(){                //计算二叉树的高度
  BiTNode *p=bt;                                //读取私有成员指针 bt
  return BTNodeDepth(p);                        //调用计算二叉树高度的递归函数
}
```

(3)BTNodeLeaf()函数计算二叉树的树叶数，其过程为：判断 t 是否为空树，若为空树，则树叶数为 0；若为非空树，则计算左子树的树叶数 m 和右子树的树叶数 n，m+n=0 时返回 1，m+n≠0 时返回 m+n。

用 C++语言描述递归计算二叉树树叶数的算法如下：

```
int BiTree::BTNodeLeaf(BiTNode *t){
  if(t==NULL)return 0;
  else{
      int m=BTNodeLeaf(t->lchild);              //计算左子树的树叶数
      int n=BTNodeLeaf(t->rchild);              //计算右子树的树叶数
      if(m+n==0)return 1;                       //比较左子树和右子树的树叶数
      else return m+n;
  }
}
int BiTree::BTNodeLeafBiTree(){                 //计算二叉树的树叶数
  BiTNode *p=bt;                                //读取私有成员指针 bt
  return BTNodeLeaf(p);                         //调用计算二叉树树叶数的递归函数
}
```

(4)SearchNode()函数在二叉树 t 中查找值等于 x 的结点(假设树中无相同结点)，若找到该结点则返回其首地址，否则返回 NULL。其算法步骤为：判断 t 是否为空树，若为空树，则返回 NULL；若为非空树，则在 t->data=x 时返回 t，t->data≠x 时在左子树中查找，否则在右子树中查找。

用 C++语言描述递归查找结点的算法如下：

```
BiTNode *BiTree::SearchNode(BiTNode *t,char x){
  BiTNode *p;
  if(t==NULL)return NULL;                     //空二叉树,返回 NULL
  if(t->data==x) return t;
  else{
    p=SearchNode(t->lchild,x);                //递归查找左子树
    if(p!=NULL)return p;
    else return SearchNode(t->rchild,x);      //递归查找右子树
  }
}
BiTNode *BiTree::SearchNodeBiTree(char x){    //查找结点 x
  BiTNode *p=bt;                              //读取私有成员指针 bt
  return SearchNode(p,x);                     //调用查找结点的递归函数
}
```

6.4　二叉树的遍历

6.4.1　二叉树遍历的概念及其分类

二叉树的遍历是按照一定次序访问二叉树中的所有结点，且每个结点仅被访问一次的过程。遍历线性结构容易解决，而二叉树是非线性结构，需要寻找规律，使二叉树上的结点排列在一个线性队列上，便于遍历。

由二叉树的递归定义知，二叉树由根结点(D)、左子树(L)和右子树(R)3 个基本单元组成，如果以 L、D、R 分别表示遍历左子树、遍历根结点和遍历右子树，则遍历整个二叉树有 DLR、LDR、LRD、DRL、RDL、RLD 六种遍历方案。若规定先左后右，则只有 DLR、LDR、LRD 三种遍历方案，通常分别称它们为先(根)序遍历、中(根)序遍历和后(根)序遍历。

1. 先序遍历

先序遍历二叉树的过程为：先访问根结点，再先序遍历左子树，最后先序遍历右子树。如图 6.8 所示二叉树的先序遍历序列为 ABJDGCEHF。由先序遍历的定义知，在一棵二叉树的先序遍历中，根结点对应的值为第一个元素。

2. 中序遍历

中序遍历二叉树的过程为：先中序遍历左子树，再访问根结点，最后中序遍历右子树。如图 6.8 所示二叉树的中序遍历序列为 JBGDAEHCF。由中序遍历的定义知，在一棵二叉树的中序遍历中，根结点将序列分为前后两个部分，分别为左子树的中序序列和右子树的中序序列。

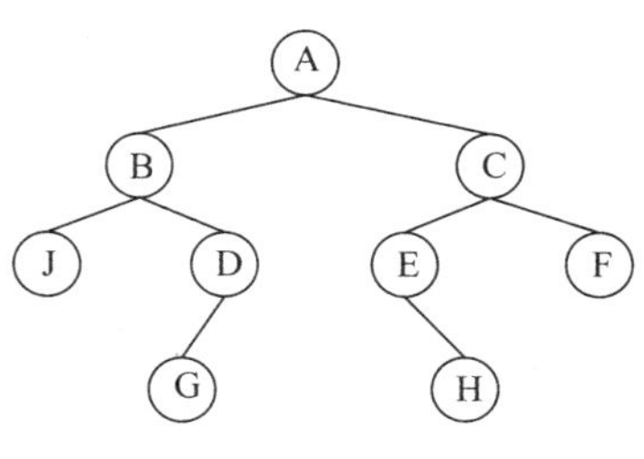

图 6.8　二叉树实例

3. *后序遍历*

后序遍历二叉树的过程为：先后序遍历左子树，再后序遍历右子树，最后访问根结点。如图 6.8 所示二叉树的后序遍历序列为 JGDBHEFCA。由后序遍历的定义知，在一棵二叉树的后序遍历中，根结点对应的值为最后一个元素。

除了上面 3 种遍历方法外，常见的遍历方法还有层次遍历法。

4. *层次遍历*

层次遍历二叉树的过程如下：

二叉树为非空(设二叉树的高度为 h)时，先访问根结点(第 1 层)，再从左向右依次访问每层结点。如图 6.8 所示二叉树的层次遍历序列为 ABCJDEFGH。

例 6.3 已知二叉树的中序遍历序列为 DBHEIAJFKCGMNL，后序遍历序列为 DHIEB-JKFNMLGCA，画出该二叉树并写出其先序遍历序列。

【解】根据后序遍历的定义可知 A 为根结点。根据中序遍历的定义可知，结点 D、B、H、E、I 是左子树上的结点，左子树的中序遍历序列为 DBHEI，后序遍历序列为 DHIEB；结点 J、F、K、C、G、M、N、L 是右子树上的结点，右子树的中序遍历序列为 JFKCGMNL，后序遍历序列为 JKFNMLGC，分别对左子树和右子树采用上述方法画出的二叉树如图 6.9 所示。

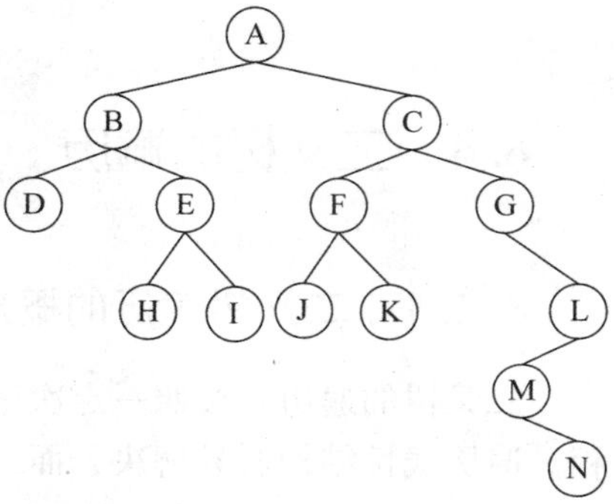

该二叉树的先序序列为 ABDEHICFJKGLMN。

图 6.9 例 6.3 的二叉树

6.4.2 二叉树遍历的递归算法

二叉树的遍历算法为递归算法。

(1)用 C++描述二叉树的先序遍历算法如下：

```
void BiTree::PreTraverse(BiTNode *t){          //先序遍历递归函数
  if(t){
    cout<<t->data;                             //访问根结点
    PreTraverse(t->lchild);                    //先序遍历左子树
    PreTraverse(t->rchild);                    //先序遍历右子树
  }
}
void BiTree::PreTraverseBiTree(){              //先序遍历二叉树
    BiTNode *p=bt;
    PreTraverse(p);
}
```

(2)用 C++描述二叉树的中序遍历算法如下：

```
void BiTree::InTraverse(BiTNode *t){           //中序遍历递归函数
```

```
  if(t){
    InTraverse(t->lchild);                    //中序遍历左子树
    cout<<t->data;                            //访问根结点
    InTraverse(t->rchild);                    //中序遍历右子树
  }
}
void BiTree::InTraverseBiTree(){              //中序遍历二叉树
    BiTNode *p=bt;
    InTraverse(p);
}
```

(3)用C++描述二叉树的后序遍历算法如下:

```
void BiTree::PostTraverse(BiTNode *t){        //后序遍历递归函数
  if(t){
    PostTraverse(t->lchild);                  //后序遍历左子树
    PostTraverse(t->rchild);                  //后序遍历右子树
    cout<<t->data;                            //访问根结点
  }
}
voidBiTree::PostTraverseBiTree(){             //后序遍历二叉树
  BiTNode *p=bt;
  PostTraverse(p);
}
```

对于图6.9所示的二叉树,中序遍历递归算法的执行过程如图6.10所示,其中参数A表示结点A的指针,其余类推。

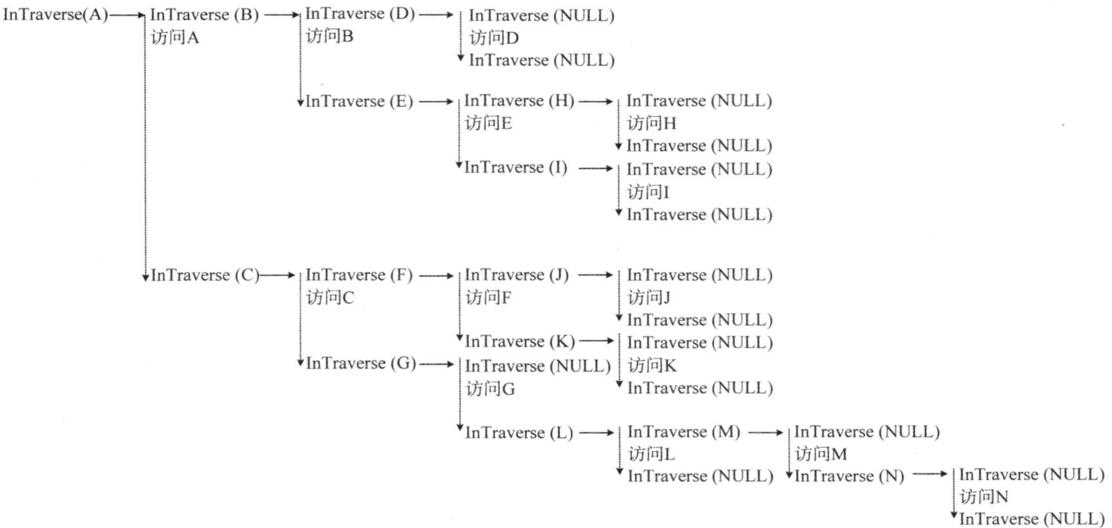

图6.10 中序遍历递归算法的执行过程

例 6.4 已知二叉树采用二叉链表存储结构存储，设计一个交换二叉树左子树与右子树的递归算法。

【解】用 C++描述二叉树左子树与右子树交换的算法如下：

```
void ChangeSubTree(BiTNode *&t){
  BiTNode *temp;
  if(t){
    temp=new BiTNode;
    temp=t->lchild;
    t->lchild=t->rchild;
    t->rchild=temp;
    ChangeSubTree(t->lchild);
    ChangeSubTree(t->rchild);
  }
}
```

例 6.5 已知二叉树采用二叉链表存储结构存储，设计一个判断两棵二叉树是否相似的算法。若相似则返回 1，否则返回 0。二叉树 s 和 t 相似是指 s 和 t 均为空的二叉树，或者 s 和 t 的根结点相似(值可以不同)且左子树和右子树分别相似。

【解】判断两棵二叉树相似的递归函数如下：

$$\begin{cases} \text{Alike}(\varnothing,\ \varnothing)=1 \\ \text{Alike}(s,\ \varnothing)=0 \\ \text{Alike}(\varnothing,\ t)=0 \\ \text{Alike}(s,\ t)=\text{Alike}(s\to\text{lchild},\ t\to\text{lchild})\&\&\text{Alike}(s\to\text{rchild},\ t\to\text{rchild}) \end{cases}$$

用 C++描述的递归算法如下：

```
int Alike(BiTNode *s,BiTNode *t){
  if(s==NULL&&t==NULL)return 1;
  else if(s==NULL || t==NULL)return 0;
      else return Alike(s->lchild,t->lchild)&&Alike(s->rchild,t->rchild);
}
```

例 6.6 已知二叉树采用二叉链表存储结构存储，设计一个判断两棵二叉树是否同构的算法。若同构则返回 1，否则返回 0。同构是指二叉树 s 通过交换某些结点的左右孩子可以变成二叉树 t。

【解】用 C++描述判断两棵树是否同构的算法如下：

```
int Isomorphic(BiTNode *t,BiTNode *s){
    if(s==NULL&&t==NULL)return 1;              //t 和 s 都为空的二叉树,同构
    if((s==NULL&&t!=NULL) || (s!=NULL&&t==NULL))return 0;//t 和 s 一个为空另一个不为空,不同构
    if(s->data!=t->data)return 0;              //根节点的值不同,不同构
    if(s->lchild==NULL&&t->lchild==NULL)
      return Isomorphic(s->rchild,t->rchild);
      //如果两棵子树的左孩子都不为空且左孩子值相等,递归判断 s 的左子树和 t 的左子树,s 的右子
      //树和 t 的右子树,否则交换后再进行递归判断
    if((s->lchild!=NULL&&t->lchild!=NULL&&s->lchild->data==t->lchild->data)
      return Isomorphic(s->lchild,t->lchild)&&Isomorphic(s->rchild,t->rchild);
```

```
    else
      return Isomorphic(s->lchild,t->rchild)&&Isomorphic(s->rchild,t->lchild);
}
```

例 6.7 已知二叉树采用二叉链表存储结构存储，设计一个将二叉树 s 复制给 t 的递归算法。

【解】用 C++描述二叉树复制的算法如下：

```
void CopyBiTree(BiTNode *s,BiTNode *&t){
  if(s==NULL)   t=NULL;
  else{
      t=new BiTNode;
      t->data=s->data;
      CopyBiTree(s->lchild,t->lchild);
      CopyBiTree(s->rchild,t->rchild);
  }
}
```

6.4.3 二叉树遍历的非递归算法

1. 先序遍历的非递归算法

为了把一个递归过程转换为非递归过程，需要利用一个工作栈记录遍历时的回退路径。先序遍历的算法流程如下：

(1)用工作指针 p 指向当前需要处理的结点；

(2)访问 p 指向的待处理结点，该结点入栈，并将 p 指向左孩子，循环处理左子树；

(3)该结点无左孩子时表示栈顶结点无左子树，栈顶结点出栈，并将 p 指向刚出栈结点的右孩子；

(4)对右子树进行相同处理；

(5)重复上述过程，直到栈空为止。

根据顺序栈的定义，用 C++语言描述先序遍历的非递归算法如下：

```
void PreTraverse(BiTNode *t){
    BiTNode *p=t;
    SqStack s;
    while(p || !s.EmptyStack())
      if(p){                          //访问根结点,根指针入栈,遍历左子树
          cout<<p->data;              //访问结点
          s.Push(p);
          p=p->lchild;
      }
      else{                           //根指针退栈,遍历右子树
          s.Pop(p);
          p=p->rchild;
      }
}
```

如图 6.9 所示二叉树执行上述算法时栈的操作过程见表 6.1，其输出序列为 ABDEHICFJKGLMN。

表 6.1 执行 PreTraverse( ) 时栈的操作过程

操作	结点	栈顶	栈中的结点	说明
入栈	A	A	A	访问 A 且 A 入栈，p 指向 A 的左孩子
入栈	B	B	AB	访问 B 且 B 入栈，p 指向 B 的左孩子
入栈	D	D	ABD	访问 D 且 D 入栈，p 指向 D 的左孩子
出栈	D	B	AB	结点 D 出栈，p 指向结点 D 的右孩子
出栈	B	A	A	结点 B 出栈，p 指向 B 的右孩子
入栈	E	E	AE	访问 E 且 E 入栈，p 指向 E 的左孩子
入栈	H	H	AEH	访问 H 且 H 入栈，p 指向 H 的左孩子
出栈	H	E	AE	结点 H 出栈，p 指向 H 的右孩子
出栈	E	A	A	结点 E 出栈，p 指向 E 的右孩子
入栈	I	I	AI	访问 I 且 I 入栈，p 指向 I 的左孩子
出栈	I	A	A	结点 I 出栈，p 指向 I 的右孩子
出栈	A	空	空	结点 A 出栈，p 指向 A 的右孩子
入栈	C	C	C	访问 C 且 C 入栈，p 指向 C 的左孩子
入栈	F	F	CF	访问 F 且 F 入栈，p 指向 F 的左孩子
入栈	J	J	CFJ	访问 J 且 J 入栈，p 指向 J 的左孩子
出栈	J	F	CF	结点 J 出栈，p 指向 J 的右孩子
出栈	F	C	C	结点 F 出栈，p 指向 F 的右孩子
入栈	K	K	CK	访问 K 且 K 入栈，p 指向 K 的左孩子
出栈	K	C	C	结点 K 出栈，p 指向 K 的右孩子
出栈	C	空	空	结点 C 出栈，p 指向 C 的右孩子
入栈	G	G	G	访问 G 且 G 入栈，p 指向 G 的左孩子
出栈	G	空	空	结点 G 出栈，p 指向 G 的右孩子
入栈	L	L	L	访问 L 且 L 入栈，p 指向 L 的左孩子
入栈	M	M	LM	访问 M 且 M 入栈，p 指向 M 的左孩子
出栈	M	L	L	结点 M 出栈，p 指向 M 的右孩子
入栈	N	N	LN	访问 N 且 N 入栈，p 指向 N 的左孩子
出栈	N	L	L	结点 N 出栈，p 指向 N 的右孩子
出栈	L	空	空	结点 L 出栈，p 指向 L 的右孩子，p 空且栈空，算法结束

2. 中序遍历的非递归算法

中序遍历的算法流程如下：

(1)用工作指针 p 指向当前需要处理的结点，p 入栈；

(2)扫描该结点左子树上的所有结点并将它们一一入栈；

(3)当该结点无左孩子时表示栈顶结点无左子树，栈顶结点出栈，访问该结点，并将 p 指向刚出栈结点的右孩子；

(4)对右子树进行相同处理；

(5)重复上述过程，直到栈空为止。

根据顺序栈的定义，用 C++语言描述中序遍历的非递归算法如下：

```
void InTraverse(BiTNode *t){
    BiTNode *p=t;
    SqStack s;
    while(p || !s.EmptyStack())
    if(p){                                  //根指针入栈,遍历左子树
        s.Push(p);
        p=p->lchild;
    }
    else{                                   //根指针出栈,访问结点,遍历右子树
        s.Pop(p);
        cout<<p->data;                      //访问结点
        p=p->rchild;
    }
}
```

练习：仿照先序遍历的工作过程给出图 6.9 所示二叉树执行上述算法时栈的操作过程，其输出序列为 DBHEIAJFKCGMNL。

3. *后序遍历的非递归算法*

后序遍历的算法流程如下：

(1)用工作指针 p 指向当前需要处理的结点，并置标志位 flag=0(表示第一次入栈)，p 入栈；

(2)扫描该结点左子树上的所有结点并将它们一一入栈；

(3)当该结点无左孩子时表示栈顶结点无左子树，该结点出栈，并判断标志位的值：若 flag=0，则置 flag=1(表示该结点第二次入栈)，该结点入栈，并将 p 指向刚出栈结点的右孩子；若 flag=1，则访问该结点，置 p=NULL；

(4)对右子树进行相同处理；

(5)重复上述过程，直到栈为空为止。

根据顺序栈的定义(相应的栈中元素类型改为 BiTNodeFlag)，用 C++语言描述后序遍历的非递归算法如下：

```
typedef struct{
  BiTNode *pointer;
  int flag;
}BiTNodeFlag;
```

```
void PostTraverse(BiTNode *t){
    BiTNodeFlag bf;
    BiTNode *p=t;
    SqStack s;
    while(p || !s.EmptyStack())
      if(p){                                   //根指针入栈,遍历左子树
          bf.pointer=p;
          bf.flag=0;
          s.Push(bf);
          p=p->lchild;
      }
      else{                                    //根指针出栈,遍历右子树
          s.Pop(bf);
          if(bf.flag==0){                      //右子树未处理,p 再次入栈
              bf.flag=1;
              s.Push(bf);
              p=p->rchild;
          }
          else{                                //右子树处理结束
              cout<<bf.pointer->data;          //访问结点
              p=NULL;
          }
      }
}
```

练习： 仿照先序遍历的工作过程给出如图 6.9 所示二叉树执行上述算法时栈的操作过程，其输出序列为 DHIEBJKFNMLGCA。

4. 层次遍历算法

层次遍历访问完某一层的结点后，按照访问次序对各结点的左子树和右子树进行顺序访问。如此一层一层地访问，先访问的结点其左孩子和右孩子也要先访问。层次遍历过程可以用队列来实现。

根据队列的定义，用 C++语言描述层次遍历非递归的算法如下：

```
void LevelTraverse(BiTNode *t){
  BiTNode *p=t;
  Linkqueue q;                                 //初始化建立空队列
  if(p) q.Enqueue(p);                          //根结点入队
  while(!q.EmptyQueue()){
      q.DeQueue(p);                            //出队
      cout<<p->data;                           //访问结点
      if(p->lchild)q.EnQueue(p->lchild);       //左子树的根结点入队
      if(p->rchild)q.EnQueue(p->rchild);       //右子树的根结点入队
```

```
    }
}
```

对于图 6.9 的二叉树，层次遍历的输出序列为 ABCDEFGHIJKLMN。

例 6.8 已知二叉树采用二叉链表存储结构存储，设计一个计算二叉树叶子结点的非递归算法。

【解】用 C++语言描述计算二叉树叶子结点的非递归算法如下：

```
int CountBiTLeaf(BiTNode *t){
    SqStack s;                    //栈 s 初始化;
    BiTNode *p=t;
    int count=0;                  //计数器置 0
    while(p!=NULL || !s.EmptyStack()){
        while(p!=NULL){           //p 的左子树根结点依次入栈,直到左子树为空
            s.Push(p);
            p=p->lchild;
        }
        if(!s.EmptyStack()){      //栈为非空,出栈判断是否为叶子,若非叶子,p 指向右子树
          s.Pop(p);
          if(p->lchild==NULL&&p->rchild==NULL) count++;//计数器加 1
          p=p->rchild;
        }
    }
    return count;
}
```

6.5 线索二叉树

遍历二叉树是以一定规则将二叉树中的结点排列成一个线性序列的过程。与线性表相比，二叉树的遍历存在如下问题：

(1)遍历算法复杂而费时；

(2)为检索或查找二叉树中某结点在某种遍历下的前驱结点和后继结点，必须从根结点开始遍历，直到找到该结点的前驱结点和后继结点。

为此，我们引入线索二叉树的概念，线索二叉树可以简化遍历算法，提高遍历效率。

6.5.1 线索二叉树的概念

对于一个具有 n 个结点的二叉树，若采用二叉链表存储结构，在 2n 个指针域中只有 n−1 个指针域用来存储孩子结点的地址，另外 n+1 个指针域为空，可以利用这些空指针域存放指向该结点在某种遍历序列中的前驱结点和后继结点的指针。这种指向线性序列中前驱结点和后继结点的指针被称为线索。

遍历的方式不同，产生的遍历线性序列也不同。一般，若结点有左子树，则其 lchild 域

指向其左孩子结点，否则指向其前驱结点；若结点有右子树，则 rchild 域指向其右孩子结点，否则指向其后继结点。为了避免混淆，重新定义结点的结构，在结点的存储结构上增加标志位 ltag 和 rtag 来区分这两种情况，如图 6. 11 所示。

ltag	lchild	data	rchild	rtag

图 6. 11　带标志位的存储结构

其中，ltag 为 0 时，lchild 域指向结点的左孩子；ltag 为 1 时，lchild 域指向结点的前驱结点。rtag 为 0 时，rchild 域指向结点的右孩子；rtag 为 1 时，rchild 域指向结点的后继结点。

以这种方式定义的二叉树为**线索二叉树**，其存储结构为**线索二叉链表**。以某种方式遍历二叉树使其成为线索二叉树的过程被称为**二叉树的线索化**。

为使算法设计方便，在线索二叉链表中增加一个头结点。头结点的 data 域为空，lchild 指向根结点，ltag 为 0；rchild 指向按某种方式遍历时的最后一个结点，rtag 为 1。线索二叉树的存储结构如图 6. 12 所示。图中虚线表示线索二叉链表中的线索，实线表示二叉链表中原来的指针。

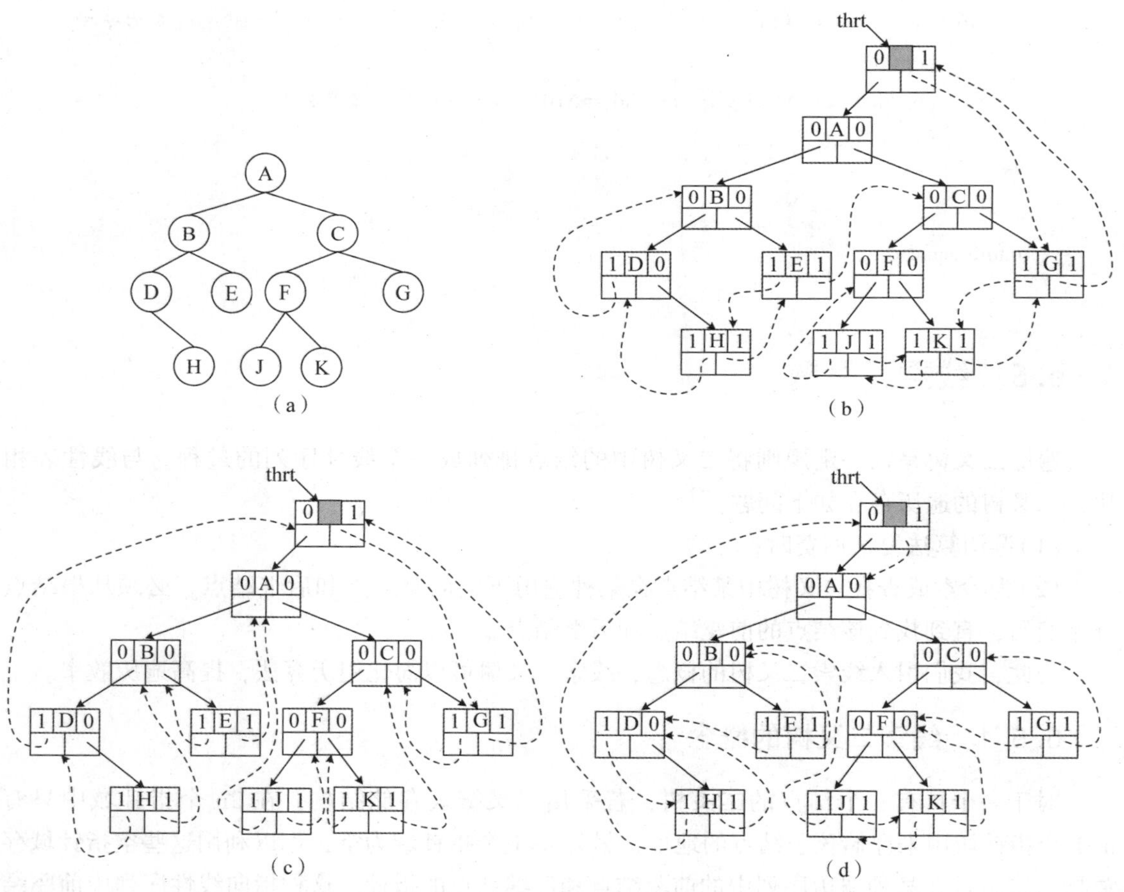

图 6. 12　线索二叉树的存储结构

(a) 二叉树；(b) 先序线索链表；(c) 中序线索链表；(d) 后序线索链表

6.5.2　线索化二叉树

由线索二叉树的定义可知，对同一棵二叉树的遍历方式不同，得到的线索二叉树也不同。二叉树的先序遍历、中序遍历和后序遍历分别产生先序线索二叉树、中序线索二叉树和后序线索二叉树。

本小节以中序线索二叉树为例，给出中序线索化二叉树算法和中序遍历线索化二叉树的算法。

在线索化二叉树中数据结点的结构定义如下：

```
#include<iostream>
using namespace std;
typedef char ElemType;
typedef struct BiThrNode{                    //线索二叉树的结点
  ElemType data;                             //结点数据域,本书 ElemType 以 char 为例
  BiThrNode  *lchild;                        //左孩子或线索指针
  BiThrNode  *rchild;                        //右孩子或线索指针
  int ltag,rtag;                             //左右线索标志
}BiThrNode;
```

线索化二叉树的类定义如下：

```
BiThrNode  *pre;                             //全局变量,指向刚访问过的结点,是 p 的前驱
class ThreadBiTree{
  private:
    BiThrNode  *bt;                          //存储二叉树的根结点
    BiThrNode  *thrbt;                       //存储线索二叉树的头结点
    void Createtree(BiThrNode  *&t);         //递归创建二叉树
  public:
    void InCreateThread(BiThrNode  *t);      //线索化创建线索二叉树
    void InThread(BiThrNode  *&p);           //对二叉树 p 进行线索化
    void InTraverseThread(BiThrNode  *thrt); //中序遍历线索化二叉树
    void CreateBiTree();                     //创建二叉树
    BiThrNode  *Getbt(){return bt;}          //返回私有成员 bt
    BiThrNode  *Getthrbt(){return thrbt;}    //返回私有成员 thrbt
};
```

1. 中序线索化二叉树

中序线索化将二叉链表中的空指针域改为指向前驱或后继结点的线索，而前驱或后继结点的信息只有在遍历时才能知道，因此中序线索化过程是在中序遍历过程中修改空指针的过程。算法中设置一个指针 pre 始终指向刚访问过的结点，若指针 p 指向当前访问的结点，pre 则指向它的前驱结点。用 C++语言描述的中序线索化二叉树算法如下：

```
void ThreadBiTree::InCreateThread(BiThrNode  *t){
  BiThrNode  *thrt;
  thrt=new BiThrNode;                    //创建头结点
  thrt->ltag=0;
  thrt->rtag=1;
  thrt->rchild=thrt;
  if(!t)thrt->lchild=thrt;               //空二叉树,lchild 指针回指
  else{
    thrt->lchild=t;
    pre=thrt;                            //pre 指向 p 的前驱
    InThread(t);                         //线索化二叉树 t
    pre->rchild=thrt;                    //最后处理,加入指向头结点的线索
    pre->rtag=1;
    thrt->rchild=pre;                    //头结点右线索化
  }
  thrbt=thrt;                            //将线索二叉树的头结点传递给私有成员
}
void ThreadBiTree::InThread(BiThrNode  *&p){ //线索化二叉树 p
  if(p){
    InThread(p->lchild);                 //左子树线索化
    if(!p->lchild){                      //左孩子不存在,线索化前驱结点
      p->lchild=pre;
      p->ltag=1;
    }
    else p->ltag=0;
    if(!pre->rchild){                    //线索化 pre 的后继结点
      pre->rchild=p;
      pre->rtag=1;
    }
    else pre->rtag=0;
    pre=p;
    InThread(p->rchild);                 //线索化右子树
  }
}
```

2. 中序遍历线索化二叉树

在中序线索二叉树中，开始结点是根结点最左下方的结点，即中序遍历的第一个结点，第一个结点的 lchild 域和最后一个结点的 rchild 域指向头结点(如图 6.12(c)所示)。中序遍历线索化二叉树算法如下：

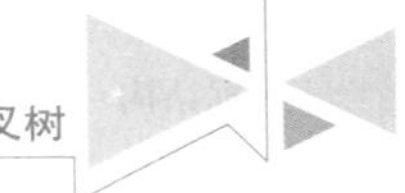

(1)令 p=thrt→lchild，p 指向线索链表的根结点；

(2)若“p!=thrt”(即 p 不指向头结点)，则顺着 p 的左孩子指针找到最左下方的结点(中序遍历的第一个结点)，并访问该结点；若 p 所指结点的右孩子域为线索，且 p→rchild 不指向头结点，p=p→rchild，并访问 p 所指结点，循环执行此过程(注：在此循环中，顺着后继线索访问二叉树中的结点)；若 p 所指结点的右孩子域不为线索，则 p=p→rchild，即 p 指向右孩子结点。

(3)循环执行(2)。

中序遍历线索化二叉树算法的 C++语言描述如下：

```
void ThreadBiTree::InTraverseThread(BiThrNode *thrt){
    BiThrNode *p=thrt->lchild;                  //p 指向根结点
    while(p!=thrt){
        while(p->ltag==0)                        //寻找 p 最左下方的结点
          p=p->lchild;
        cout<<p->data;                           //访问左子树为空的结点
        while(p->rtag==1&&p->rchild!=thrt){//p 的 rchild 指针域为线索且右指针不指向头结点
            p=p->rchild;
            cout<<p->data;                       //访问后继结点
        }
        p=p->rchild;                             //中序遍历线索化右子树
    }
}
```

6.6　树和森林

本节主要讨论树的存储结构及其遍历操作，并建立森林与二叉树的对应关系。

6.6.1　树的存储结构

树经常采用双亲表示法、孩子链表表示法和孩子兄弟表示法 3 种存储结构。

1. 双亲表示法

由树的定义可知，除根结点之外，树中的每个结点都有唯一的双亲。双亲表示法可以用一组连续的存储空间存放结点信息，即用一维数组存储树中的结点。数组元素为结构体类型，其中包括结点本身的信息和指示其双亲结点在数组中的位置信息。

双亲表示法的类型定义如下：

```
#define MaxSize 100
typedef struct PTNode{                          //结点的数据类型
   ElemType data;                               //树中结点本身的数据信息
   int parent;                                  //该结点的双亲在数组中的下标
```

```
}PTNode;
typedef struct{
  PTNode nodes[MaxSize];
  int r,n;                          //根的位置和树的结点数
}PTree;
```

树及其双亲表示的存储结构如图 6.13 所示。在这种存储结构中，寻找双亲结点的操作可以在常量时间内实现，而寻找结点的孩子需要遍历整个结构，时间复杂度为 O(n)(n 为树中的结点数)。为此，我们需要对树的数据类型进行相应修改。如果树的操作主要是查找孩子结点，则可以采用孩子链表表示法存储；如果既要查找孩子结点又要查找双亲结点，则可以采用带双亲的孩子链表表示法。

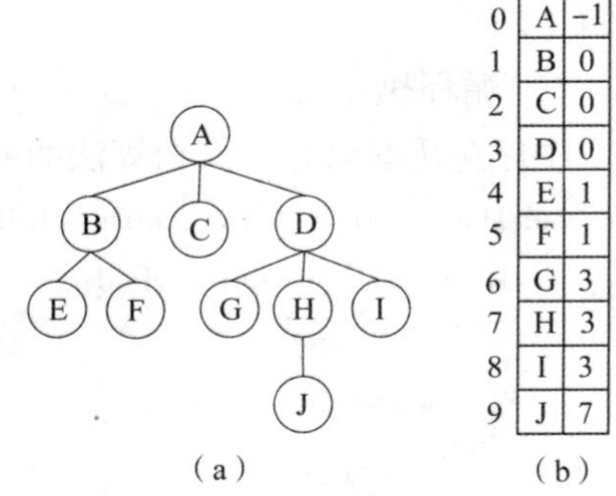

图 6.13　树及其双亲表示法

(a)树；(b)树的双亲表示法

2. 孩子链表表示法

孩子链表表示法存储单元的主体是一个与结点数大小相同的一维数组，数组的每个元素由两个域组成，分别用来存放结点自身的数据信息(如果采用带双亲的孩子链表表示，还需要增加双亲信息)和指针，指针指向由结点孩子组成的单链表的表头。单链表的结点也由两个域组成，分别存放孩子结点在一维数组中的下标和指针，指针指向下一个孩子。

孩子链表表示法的数据类型定义如下：

```
#define MaxSize 100
typedef struct CTNode{
  int child;                        //孩子结点在数组中的下标
  CTNode *next;                     //指针指向下一个孩子结点
}CTNode;
typedef struct{
  ElemType data;                    //树中结点本身的数据信息
  int parent;                       //带双亲孩子链表表示时,增加双亲信息
  CTNode *firstchild;               //指针指向第一个孩子结点
}CTBox;
typedef struct{
  CTBox nodes[MaxSize];
  int r,n;                          //根的位置和树的结点数
}CTree;
```

图 6.13(a)所示树的两种孩子链表表示法如图 6.14 所示。

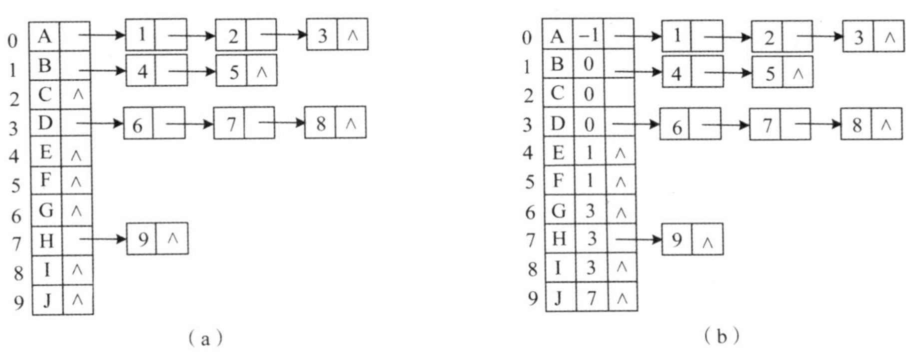

图 6.14　孩子链表表示法

(a)孩子链表；(b)带双亲的孩子链表

孩子链表表示法的类定义及其基本操作的实现如下：

```
#define MaxSize 100
typedef struct CTNode{
    int child;                          //孩子结点在数组中的下标
    CTNode *next;                       //指针指向下一个孩子结点
}CTNode;
typedef struct{
    char data;                          //树中结点本身的数据信息，定义为字符型
    int parent;                         //带双亲孩子链表表示的双亲信息
    CTNode *firstchild;                 //指针指向第一个孩子结点
}CTBox;
class CTree{
  private:
    CTBox nodes[MaxSize];
    int r,n;                            //根的位置和树的结点数
  public:
    int LocateNode(char x);             //查找结点 x 在树中的下标
    void CreateCTree(int k);            //创建 k 个结点的树
    int DegreeNode(char x);             //计算结点 x 的度数
    void InsertNode(char u,char v);     //插入结点 u 的孩子 v
};
int CTree::LocateNode(char x){          //查找结点 x，若找到该结点则返回其下标，否则返回-1
    for(int i=0;i<n;i++)
        if(x==nodes[i].data)   return i;
    return -1;
}
void CTree::CreateCTree(int k){
    int i;
    for(i=0;i<k;i++){                   //在数组中存放所有结点信息
        cin>>nodes[i].data;
```

```
            nodes[i].firstchild=NULL;
        }
        n=k;r=0;
        char u,v;
        int h,t;
        CTNode *p;
        for(i=0;i<k;i++){                   //读入所有结点的孩子结点
            cin>>u;                          //读入根结点
            h=LocateNode(u);
            cin>>v;                          //读入孩子结点
            while(v!='.'){                   //连接 u 的所有孩子结点
                t=LocateNode(v);
                p=new CTNode;                //头插法连接孩子结点
                p->child=t;
                p->next=nodes[h].firstchild;
                nodes[h].firstchild=p;
                cin>>v;
            }
        }
}
int CTree::DegreeNode(char x){              //计算结点 x 的度数
    int h=LocateNode(x);
    CTNode *p=nodes[h].firstchild;
    int count=0;
    while(p){                                //遍历孩子结点
        count++;
        p=p->next;
    }
    return count;
}
void CTree::InsertNode(char u,char v){      //插入结点 u 的孩子 v
    int h=LocateNode(u);
    if(h==-1)return;                         //u 不在树中,无法插入结点 v
    nodes[n].data=v;                         //将结点 v 放入顺序表中
    nodes[n].firstchild=NULL;
    n++;
    CTNode *p=new CTNode;                    //头插法插入结点 v
    int t=LocateNode(v);
    p->child=t;
    p->next=nodes[h].firstchild;
    nodes[h].firstchild=p;
}
void main(void){
```

```
    CTree ct;                              //说明一个对象
    ct.CreateCTree(10);                    //创建图 6.13(a)中 10 个结点的树
    cout<<ct.DegreeNode('D')<<endl;        //计算结点 D 的度
    ct.InsertNode('D','M');                //结点 D 插入孩子 M
    cout<< ct.DegreeNode('D')<<endl;       //计算结点 D 的度
}
```

3. 孩子兄弟表示法

孩子兄弟表示法又被称为二叉链表表示法或二叉树表示法，即以二叉链表作为树的存储结构，链表中结点的两个链域分别指向该结点的第一个孩子结点和下一个兄弟结点。

孩子兄弟表示法的数据类型定义如下：

```
typedef struct CSNode{
   ElemType data;                        //结点的值
   CSNode  *firstchild;                  //指针指向第一个孩子结点
   CSNode  *nextsibling;                 //指针指向下一个兄弟结点
}CSNode;
```

图 6.13(a)所示树的孩子兄弟表示法与二叉树的存储结构如图 6.15 所示。

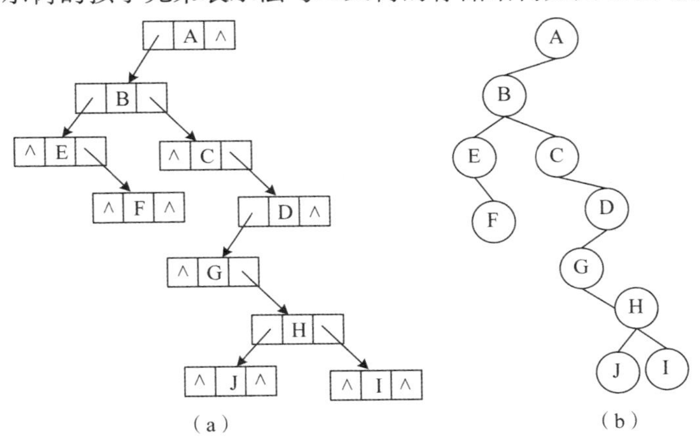

图 6.15　树的孩子兄弟表示法与二叉树的存储结构

(a)孩子兄弟表示法；(b)二叉树的存储结构

例 6.9　已知一棵树采用孩子兄弟表示法作为存储结构，设计一个递归算法计算树的高度。

【解】设 CSTreeHeight(t)为树 t 的高度，计算树高的递归模型如下：

$$\text{CSTreeHeight}(t)=\begin{cases}0 & t=\varnothing\\ 1+\max\limits_{p\text{为}t\text{的孩子}}\text{CSTreeHeight}(p) & t\neq\varnothing\end{cases}$$

对应算法的 C++语言描述如下：

```
int CSTreeHeight(CSNode  *t){
   int m,max=0;
   CSNode  *p;
   if(t==NULL)   return 0;                 //空树,高度为0
```

```
    else{
        p=t->firstchild;                    //指向第一个孩子结点
        while(p){                           //从所有孩子结点中找出高度最大的孩子
            m=CSTreeHeight(p);
            if(max<m)    max=m;
            p=p->nextsibling;               //继续求其他兄弟的高度
        }
        return   1+max;
    }
}
```

6.6.2 树与二叉树的转换

由于二叉树和树均可以用二叉链表作为存储结构，因此以二叉链表作为媒介可以导出树和二叉树之间的对应关系。一棵树可以找到唯一的一棵二叉树与之对应。反之，一棵右子树为空的二叉树也可以转换成对应的树。

将一棵树转换成二叉树的方法如图 6.16 所示。

(1)**加线**：将树中所有相邻的兄弟之间加一条连线。

(2)**抹线**：保留树中每个结点与其第一个孩子结点之间的连线，删除它与其他孩子结点之间的连线。

(3)**旋转**：以右侧有结点连接的结点为轴心，将其右侧结点顺时针旋转 45°，使之成为一棵层次分明的二叉树。

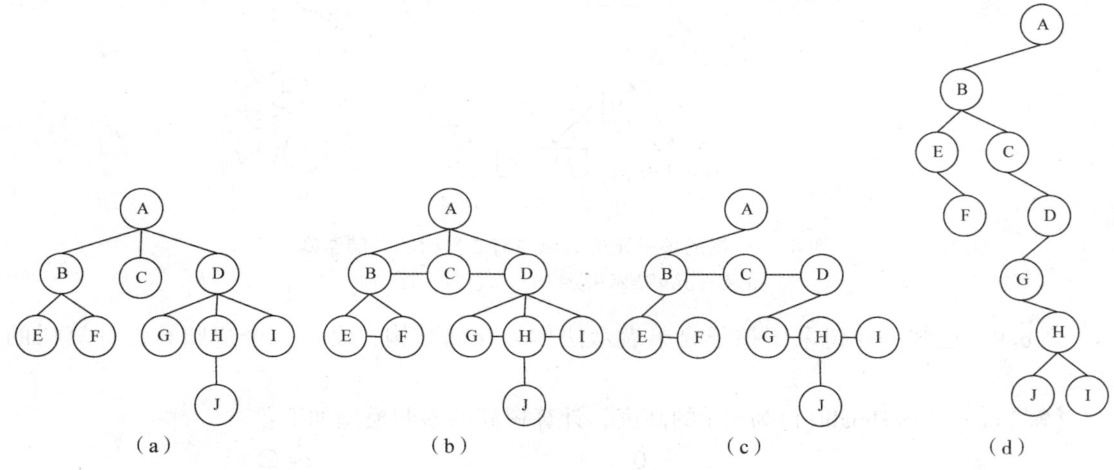

图 6.16 树转换为二叉树的过程示意

(a)树的示例；(b)加线；(c)抹线；(d)旋转

6.6.3 森林与二叉树的转换

从树和二叉树的转换方法可知，任何一棵树转换成的二叉树，其右子树必为空。由此，我们可以把森林中第二棵树的根结点看成第一棵树的根结点的兄弟，第三棵树的根结点看成第二棵树的根结点的兄弟，以此类推，导出森林和二叉树的对应关系。

1. 森林转换成二叉树

森林转换成二叉树的形式定义如下：

若 $F=\{T_1, T_2, \cdots, T_m\}$ 是森林，则可按如下规则转换成二叉树 BT=(root，BL，BR)：

(1)若 F 为空，即 m=0，则 BT 为空树；

(2)若 F 为非空，即 $m\neq 0$，则 BT 的根 root 为森林中第一棵树的根 $root(T_1)$，左子树 BL 是由 T_1 中根结点的子树森林 $F_1=\{T_{1-1}, T_{1-2}, \cdots, T_{1-m}\}$ 转换而成的二叉树，右子树 BR 是由森林 $F_{2-m}=\{T_2, \cdots, T_m\}$ 转换而成的二叉树。

上述形式化定义可以简单地描述为如下形式：

(1)将森林中的每棵树转换成相应的二叉树；

(2)第一棵二叉树不动，从第二棵二叉树开始，依次把后一棵二叉树的根结点作为前一棵二叉树根结点的右孩子，所有的二叉树连接后，得到的二叉树就是由森林转换得到的二叉树。

2. 二叉树转换成森林

二叉树转换成森林的形式定义如下：

若 BT=(root，BL，BR)是一棵二叉树，则按如下规则转换成森林 $F=\{T_1, T_2, \cdots, T_m\}$：

(1)若 BT 是空树，则 F 为空；

(2)若 BT 非空，则森林 F 中第一棵树 T_1 的根 $root(T_1)$ 为 BT 的根 root，T_1 中根结点的子树森林 F_1 是由 BT 的左子树 BL 转换而成的森林，F 中除 T_1 之外其余树组成的森林 $F_{2-m}=\{T_2, \cdots, T_m\}$ 是由 BT 的右子树 BR 转换而成的森林。

森林与二叉树相互转换的过程如图 6.17 所示，其中正向过程是森林转换成相应的二叉树，逆向过程是二叉树转换成森林。

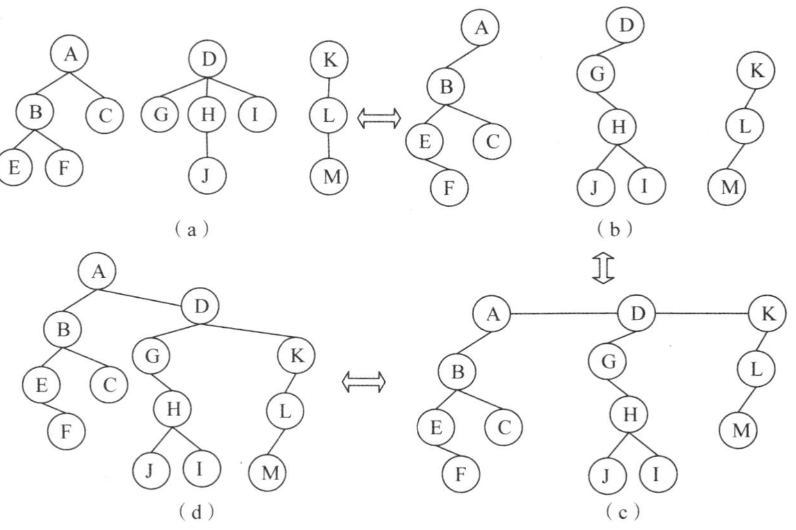

图 6.17　森林与二叉树的相互转换

(a)森林；(b)树转换后的二叉树；(c)根结点连接后的二叉树；(d)旋转后的二叉树

6.6.4 树和森林的遍历

1. 树的遍历

由树结构的定义知，一棵树由根结点和 m 棵子树 T_1，T_2，…，T_m 构成。因此，只要依次遍历根结点和 m 棵子树，就可以遍历整棵树。树的遍历通常有先序遍历和后序遍历两种方式。

(1)树的先序遍历操作如下：若树 $T=\varnothing$，则遍历结束；否则先访问树的根结点，然后按照从左到右的顺序依次先序遍历根的第一棵子树 T_1，第二棵子树 T_2，……，直到最后一棵子树 T_m。对图 6.16(a)中的树进行先序遍历得到的序列是 ABEFCDGHJI。

(2)树的后序遍历操作如下：若树 $T=\varnothing$，则遍历结束；否则按照从左到右的顺序依次后序遍历根的第一棵子树 T_1，第二棵子树 T_2，……，直到最后一棵子树 T_m，再访问树的根结点。对图 6.16(a)中的树进行后序遍历得到的序列是 EFBCGJHIDA。

2. 森林的遍历

按照森林与树相互递归的定义，可以推出森林的两种遍历方法：

(1)森林 $F=\{T_1, T_2, \cdots, T_m\}$ 的先序遍历操作如下：若 $F=\varnothing$，则遍历结束；否则先访问 $F=\{T_1, T_2, \cdots, T_m\}$ 中第一棵树 T_1 的根结点，然后先序遍历第一棵树中根结点的子树森林 $F_1=\{T_{1-1}, T_{1-2}, \cdots, T_{1-m}\}$，最后先序遍历子森林 $\{T_2, \cdots, T_m\}$。对图 6.17(a)中的森林进行先序遍历得到的序列是 ABEFCDGHJIKLM。

(2)森林 F 的中序遍历操作如下：若树 $F=\varnothing$，则遍历结束；否则先中序遍历森林中第一棵树的根结点的子森林 $F_1=\{T_{1-1}, T_{1-2}, \cdots, T_{1-m}\}$；然后访问第一棵树的根结点，最后中序遍历子森林 $\{T_2, \cdots, T_m\}$。对图 6.17(a)中的森林进行中序遍历得到的序列是 EFB-CAGJHIDMLK。

6.7 哈夫曼树及其应用

哈夫曼(Huffman)树又称最优二叉树，是一类树的带权路径长度最小的二叉树，在信息科学中有着广泛的应用。

6.7.1 哈夫曼树的概念

在给出哈夫曼树定义之前我们先给出以下概念：

(1)路径：从一个祖先结点到子孙结点之间的分支构成这两个结点间的路径；

(2)路径长度：路径上的分支数量；

(3)树的路径长度：从根结点到每个结点的路径长度之和。在 n 个结点的二叉树中，完全二叉树具有最小的路径长度。

(4)结点的权：根据应用的需要可以给树的结点赋予权值；

(5)结点的带权路径长度：从根结点到该结点的路径长度与该结点权的乘积；

(6) 树的带权路径长度：树中所有叶子结点的带权路径长度之和，通常记为

$$WPL = \sum_{i=1}^{n} \omega_i l_i$$

其中，ω_i 是结点 i 的权值，l_i 是结点 i 的带权路径长度，n 是叶子结点数。

设有 n 个权值的集合 $\{\omega_1, \omega_2, \cdots, \omega_n\}$，构造有 n 个叶子结点的二叉树，每个叶子结点 i 有一个 ω_i 作为权值，则带权路径长度最小的二叉树被称为哈夫曼树，也被称为最优二叉树。

例如，5 个权值的集合{2，3，4，1，6}，分别对应 5 个叶子结点 a、b、c、d、e 的权，由它们可以构造出多个不同形态的二叉树。图 6.18 给出了其中 3 个不同形态的二叉树。

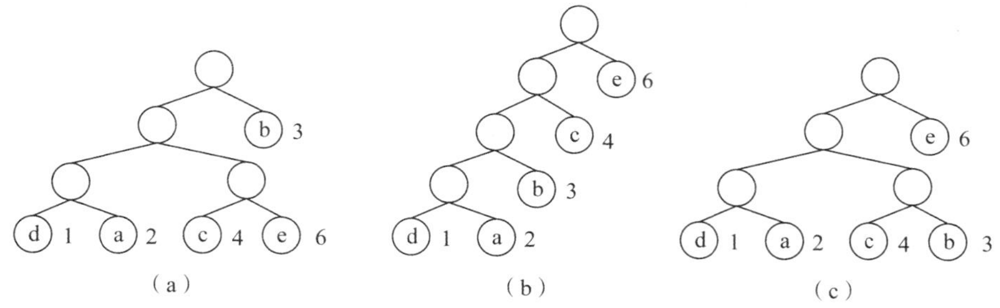

图 6.18 具有相同叶子结点但带权路径长度不同的二叉树

它们的带权路径长度分别为：

(a) $WPL = 1\times3+2\times3+4\times3+6\times3+3\times1 = 42$；

(b) $WPL = 1\times4+2\times4+3\times3+4\times2+6\times1 = 35$；

(c) $WPL = 1\times3+2\times3+4\times3+3\times3+6\times1 = 36$。

其中，图 6.18 中(b)所示的二叉树其带权路径长度最小，该二叉树为一棵哈夫曼树。

6.7.2 哈夫曼树的构造

根据哈夫曼树的定义，要使一棵二叉树的带权路径长度最小，必须让权值大的结点靠近根结点，而权值小的结点远离根结点。据此，哈夫曼树的构造算法如下：

(1) 根据给定的权值集合 $\{w_1, w_2, \cdots, w_n\}$ 构造 n 棵二叉树的集合 $F = \{T_1, T_2, \cdots, T_n\}$，其中每棵二叉树 $T_i (1 \leqslant i \leqslant n)$ 中只有一个权值为 w_i 的根结点，其左子树、右子树均为空；

(2) 在 F 中选取两棵根结点的权值最小的二叉树分别作为左子树和右子树构造一棵新的二叉树，且将新的二叉树的根结点的权值置为其左、右子树上根结点的权值之和；

(3) 在 F 中删除作为左子树和右子树的两棵二叉树，同时将新得到的二叉树加入 F 中；

(4) 重复(2)和(3)，直到 F 只含一棵二叉树为止，这棵二叉树就是哈夫曼树。

图 6.19 给出了叶子结点权值集合为{30，8，9，15，24，12，4，6}的哈夫曼树的构造过程，该哈夫曼树的带权路径长度为 297。哈夫曼树的形状可以不同，不同形状的哈夫曼树的带权路径长度相同，且是所有带权路径长度的最小值。

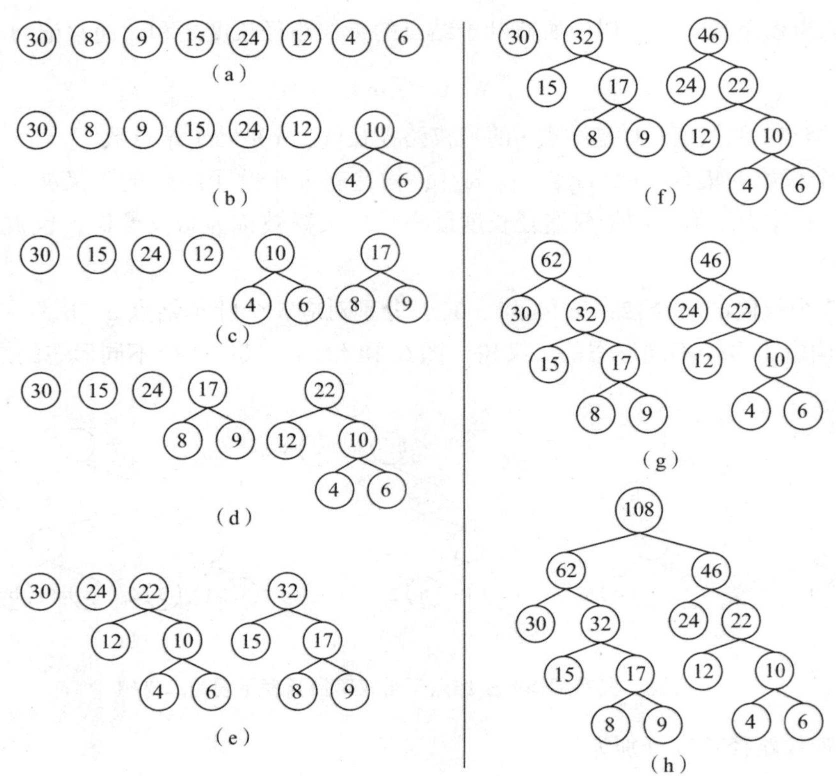

图 6.19 哈夫曼树的构造过程

定理 6.1：具有 n 个叶子结点的哈夫曼树共有 2n-1 个结点，其中有 n-1 个非叶子结点。

证明：哈夫曼树中不存在度为 1 的结点，即 $n_1=0$，根据二叉树的性质 $n_0=n_2+1$ 知，非叶子结点数为 $n_2=n_0-1=n-1$。因此，哈夫曼树的总结点数为 $n_0+n_1+n_2=2n-1$。

6.7.3 哈夫曼编码

在数据通信中，经常需要将传送的文字转换成由二进制字符 0、1 组成的字符串(也称编码)。例如，传送"BACCDA"时，电文中只含有 A、B、C、D 共 4 种字符，若采用等长编码，如编码 A(00)、B(01)、C(10)和 D(11)，其中括号中串为字母的编码，则电文的编码为 010010101100，长度为 12。

在传送电文时，希望传送时间尽可能短，这就要求电文代码尽可能短。显然，上述编码方案产生的电文代码还可以缩短。如果在编码时考虑字符出现的频率，让出现频率高的字符采用较短的编码，出现频率低的字符采用稍长的编码，构造一种不等长编码，则可以缩短电文代码的总长度。如编码 A(1)、B(00)、C(0)、D(01)，电文"BACCDA"的编码为 00100011，长度为 8。这样的编码存在二义性，例如，字符编码"0001"可以译成电文"BD"或 CCD"等，产生二义性的原因是编码"0"为编码"00"的前缀。不等长编码的设计，要求任何一个字符编码都不是其他字符编码的前缀，这种编码称为**前缀码**。

为设计电文总长最短的编码，可以构造以字符使用频率作为权值的哈夫曼树。具体做法如下：设需要编码的字符集合为{a_1，a_2，…，a_n}，它们在电文中出现的频率对应集合为{w_1，w_2，…，w_n}，以 a_1，a_2，…，a_n 作为叶子结点，w_1，w_2，…，w_n 作为叶子结点的权值，构造一棵哈夫曼树，规定哈夫曼树中左分支代表 0，右分支代表 1，则从根结点到每个叶子结点所经过的路径分支组成的 0 和 1 的序列便为该结点对应字符的编码，被称为**哈夫曼编码**。

哈夫曼编码的算法如下：

```
procedure Huffman(C:具有频率 wi 的字符 ai,i=1,2,…,n){
    F:n 棵仅有根结点的二叉树的集合,每个根结点 ai 的权值为 wi;
    while(F 不是二叉树){
        把 F 中满足 W(T)≥W(T′)的权最小的二叉树 T 和 T′构成具有新树根的二叉树;
        这棵二叉树以 T 为左子树,以 T′为右子树;
        用 0 标记树根到 T 的新边,用 1 标记树根到 T′的新边;
        把 W(T)+W(T′)作为新二叉树树根的权。
    }
    return 符号 ai 的哈夫曼编码集合,从树根到 ai 的唯一通路上的边标记连接;
}
```

由定理 6.1 知，一棵具有 n 个叶子结点的哈夫曼树，共有 2n-1 个结点，该结点集可以存储在一个大小为 2n-1 的一维数组 ht[]中。

用 C++语言描述哈夫曼编码的算法如下：

```
#include<iostream>
#include<cstring>
using namespace std;
typedef char **Huffmancode;
typedef struct HTNode{                    //哈夫曼树的结点类型定义
  int weight;                             //权值
  int parent;                             //指向父结点的指针域
  int lchild;                             //左指针域
  int rchild;                             //右指针域
}HTNode;
class Huffmancoding{
  public:
    int ln;                               //叶子数
    void Select(HTNode *ht,int n,int &l,int &r);
    void CreateHuffmanTree(HTNode *&ht,int n);
    void CreateHuffmancode(HTNode *&ht,int n,Huffmancode &hc);
    void DispHuffmancode(Huffmancode &hc){
      for(int i=0;i<ln;i++)
```

```
        cout<<hc[i]<<endl;
    }
};
```

（1）Select( )函数求权值最小的两个根结点下标，用 C++语言描述的算法如下：

```
void Huffmancoding::Select(HTNode *ht,int n,int &l,int &r){
  int min1,min2;
  min1=min2=32767;
  l=r=-1;
  for(int k=0;k<n;k++)                    //在 ht 中查找权值最小的两个结点位置
    if(ht[k].parent==-1)                  //在尚未构造二叉树的结点中查找
      if(ht[k].weight<min1){
          min2=min1;
          r=l;
          min1=ht[k].weight;
          l=k;
      }
      else if(ht[k].weight<min2){
          min2=ht[k].weight;
          r=k;
      }
}
```

（2）CreateHuffmanTree( )函数创建哈夫曼树，用 C++语言描述的算法如下：

```
void Huffmancoding::CreateHuffmanTree(HTNode *&ht,int n){ //n 为叶子结点数
  int i,m,t;
  if(n<=1)return;                          //一个结点的哈夫曼树或叶子数不合理
  for(i=0;i<n;i++){                        //读入 n 个权值,给 parent、lchild、rchild 赋初值-1
    cin>>ht[i].weight;
    ht[i].parent=ht[i].lchild=ht[i].rchild=-1;
  }
  for(i=n;i<2*n-1;i++)                     //给 parent、lchild、rchild 赋初值-1
    ht[i].parent=ht[i].lchild=ht[i].rchild=-1;
  for(i=n;i<2*n-1;i++){                    //构造哈夫曼树
    Select(ht,i,m,t);                      //求权值最小的两个根结点,其序号为 m 和 t
    ht[m].parent=i;
    ht[t].parent=i;
    ht[i].lchild=t;
    ht[i].rchild=m;
    ht[i].weight=ht[m].weight+ht[t].weight;
  }
}
```

（3）CreateHuffmancode( )函数用来构造哈夫曼编码，用C++语言描述的算法如下：

```
void Huffmancoding::CreateHuffmancode(HTNode *&ht,int n,Huffmancode &hc){
                                        //利用 hc 存储哈夫曼编码
  int c,f,start;
  hc=new char *[n];                     //分配 n 个字符编码的头指针向量
  char *cd=new char[n];                 //分配编码的工作空间
  cd[n-1]='\0';                         //编码结束符
  for(int i=0;i<n;i++){                 //求每个字符的哈夫曼编码
    start=n-1;
    for(c=i,f=ht[i].parent;f!=-1;c=f,f=ht[f].parent)//从叶子至根逆向求编码
        if(ht[f].lchild==c)cd[--start]='0';
        else cd[--start]='1';
    hc[i]=new char[n-start];            //为第 i 个字符编码分配空间
    strcpy(hc[i],&cd[start]);           //从 cd 复制编码到 hc
  }
  delete cd;
}
```

（4）主函数设计如下：

```
int main(){
    Huffmancoding hm;
    HTNode *ht;
    Huffmancode hc;
    int n;
    cin>>n;
    hm.ln=n;
    int nn=2*n-1;
    ht=new HTNode[nn];
    hm.CreateHuffmanTree(ht,n);
    hm.CreateHuffmancode(ht,nn,hc);
    hm.DispHuffmancode(hc);
    return 0;
}
```

例 6.10　已知要编码的字符集为{a、b、c、d、e、f}，它们在电文中出现的频率集合为{6，2，4，3，7，1}，求字符集的哈夫曼编码。

【解】利用哈夫曼编码算法求出的最优二叉树如图 6.20 所示，其存储结构 ht 的状态与编码如图 6.21 所示。

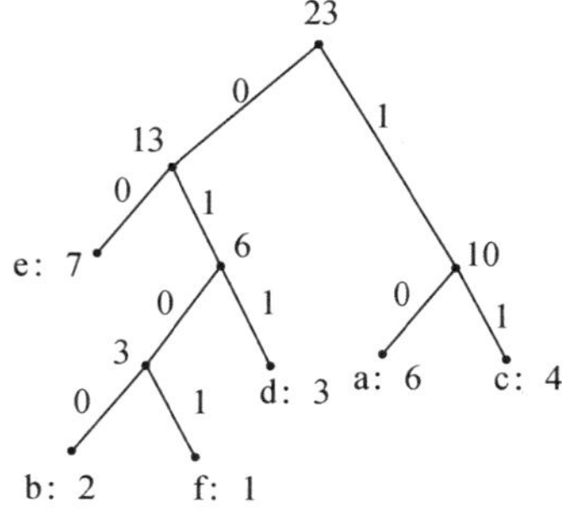

图 6.20　例 6.10 的最优二叉树

ht

	weight	parent	lchild	rchild
0	6	−1	−1	−1
1	2	−1	−1	−1
2	4	−1	−1	−1
3	3	−1	−1	−1
4	7	−1	−1	−1
5	1	−1	−1	−1
6		−1	−1	−1
7		−1	−1	−1
8		−1	−1	−1
9		−1	−1	−1
10		−1	−1	−1

（a）

ht

	weight	parent	lchild	rchild
0	6	8	−1	−1
1	2	6	−1	−1
2	4	8	−1	−1
3	3	7	−1	−1
4	7	9	−1	−1
5	1	6	−1	−1
6	3	7	1	5
7	6	9	6	3
8	10	10	0	2
9	13	10	4	7
10	23	−1	9	8

（b）

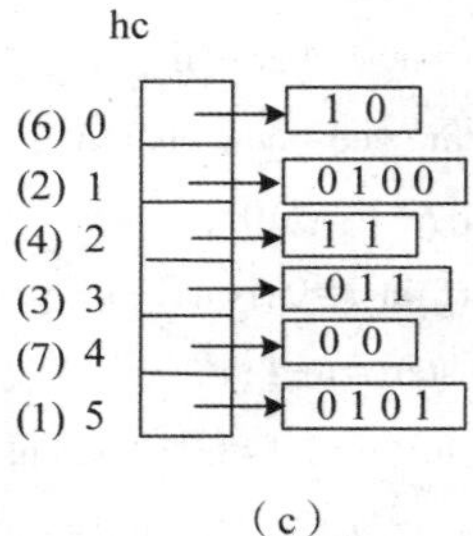

（c）

图 6.21　例 6.10 的存储结构

（a）ht 的初态；（b）ht 的终态；（c）编码 hc

字符集为{a，b，c，d，e，f}的哈夫曼编码编码集为{10，0100，11，011，00，0101}。

一、选择

1. 有关二叉树的说法正确的是(　　)。

A. 二叉树的度为 2　　B. 一棵二叉树的度可以小于 2

C. 二叉树中至少有一个结点的度为 2　　D. 二叉树中任何一个结点的度均为 2

2. 一棵二叉树的高度为 h，所有结点的度为 0 或 2，则这棵二叉树最少有(　　)个结点。

A. 2h　　B. 2h−1　　C. 2h+1　　D. h+1

3. 一棵具有 5 000 个结点的完全二叉树的最小深度是(　　)。

A. 11　　B. 12　　C. 13　　D. 14

4. 一棵完全二叉树共有 2 020 个结点，则该完全二叉树的叶子结点数为(　　)。

A. 1 009　　B. 1 010　　C. 1 011　　D. 1 012

5. 一个由 5 棵树构成的森林，树的结点数分别为 1，8，8，20，30，由它们构造二叉树，对应二叉树的左子树和右子树上的结点数分别为(　　)。

A. 1，66　　B. 0，66　　C. 10，66　　D. 11，66

6. 一棵深度为 9 的二叉树，最少和最多有(　　)个结点。

A. 9，511　　B. 9，512　　C. 256，511　　D. 256，512

7. 根据使用频率，为 5 个字符设计的哈夫曼编码不可能是(　　)。

A. 111，110，10，01，00　　B. 000，001，010，011，1

C. 100，11，10，1，0　　D. 001，000，01，11，10

8. 已知一棵四叉树中度为4的结点数等于度为3的结点数，度为2的结点数为8，且叶子结点数为44，则度为3的结点数为(　　)。

A. 6　　B. 7　　C. 8　　D. 9

9. 引入线索二叉树的目的是(　　)。

A. 加快查找结点的前驱结点或后继结点的速度

B. 方便在二叉树中进行插入和删除操作

C. 方便找到双亲结点

D. 使二叉树的遍历结果唯一

10. 第七层上有10个叶子结点的完全二叉树不可能有(　　)个结点。

A. 73　　B. 234　　C. 235　　D. 236

二、填空

1. 深度为k的完全二叉树至少有________个结点，至多有________个结点

2. 在一棵二叉树中，度为0的结点有30个，度为1的结点有40个，则二叉树总的结点数为________。

3. 设有20个权值，由它们组成一棵哈夫曼树，则该哈夫曼树共有________个结点。

4. 设一棵后序线索二叉树的高度是50，树中结点x的双亲是结点y，x是y的左孩子，y的右子树的高度是31，则确定x的后继结点最多需经________个中间结点(不含后继结点及x本身)。

5. 设森林F对应的二叉树B有m个结点，B的右子树的结点数为n，则森林F中第一棵树的结点数为________。

6. 若以{2，6，5，1，4，3}作为叶子结点的权值，构造一棵哈夫曼树，则该哈夫曼树的带权路径长度为________。

7. 已知一棵二叉树的先序序列为ABCDEFGH，中序遍历序列为CBEDFAGH，则其后序遍历序列是________。

8. 一棵具有128个结点的完全二叉树的最大深度为________，有________个叶子结点。

三、简答

1. 写出3个结点的所有树和二叉树。

2. 已知二叉树的中序遍历序列为CBEFDAHIGLKMJON，后序遍历序列为CFEDBIHLMKONJGA：

(1)写出其对应的二叉树；

(2)写出先序遍历序列；

(3)写出该二叉树对应的森林。

3. 已知二叉树的中序遍历序列为CBEFDGAIKJHMNLO，先序遍历序列为ABCDEFGHIKJLMNO：

(1)写出其对应的二叉树；

(2)写出后序遍历序列；

(3)写出该二叉树对应的森林。

4. 找出所有满足下列条件的二叉树：

(1)二叉树在先序遍历和中序遍历时，得到的结点访问序列相同；

(2)二叉树在后序遍历和中序遍历时，得到的结点访问序列相同；

(3)二叉树在先序遍历和后序遍历时，得到的结点访问序列相同。

5. 以权值集合{5，3，2，1，8，7，4}为叶子结点，构造一棵哈夫曼树，并给出每个权值对应的哈夫曼编码。

6. 已知二叉树中所有非叶子结点均有非空的左右子树：

(1)求有 n 个叶子结点的二叉树的结点数；

(2)证明：

$$\sum_{i=1}^{n} 2^{-(l_i-1)} = 1$$

其中，n 为叶子结点数，l_i 为第 i 个叶子结点所在的层次。

四、算法设计

1. 已知二叉树的存储结构如下：

```
typedef struct BiTNode{
    int data;
    BiTNode *lt;
    BiTNode *rt;
}BiTNode;
```

构造一个递归算法，满足如下条件：

(1)若根结点的值为偶数，则交换左右子树；

(2)若根结点的值为奇数，则不交换左右子树，根结点的值加 x。

2. 已知二叉树以二叉链表存储，设计一个计算二叉树高度的非递归算法。

3. 已知二叉树以二叉链表存储，设计一个算法计算二叉树中结点值等于 x 的结点的层次。

4. 已知二叉树以二叉链表存储，设计一个算法判断一棵二叉树是否对称同构。对称同构是指其左右子树的结构是对称的。

5. 已知二叉树以二叉链表存储，设计一个判断给定二叉树是否为完全二叉树的算法。

五、上机实验

1. 已知二叉树的存储结构如下：

```
typedef struct BiTNode{
    int data;
    BiTNode *lt;
    BiTNode *rt;
}BiTNode;
```

上机进行下列操作：

(1)创建一棵二叉树；

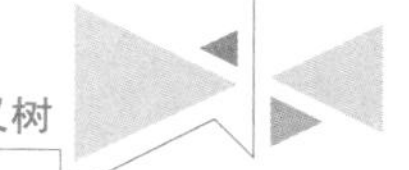

(2)中序遍历输出该二叉树;

(3)计算二叉树的度数;

(4)计算二叉树中结点值大于 x 的结点数;

(5)计算二叉树中度为 2 的结点数;

2. 已知二叉树的存储结构如下:

```
typedef struct BiTNode{
    char data;
    BiTNode  *lchild;
    BiTNode  *rchild;
}BiTNode;
```

上机进行下列操作:

(1)创建一棵二叉树;

(2)输出二叉树的所有叶子结点;

(3)输出某个结点 x 到根结点的路径;

第7章　图

图以离散对象的二元关系结构为研究对象，是一种复杂的非线性结构。在现实中的许多问题中，如电网络问题、交通网络问题、运输的优化问题、社会学中某类关系的研究，都可以用图这类数学模型进行研究和处理。在计算机科学的许多领域中，如开关理论与逻辑设计、人工智能、形式语言与自动机、操作系统、编译程序、信息检索、Petri 网和复杂网络等，图和图的理论也有很多重要的应用。

7.1　图的基本概念

7.1.1　图的定义

有序二元组 G=(V, E)是一个图，其中 V 是一个非空有限集合(或称顶点集)，V 中的数据元素被称为顶点，E 是 V 上的二元关系被称为边集。

(1)若 E 中的顶点对(或称序偶)(u, v)是无序的，则称 G 为**无向图**，称(u, v)为 G 的一条**无向边**，显然，(u, v)和(v, u)指同一条边。

(2)若 E 中的顶点对(u, v)是有序的，则称 G 为**有向图**，称(u, v)为 G 的一条**有向边或弧**，其中，u 为**弧尾或始点**，v 为**弧头或终点**。

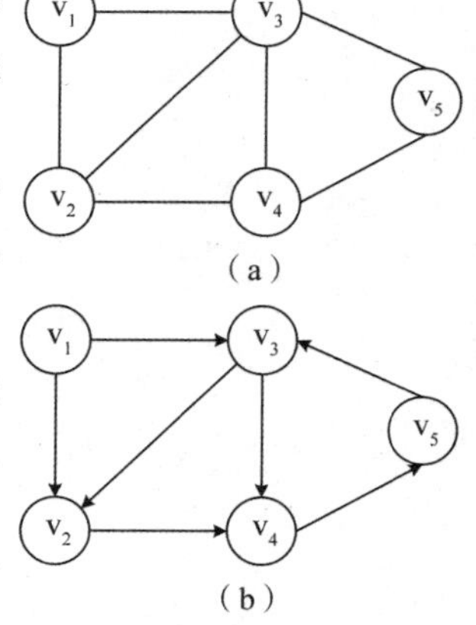

图 7.1　图

(a)无向图；(b)有向图

如图 7.1 所示，(a)是一个无向图，顶点集 $V=\{v_1, v_2, v_3, v_4, v_5\}$，边集 $E=\{(v_1, v_2), (v_1, v_3), (v_2, v_3), (v_2, v_4), (v_3, v_4), (v_4, v_5), (v_3, v_5)\}$；(b)是一个有向图，顶点集 $V=\{v_1, v_2, v_3, v_4, v_5\}$，边集 $E=\{(v_1, v_2), (v_1, v_3), (v_3, v_2), (v_2, v_4), (v_3, v_4), (v_4, v_5), (v_5, v_3)\}$。

7.1.2　图的基本术语

(1)端点、邻接点、自环和孤立点：在无向图 $G=(V, E)$ 中，若 $e=(u, v)$ 是 G 中的一条边，则 u 和 v 为边 e 的两个端点，边 e 关联 u 和 v，也称 u 邻接 v 或 v 邻接 u，u 和 v 为边 $e=(u, v)$ 的邻接点；若 $u=v$，则称 (u, v) 为 G 中的自环。对于任意的 $u\in V$，若不存在任何边关联 u，则称顶点 u 是孤立点。

(2)完全图：$G=(V, E)$ 为一个图，且 $|V|=n$，$|E|=m$。若无向图中每两个顶点间都存在一条边，或在有向图中每两个顶点间都存在方向相反的两条有向边，则称此图为完全图。显然，无向完全图包含 $\frac{n(n-1)}{2}$ 条边，有向完全图包含 $n(n-1)$ 条边。一个有 n 个顶点的完全图在同构的意义下是唯一的，记为 K_n。

(3)稀疏图和稠密图：边数很少的图($m<n\log n$)称为稀疏图，反之称为稠密图。稀疏图和稠密图是相对的概念。

(4)顶点的度、出度和入度：在无向图 $G=(V, E)$ 中，对于每一个 $v\in V$，称关联顶点 v 的边数为顶点 v 的度数，记为 $d(v)$。在有向图 $G=(V, E)$ 中，对于每一个 $v\in V$，称以 v 为起始点的边的条数为 v 的出度，记为 $d_{出}(v)$；以 v 为终点的边的条数为 v 的入度，记为 $d_{入}(v)$。在无向图中，顶点的度数之和与边数有如下关系：

$$\sum_{v\in V} d(v)=2|E|$$

在有向图中，顶点的度数之和与边数有如下关系：

$$\sum_{v\in V} d_{出}(v)=\sum_{v\in V} d_{入}(v)=|E|$$

(5)子图、真子图和生成子图：$G=(V, E)$ 与 $H=(V', E')$ 是两个图。若 $V'\subseteq V$ 且 $E'\subseteq E$，则称 H 是 G 的子图。若 $V'\subset V$ 或 $E'\subset E$，则称 H 是 G 的真子图。若 H 是 G 的子图且 $V'=V$，则称 H 是 G 的生成子图。如图 7.2 所示，图 7.2(b)(c)(d)是图 7.2(a)的子图，也是真子图；图 7.2(d)是图 7.2(a)的生成子图。

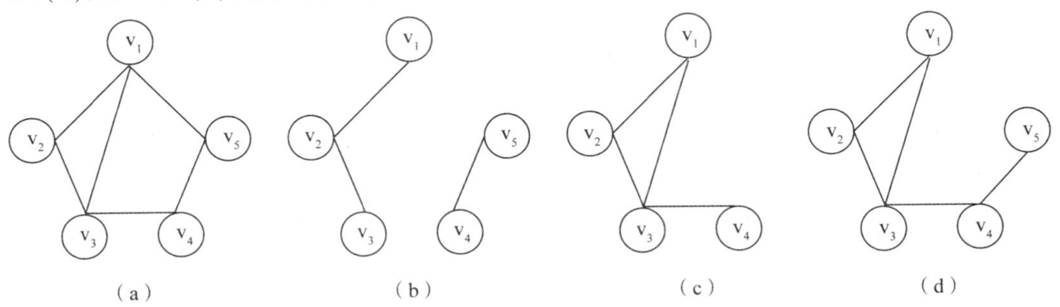

图 7.2　子图、真子图和生成子图

(6)路径、路径长度、简单路径和初等路径：设 $G=(V, E)$ 是一个无向图，顶点序列 $(v_{i_1}, v_{i_2}, v_{i_j}, \cdots, v_{i_s})$ 称图 $G=(V, E)$ 中的一条路径，$v_{i_j}\in V$(其中 $1\leqslant j\leqslant s$)，且 $(v_{i_j}, v_{i_{j+1}})\in E$(其中 $1\leqslant j\leqslant s-1$)。一条通路经过的边的条数为这条通路的路径长度。若一条路径的每条边都不重复出现，则称其为简单路径；若它的每个顶点都不重复出现，则称其为初等路径。

(7)回路、简单回路和初等回路：设(v_{i_1}，v_{i_2}，…，v_{i_s})是G=(V，E)中的一条路径，若$v_{i_1}=v_{i_s}$，则称这条路径为G中的一条回路；若一个回路中边不重复出现，则称其为简单回路；若顶点不重复出现，则称其为初等回路。

(8)连通、连通图和连通分量：G=(V，E)是一个无向图，若G中的两个顶点u和v之间有路径存在，则称顶点u和v连通。若G中任意两个不同的顶点之间都有路径存在，则称G为连通图，否则称G为不连通图。无向图G的极大连通子图称为G的连通分量。图7.2(a)是一个连通图，图7.3(a)是一个非连通图，图7.3(b)是图7.3(a)的3个连通分量。

(9)连通、强连通图和强连通分量：G=(V，E)是一个有向图，若G中的两个顶点u和v之间有路径存在，则称顶点u和v连通。若在每对顶点u和v之间都存在一条从u到v的路径，也存在一条从v到u的路径，则称此图为强连通图。有向图G的极大强连通子图被称为G的强连通分量。图7.3(c)不是强连通图，图7.3(d)是图7.3(c)的4个强连通分量。

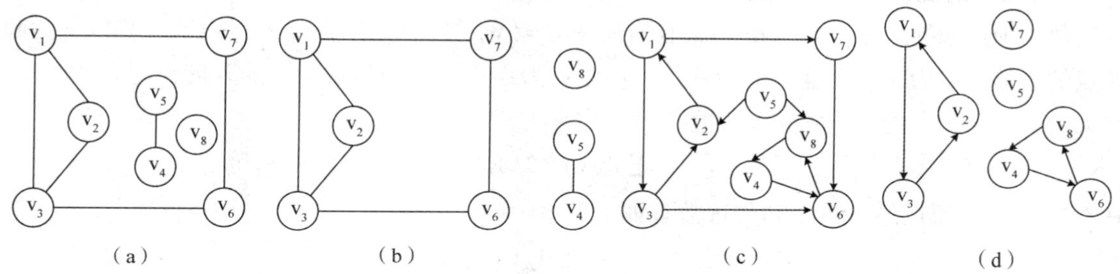

图7.3　图与连通分量

(a)无向图；(b)无向图的3个连通分量；(c)有向图；(d)有向图的4个连通分量

(10)权和网：在某些图中，边或弧上与它相关的数据信息被称为权。在实际应用中，权值可以有某种含义。例如，在城市交通线路的图中，边上的权值可以表示该线路的长度或交通费用等。边上带权的图被称为带权图或网。

(11)生成树：包含G的n个顶点的极小连通子图被称为图G的生成树。一棵具有n个顶点的生成树有且仅有n-1条边。

例7.1　图G=(V，E)是一个非连通无向图，共有36条边，求该图的最少顶点数。

【解】根据图的定义，相同的边数完全图的顶点数最小，由于G是一个非连通图，满足要求的图应该是由一个孤立点和一个完全图构成的非连通图。设完全子图的顶点数为m，根据完全图的定义知，$\frac{m(m-1)}{2}=36$，则m=9，该图最少有10个顶点。

7.1.3　图的抽象数据类型定义

图的抽象数据类型定义如下：

```
ADT Graph{
数据对象:
    D=V={a_i | a_i ∈ Elemtype, i=1,2,…,n}
数据关系:
    R=E={(a_i,a_j) | i,j ∈ {1,2,…,n}, a_i,a_j ∈ D}
    //每个元素 a_i 可以没有前驱结点和后继结点,也可以有多个前驱结点和后继结点
基本操作:
    InitGraph(&g,V,E):初始化创建一个图
    DestroyGraph(&g):销毁图,释放图占用的存储空间
    LocateVex(g,v):查找顶点 v 在图中的位置
    InsertVex(&g,v):在图中插入一个顶点 v
    DeleteVex(&g,v):在图中删除一个顶点 v
    InsertArc(&g,u,v):在图中增加一条边(u,v)
    DeleteArc(&g,u,v):在图中删除一条边(u,v)
    Degree(g,v):计算顶点 v 的度数
    DFSTraverse(g,v):从顶点 v 出发对图进行深度优先遍历
    BFSTraverse(g,v):从顶点 v 出发对图进行广度优先遍历
}ADT Graph
```

7.2　图的存储结构

图的存储结构包括顶点信息的存储和边(各个顶点间的关系)信息的存储。常用的图的存储结构有邻接矩阵存储、邻接表存储和十字链表存储。

7.2.1　邻接矩阵存储

设 $G=(V,E)$是一个图，$|V|=n$，$V=\{v_1, v_2, \cdots, v_n\}$，则称 n 阶矩阵 $A(G)=(\alpha_{ij})_{n\times n}$ 为图 G 的邻接矩阵表示，简称 A。

(1)若 G 是一个无权图，则

$$\alpha_{ij}=\begin{cases}1 & i\neq j \text{ 且 } \{v_i, v_j\}\in E\\ 0 & \text{其他}\end{cases}$$

(2)若 G 是一个带权图，则

$$\alpha_{ij}=\begin{cases}w_{ij} & i\neq j \text{ 且 } \{v_i, v_j\}\in E\\ 0 & i=j\\ \infty & \text{其他}\end{cases}$$

例如，图 7.4 中 3 种类型的图对应的邻接矩阵 A_1、A_2 和 A_3 分别为

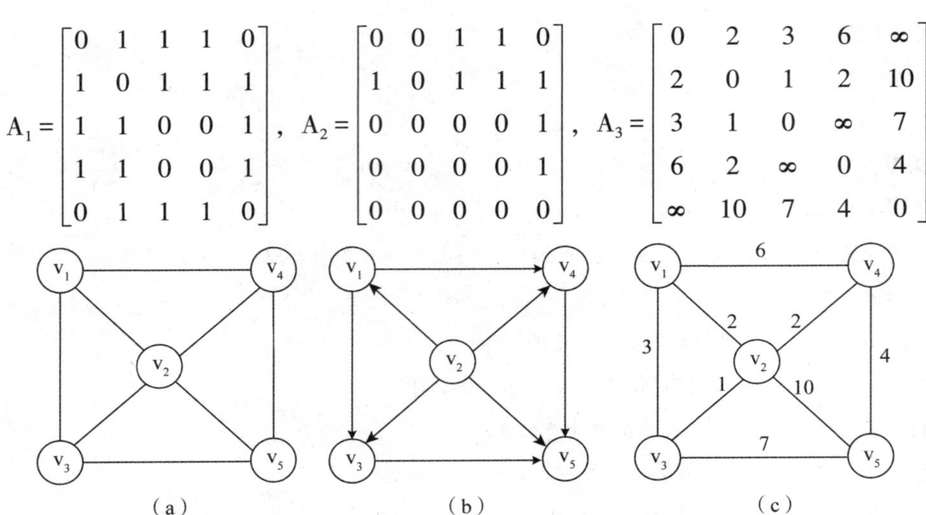

$$A_1=\begin{bmatrix}0&1&1&1&0\\1&0&1&1&1\\1&1&0&0&1\\1&1&0&0&1\\0&1&1&1&0\end{bmatrix},\ A_2=\begin{bmatrix}0&0&1&1&0\\1&0&1&1&1\\0&0&0&0&1\\0&0&0&0&1\\0&0&0&0&0\end{bmatrix},\ A_3=\begin{bmatrix}0&2&3&6&\infty\\2&0&1&2&10\\3&1&0&\infty&7\\6&2&\infty&0&4\\\infty&10&7&4&0\end{bmatrix}$$

图 7.4　3 种不同类型的图

(a)无向图 G_1；(b)有向图 G_2；(c)带权无向图 G_3

图的邻接矩阵存储结构具有如下特点：

(1)无向图的邻接矩阵是对称矩阵，实际存储时可以采用压缩矩阵；

(2)有向图的邻接矩阵不一定对称，采用邻接矩阵存储具有 n 个顶点的有向图时，其存储结构的空间复杂度为 $O(n^2)$；

(3)无向图邻接矩阵的第 i 行(或第 i 列)中非 0 元素的数量是顶点 i 的度；

(4)有向图邻接矩阵的第 i 行中非 0 元素的数量是顶点 i 的出度，第 i 列中非 0 元素的数量是顶点 i 的入度；

(5)利用邻接矩阵可以较容易地确定图中两个顶点之间是否有边，但在确定图的总边数时，要按行或按列进行查询，耗费的时间代价较大。而且，用数组表示邻接矩阵时，静态数组不便于图的插入和删除。

邻接矩阵表示的类定义如下：

```
#define MaxVex 20                                    //预设最大顶点数
const int MAXINT=0xfffffff;                          //最大整数,表示无穷大
typedef struct{
  VRType adj;  //VRType 为顶点关系类型,无权图的值为 0 或 1,表示相邻与否;带权图为其权值
  InfoType *info;                                    //弧相关信息指针
}ArcBox;
typedef struct{
  VElemType vexs[MaxVex];                            //VElemType 为顶点信息类型
  ArcBox arcs[MaxVex][MaxVex];                       //邻接矩阵,即边表
  int vexnum;                                        //顶点数
  int arcnum;                                        //边数
```

```
    int kind;                                             //邻接矩阵存储的图的种类
}MGraph;
class Graph{
    private:
        MGraph mg;
    public:
        void CreateGraph();                               //创建图
        int LocateVex(VEelemType x);                      //定位
        void CreateDG();                                  //构造有向图
        void CreateUDG();                                 //构造无向图
        void CreateDN();                                  //构造有向网
        void CreateUDN();                                 //构造无向网
        int DegreeGraph(VElemType x);                     //计算顶点的度数
        void ShortPath_DIJ(VElemType v);                  //求最短路径
        void Dispath(int dist[],int path[],int s[],VElemType x);   //输出最短路径
        void Floyd();                                     //利用 Floyd 算法求最短路径
        void Dispath(int dist[MaxVex][MaxVex],int path[MaxVex][MaxVex]); //输出最短路径
};
```

(1)CreateGraph()函数用来创建图，用 C++语言描述的算法如下：

```
void Graph::CreateGraph(){
    cout<<"输入图的种类:1:有向图 2:无向图 3:有向网 4:无向网";
    cin>>mg.kind;
    switch(mg.kind){
        case 1:CreateDG();break;                          //构造有向图
        case 2:CreateUDG();break;                         //构造无向图
        case 3:CreateDN();break;                          //构造有向网
        case 4:CreateUDN();                               //构造无向网
    }
}
```

(2)LocateVex()函数查找顶点信息在顶点数组中的下标，用 C++语言描述的算法如下：

```
int Graph::LocateVex(VEelemType x){
    for(int i=0;i<mg.vexnum;i++)
        if(x==mg.vexs[i])return i;
    return -1;
}
```

(3)CreateDG()函数创建有向图，CreateUDG()函数创建无向图，用 C++语言描述的算法如下：

```
void Graph::CreateDG(){
```

```
    int i,j,h,t;
    VElemType u,v;
    int flag;                                //0 表示没有弧信息,1 表示有弧信息
    cin>>mg.vexnum>>mg.arcnum>>flag;
    for(i=0;i<mg.vexnum;i++)
        cin>>mg.vexs[i];                     //构造顶点信息
    for(i=0;i<mg.vexnum;i++)
        for(j=0;j<mg.vexnum;j++){
            mg.arcs[i][j].adj=0;             //邻接矩阵初始化为 0
            mg.arcs[i][j].info=NULL;         //弧相关信息初始化为 NULL
        }
    for(i=0;i<mg.arcnum;i++){                //构造邻接矩阵
        cin>>u>>v;
        h=LocateVex(u);
        t=LocateVex(v);
        if(flag) cin>>mg.arcs[h][t].info;    //若弧有相关信息,则输入该信息
        mg.arcs[h][t].adj=1;                 //1 表示顶点相邻
        //mg.arcs[t][h].adj=1;               //无向图增加该赋值
    }
}
```

(4)CreateDN()函数创建有向网，CreateUDN()创建无向网，用 C++语言描述的算法如下：

```
void Graph::CreateDN(){
    int i,j,h,t;
    VElemType u,v;
    int flag;                                //0 表示没有弧信息,1 表示有弧信息
    cin>>mg.vexnum>>mg.arcnum>>flag;
    for(i=0;i<mg.vexnum;i++)
        cin>>mg.vexs[i];                     //构造顶点信息
    for(i=0;i<mg.vexnum;i++)
        for(j=0;j<mg.vexnum;j++){
            if(i==j) mg.arcs[i][j].adj=0;
            else mg.arcs[i][j].adj=MAXINT;   //邻接矩阵初始化为 MAXINT
            mg.arcs[i][j].info=NULL;         //弧相关信息初始化为 NULL
        }
    for(i=0;i<mg.arcnum;i++){
        cin>>u>>v>>w;
        h=LocateVex(u);
```

```
        t=LocateVex(v);
        if(flag)cin>>mg.arcs[h][t].info;          //若弧有相关信息,则输入该信息
        mg.arcs[h][t].adj=w;
        //mg.arcs[t][h].adj=w;                    //无向网增加该赋值
    }
}
```

(5)DegreeGraph()函数计算顶点的度数：无向图的度数是邻接矩阵的第 i 行(或第 i 列)中非 0 元素的数量；有向图的出度是邻接矩阵的第 i 行中非 0 元素的数量，入度是第 i 列中非 0 元素的数量。本算法以有向图为例。

```
int Graph::DegreeGraph(VElemType x){
    int h=LocateVex(x);
    int count=0;
    for(int i=0;i<mg.vexnum;i++)
        if(mg.arcs[h][i].adj&&mg.arcs[h][i].adj!=MAXINT)
            count++;          //计算 x 的出度,注意条件 mg.arcs[h][i].adj!=MAXINT 仅当带权图才需要
        if(mg.arcs[i][h].adj&&mg.arcs[i][h].adj!=MAXINT)
            count++;          //计算 x 的入度,注意此两个 if 语句的实现时仅选择其中一个
    return count;
}
```

7.2.2　邻接表存储

邻接表是图的一种链式存储结构。邻接表在存储顶点信息的基础上，只存储图中相邻顶点之间的边(或弧)信息，而不存储不相邻顶点间的任何边(或弧)信息。图中每个顶点要建立一个单链表，第 i 个单链表中的结点存储依附于顶点 v_i 的边(或弧)，该结点被称为边(弧)结点。每个单链表附设一个表头结点用来存储顶点相关信息，所有的表头结点构成顶点数组表。因此，图的邻接表存储由顶点数组表和边(或弧)表构成。表头结点和边(弧)结点的结构如图 7.5 所示。

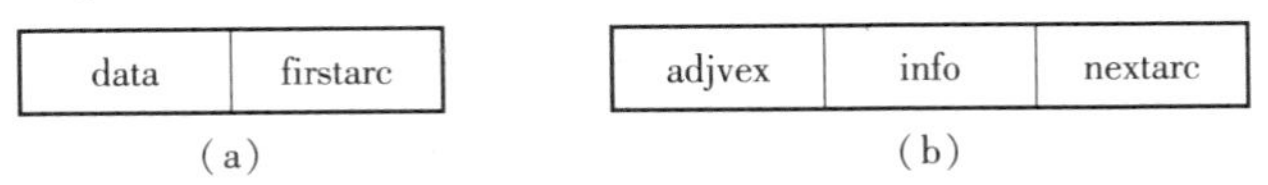

图 7.5　表头结点和边结点的结构

(a)表头结点；(b)边结点

表头结点由两个域组成，data 域用来存储顶点 v_i 的名称和其他相关信息，firstarc 域用来存储对应顶点 v_i 的链表中第一个边结点的地址。边结点由 3 个域组成，adjvex 域用来存储与顶点 v_i 相邻接的顶点在顶点数组表中的下标，nextarc 域用来存储与顶点 v_i 相邻接的下一个边结点的地址，info 域用来存储与边相关的信息，如权值等。如果没有 info 信息，可省略该数据项。

图的邻接表存储结构如图 7.6 所示。

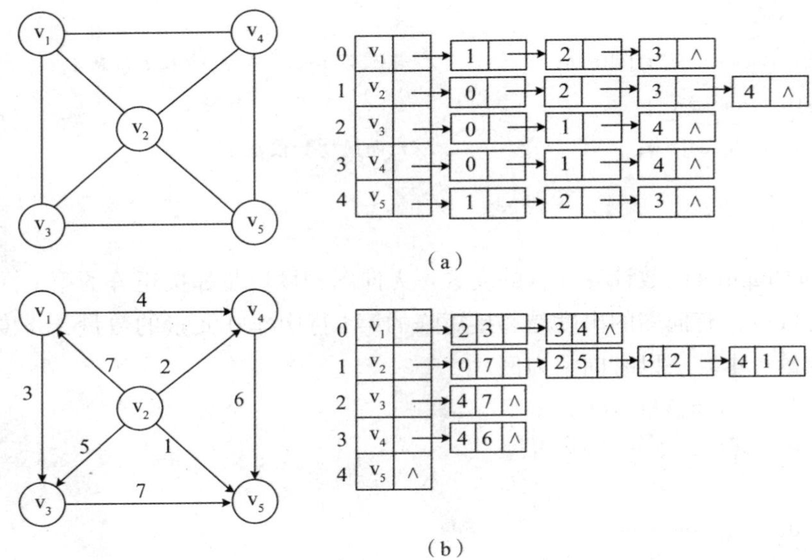

图 7.6　图的邻接表存储结构
(a)无向图；(b)有向图

根据邻接表的定义可知，对于有 n 个顶点和 e 条边的无向图，其邻接表有 n 个表头结点和 2e 个边结点；对于有 n 个顶点和 e 条边的有向图，其邻接表有 n 个表头结点和 e 个边结点。

在无向图的邻接表中顶点 v_i 的度为第 i 个单链表中的结点数，而在有向图中第 i 个单链表中的结点数是顶点 v_i 的出度。为求顶点 v_i 的入度，必须遍历整个邻接表。为了确定顶点的入度，可以建立有向图的逆邻接表(只有有向图才有逆邻接表)，即为每个顶点 v_i 建立一个所有以顶点 v_i 为弧头的边链表，求顶点 v_i 的入度即计算逆邻接表中第 i 个顶点的边链表中的结点数。逆邻接表存储结构如图 7.7 所示。

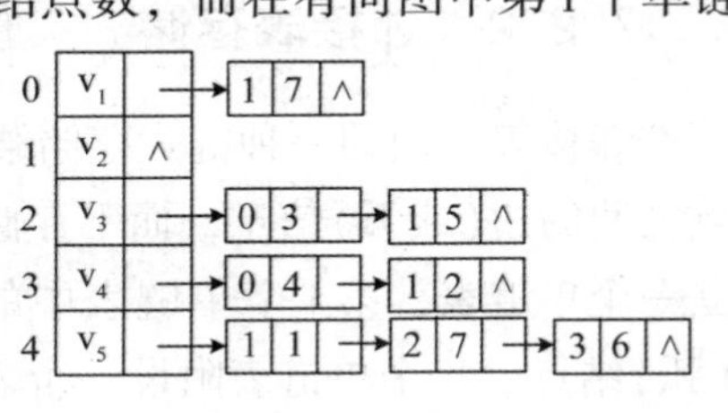

图 7.7　有向图的逆邻接表存储结构

图的邻接表存储结构的类定义如下：

```
#define MaxVex 20                                   //自定义最大顶点数
typedef enum{DG,UDG,DN,UDN}GraphKind;               //{有向图,无向图,有向网,无向网}
typedef struct{                                     //边的定义,主要用于求最小生成树
  VElemType tail;
  VElemType head;
  int cost;
}Edge;
typedef struct ArcNode{                             //定义边结点
  int adjvex;                                       //终点(或弧尾)在数组表中的下标
  int info;                                         //该边(弧)相关信息(权值)
  ArcNode  *nextarc;                                //存储下一条边(或弧)结点的地址
```

```
} ArcNode;
typedef struct{                                    //定义表头结点
    VElemType data;                                //VElemType 为顶点信息类型
    ArcNode *firstarc;                             //存储第一条依附该顶点的边(或弧)结点地址
} VNode;
typedef struct{
    VNode vertices[MaxVex];
    int vexnum;
    int arcnum;
    GraphKind kind;
} AdjLGraph;
class ALGraph{
    private:
        AdjLGraph ag;
    public:
        void CreateGraph(int n,int m);                          //创建无向图
        int LocateVex(VElemType u);                             //定位
        int Degree(VElemType u);                                //计算顶点 u 的度数
        void InsertArcGraph(VElemType u,VElemType v,int info);//插入一条边
        void BFS(VElemType v);                                  //以 v 为初始点的连通分量的广度优先搜索
        void DFS(VElemType v);                                  //以 v 为初始点的连通分量的深度优先搜索
        void BFSTraverse();                                     //图的广度优先搜索
        void DFSTraverse();                                     //图的深度优先搜索
        int Connected();                                        //计算连通分量的数量
        Edge *Kruskal();                                        //Kruskal 算法求最小生成树
        Edge *Prim(VElemType u);                                //Prim 算法求最小生成树
        int TopSort();                                          //拓扑排序
        int CriticalPath();                                     //求关键路径
        AdjLGraph GetAg(){return ag;}                           //返回私有成员
};
```

(1)CreateGraph()函数构造一个有 n 个顶点、m 条边的图，用 C++语言描述无向图的创建算法如下：

```
void ALGraph::CreateGraph(int n,int m){
    ag.vexnum=n;
    ag.arcnum=m;
    ag.kind=UDN;
    int i,j,w,h,t;
    VElemType u,v;
    ArcNode *p;
    for(i=0;i<n;i++){                          //初始化顶点数组表
```

```
        cin>>ag.vertices[i].data;
        ag.vertices[i].firstarc=NULL;
    }
    for(j=0;j<m;j++){                    //建立边集
        cin>>u>>v>>w;                    //输入一条弧<u,v,w>
        h=LocateVex(u);
        t=LocateVex(v);
        p=new ArcNode;                   //存储无向边(u,v)
        p->adjvex=t;
        p->info=w;
        p->nextarc=ag.vertices[h].firstarc;
        ag.vertices[h].firstarc=p;
        p=new ArcNode;                   //存储无向边(v,u)
        p->adjvex=h;
        p->info=w;
        p->nextarc=ag.vertices[t].firstarc;
        ag.vertices[t].firstarc=p;
    }
}
```

（2）LocateVex( )函数查找顶点信息在顶点数组中的下标，用 C++语言描述的算法如下：

```
int ALGraph::LocateVex(VEelemType u){
  for(int i=0;i<ag.vexnum;i++)
    if(u==ag.vertices[i].data)return i;
  return -1;
}
```

（3）Degree( )函数计算顶点的度数，以无向网为例的算法如下：

```
int ALGraph::Degree(VElemType u){
  int h=LocateVex(u);                    //结点 u 的下标
  int count=0;
  ArcNode *p=ag.vertices[h].firstarc;    //p 指向第 h 条链表的第一个结点
  while(p){
    count++;
    p=p->nextarc;
  }
  return count;
}
```

（4）InsertArcGraph( )函数在图中插入边（u，v，info），先判断顶点 u 和 v 是否在图中，如果不在图中，则在顶点数组表中插入顶点，在边链表中插入边结点；如果顶点 u 和 v 在图中，则直接在边链表中插入边结点。

```
void ALGraph::InsertArcGraph(VElemType u,VElemType v,int info){
```

```
    int h=LocateVex(u),t=LocateVex(v);
    ArcNode  *p;
    if(h==-1){                          //在顶点数组表中插入顶点 u
      ag.vertices[ag.vexnum].data=u;
      ag.vertices[ag.vexnum].firstarc=NULL;
      h=ag.vexnum;
      ag.vexnum++;
    }
    if(t==-1){                          //在顶点数组表中插入顶点 v
      ag.vertices[ag.vexnum].data=v;
      ag.vertices[ag.vexnum].firstarc=NULL;
      t=ag.vexnum;
      ag.vexnum++;
    }
    p=new ArcNode;                      //存储无向边(u,v)
    p->adjvex=t;
    p->info=info;
    p->nextarc=ag.vertices[h].firstarc;
    ag.vertices[h].firstarc=p;
    p=new ArcNode;                      //存储无向边(v,u)
    p->adjvex=h;
    p->info=info;
    p->nextarc=ag.vertices[t].firstarc;
    ag.vertices[t].firstarc=p;
    ag.arcnum++;
}
```

7.2.3 十字链表存储

十字链表是有向图的另一种链式存储结构，可以看成是将有向图的邻接表和逆邻接表结合起来的链表。在十字链表中，有向图的每条弧有一个结点，每个顶点也有一个结点。十字链表存储的结构如图 7.8 所示。

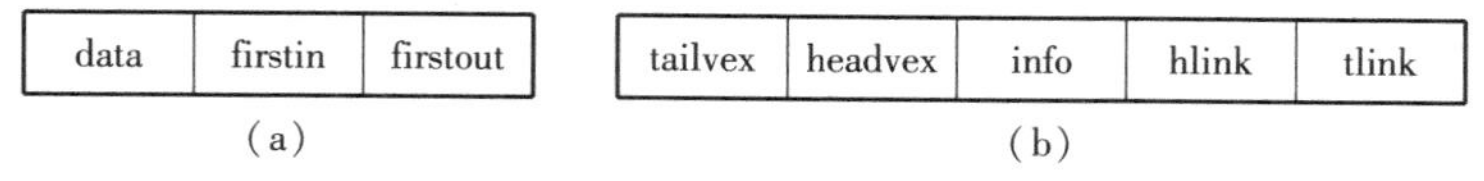

图 7.8 十字链表存储的结构

(a)顶点结点；(b)弧结点

顶点结点由 3 个域构成，其中，data 域存储与顶点相关的信息；firstin 链域指向以该顶点为弧头的第一个弧结点；firstout 链域指向以该顶点为弧尾的第一个弧结点。

弧结点由 5 个域构成，其中，tailvex 域是尾域，即弧尾在顶点数组表中的下标；headvex 域是头域，即弧头在顶点数组表中的下标；hlink 链域指向弧头相同的下一个弧结点；tlink

链域指向弧尾相同的下一个弧结点；info 域存储该弧的相关信息，如权值。

带权图的十字链表存储结构如图 7.9 所示。

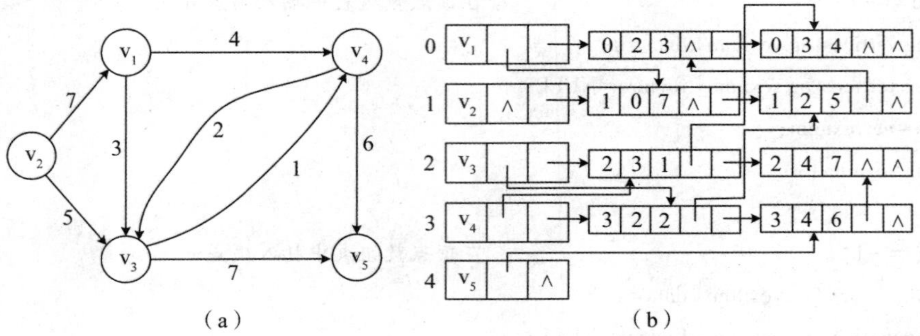

图 7.9　带权图的十字链表存储

(a)带权图；(b)十字链表存储

有向图的十字链表存储的类定义如下：

```
#define MaxVex 20                          //自定义最大顶点数
typedef struct ArcNode{                    //定义弧结点
   int tailvex;                            //弧尾在数组表中的下标
   int headvex;                            //弧头在数组表中的下标
   int info;                               //弧的相关信息(权值)
   ArcNode  *hlink;                        //指向弧头相同的下一个弧结点
   ArcNode  *tlink;                        //指向弧尾相同的下一个弧结点
}ArcNode;
typedef struct{                            //定义表头结点
   VElemType data;                         //VElemType 为顶点信息类型
   ArcNode  *firstin;                      //指向以该顶点为弧头的第一个弧结点
   ArcNode  *firstout;                     //指向以该顶点为弧尾的第一个弧结点
}VNode;
typedef struct{
   VNode xlist[MaxVex];
   int vexnum;
   int arcnum;
} XGraph;
class OLGraph{
   private:
       XGraph og;
   public:
       void CreateGraph(int n,int m);      //创建图
       int LocateVex(VElemType u);         //定位
```

```
    int InDegree(VElemType u);            //计算顶点u的入度
    int OutDegree(VElemType u);           //计算顶点u的出度
    void InsertArcGraph(VElemType u,VElemType v,int info);//插入一条弧
    void BFS(VElemType v);                //以v为初始点的连通分量的广度优先搜索
    void DFS(VElemType v);                //以v为初始点的连通分量的深度优先搜索
    void BFSTraverse();                   //图的广度优先搜索
    void DFSTraverse();                   //图的深度优先搜索
};
```

用C++语言描述图的创建算法如下，其他算法参照邻接表存储方法。

```
void OLGraph::CreateGraph(int n,int m){
  og.vexnum=n;
  og.arcnum=m;
  int i,h,t,info;
  VElemType u,v;
  ArcNode *p;
  for(i=0;i<n;i++){                       //初始化顶点数组表
    cin>>og.xlist[i].data;
    og.xlist[i].firstin=og.xlist[i].firstout=NULL;
  }
  for(i=0;i<m;i++){                       //创建弧信息
    cin>>u>>v>>info;
    t=LocateVex(u);
    h=LocateVex(v);
    if(t==-1){                            //在顶点数组表中插入顶点u
      og.xlist[og.vexnum].data=u;
      og.xlist[ag.vexnum].firstin=og.xlist[ag.vexnum].firstout=NULL;
      t=og.vexnum;
      og.vexnum++;
    }
    if(h==-1){                            //在顶点数组表中插入顶点v
      og.xlist[og.vexnum].data=v;
      og.xlist[og.vexnum].firstin=og.xlist[ag.vexnum].firstout=NULL;
      h=og.vexnum;
      og.vexnum++;
    }
    p=new ArcNode;                        //存储弧(u,v)
    p->tailvex=t;
    p->headvex=h;
```

```
        p->info=info;
        p->tlink=og.xlist[t].firstout;
        p->hlink=og.xlist[h].firstin;
        og.xlist[h].firstin=og.xlist[t].firstout=p;
    }
}
```

7.3 图的遍历

图的遍历是指从图中任意一个给定的顶点出发，按照某种搜索方法沿着图中的边访遍图中所有顶点，且每个顶点仅被访问一次的过程。图的遍历算法是求解图的连通性问题、拓扑排序和关键路径等算法的基础。通过遍历可以找出某个顶点所在的极大连通子图，也可以消除图中的所有回路。

与树的遍历相比，图的遍历更复杂。树中任意两个顶点之间的路径是唯一的，而从图的初始顶点到达图中的某个顶点可能存在多条路径，即图中可能存在回路。因此，当沿着图中的一条路径访问过某个顶点后，可能还会沿着另一条路径回到该顶点。为了避免一个顶点被重复访问，在图的遍历过程中，必须对被访问过的顶点进行标记。设置一个访问标志数组 visited[]，当顶点 v_i 被访问过，数组元素 visited[i] 置为 1，否则置为 0。

图有**深度优先搜索**(Depth First Search，DFS)和**广度优先搜索**(Breadth First Search，BFS)两种常见的遍历方法。

7.3.1 深度优先搜索

图的深度优先搜索是树的先序遍历的推广，是一个不断探查和回溯的过程，其具体过程为：从图中某顶点 v 出发，先访问顶点 v，然后从 v 未被访问过的邻接点中选择一个顶点出发，对图进行深度优先遍历。若从图中某个顶点出发的所有邻接点都已被访问过，则退回前一个结点继续上述过程；若退回初始点，则以 v 为初始点的搜索结束。

以上为连通图的搜索算法，非连通图还需要判断是否有未被访问的顶点，若图中有未被访问的顶点，则重新选择图中一个未被访问的顶点作为初始点，重复上述过程，直到图中所有顶点均被访问为止。

若无向图是连通图，则一次遍历就能访问到图中的所有顶点；若无向图是非连通图，则只能访问到初始点所在连通分量中的所有顶点，还需要从其他连通分量中选择初始点，分别进行遍历才能访问到图中的所有顶点。对于有向图来说，若从初始点到图中的每个顶点都有路径，则一次遍历能够访问到图中的所有顶点；否则，同样需要再选择初始点继续进行遍历，直到图中所有顶点均被访问为止。

由于图是一种多对多的网状结构，因此深度优先搜索序列可能不唯一。例如，顶点序列 $v_1v_2v_4v_8v_5v_6v_3v_7$ 和 $v_1v_3v_6v_8v_7v_5v_2v_4$ 均为图 7.10(a) 中无向图的深度优先搜索序列。

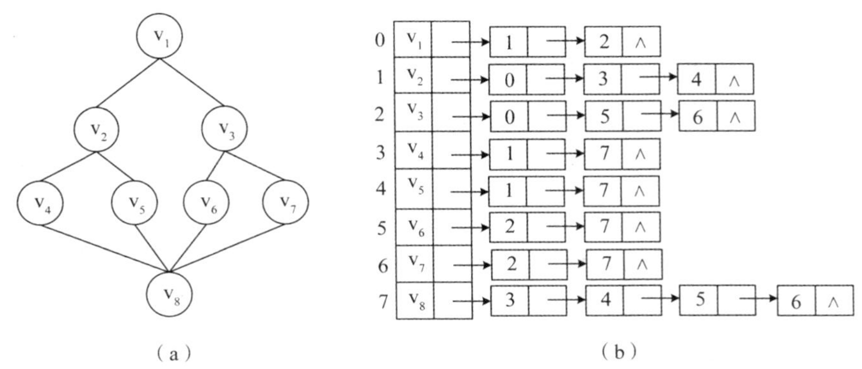

图 7.10 无向图及其邻接表存储

(a)无向图；(b)无向图的邻接表存储

以 v 为初始点的连通分量的深度优先搜索算法如下：

```
int visited[MaxVex];                        //访问标志数组,初始时所有元素值为0
void ALGraph::DFS(VElemType v){
  ArcNode *p;
  int h=LocateVex(v);
  cout<<v;                                  //访问该顶点
  visited[h]=1;                             //置访问标记为1
  for(p=ag.vertices[h].firstarc;p;p=p->nextarc)
      if(visited[p->adjvex]==0)             //p->adjvex 顶点未被访问,递归访问其邻接点
        DFS(ag.vertices[p->adjvex].data);
}
```

图的深度优先搜索算法如下：

```
void ALGraph::DFSTraverse(){                //对图进行深度优先搜索
  int i;
  for(i=0;i<ag.vexnum;i++)
      visited[i]=0;                         //访问标志初始化
  for(i=0;i<ag.vexnum;i++)
    if(!visited[i])                         //对尚未被访问的顶点调用 DFS
        DFS(ag.vertices[i].data);
}
```

分析上述算法可知，图中的每个顶点至多调用一次 DFS()函数，运算时间主要消耗在 for 循环中。for 循环的主要工作是查找每个顶点的邻接点。设图中有 n 个顶点、e 条边，若用邻接表存储图，沿某个顶点 v 的单链表可以依次找到该顶点的所有邻接顶点。图中共有 2e 个边结点，扫描所有边结点的时间复杂度为 O(e)。由于每个顶点仅被访问一次，因此遍历图的时间复杂度为 O(n+e)。若用邻接矩阵存储图，则查找每个顶点的邻接点的时间复杂

度为 $O(n^2)$。

如图 7.10 所示的邻接表存储结构的深度优先搜索算法执行过程如下(以 v_1 为初始点):

(1)DFS(v_1): 访问顶点 v_1, 查找顶点 v_1 的相邻顶点 v_2, v_2 未被访问过;

(2)DFS(v_2): 访问顶点 v_2, 查找顶点 v_2 的相邻顶点 v_1, v_1 已被访问过, 查找下一个相邻顶点 v_4;

(3)DFS(v_4): 访问顶点 v_4, 查找顶点 v_4 的相邻顶点 v_2, v_2 已被访问过, 查找下一个相邻顶点 v_8, v_8 未被访问过;

(4)DFS(v_8): 访问顶点 v_8, 查找顶点 v_8 的相邻顶点 v_4, v_4 已被访问过, 查找下一个相邻顶点 v_5, v_5 未被访问过;

(5)DFS(v_5): 访问顶点 v_5, 查找顶点 v_5 的相邻顶点, 所有相邻的邻接点均被访问过, 退出 DFS(v_5);

(6)继续 DFS(v_8): 查找顶点 v_8 的下一个相邻顶点 v_6, v_6 未被访问过;

(7)DFS(v_6): 访问顶点 v_6, 查找顶点 v_6 的相邻顶点 v_3, v_3 未被访问过;

(8)DFS(v_3): 访问顶点 v_3, 查找顶点 v_3 的相邻顶点 v_1 和 v_6, v_1 和 v_6 已被访问过, 查找下一个相邻顶点 v_7, v_7 未被访问过;

(9)DFS(v_7): 访问顶点 v_7, 顶点 v_7 的所有后继相邻顶点均已被访问, 退出 DFS(v_7);

(10)继续 DFS(v_3): 顶点 v_3 的所有后继相邻顶点均已被访问, 退出 DFS(v_3);

(11)继续 DFS(v_6): 顶点 v_6 的所有后继相邻顶点均已被访问, 退出 DFS(v_6);

(12)继续 DFS(v_8): 顶点 v_8 的所有后继相邻顶点均已被访问, 退出 DFS(v_8);

(13)继续 DFS(v_4): 顶点 v_4 的所有后继相邻顶点均已被访问, 退出 DFS(v_4);

(14)继续 DFS(v_2): 顶点 v_2 的所有后继相邻顶点均已被访问, 退出 DFS(v_2);

(15)继续 DFS(v_1): 顶点 v_1 的所有后继相邻顶点均已被访问, 退出 DFS(v_1);

(16)结束。

综上所述, 从顶点 v_1 出发的深度优先搜索序列为 $v_1v_2v_4v_8v_5v_6v_3v_7$。

7.3.2　广度优先搜索

广度优先搜索与树的层次遍历方法类似, 其搜索过程为: 访问初始顶点 v, 再访问与 v 相邻的所有未被访问的邻接点 w_1, w_2, …, w_k, 并依次从这些邻接点出发, 访问它们所有未被访问的邻接点; 以此类推, 直到连通图中所有访问过的顶点的邻接点都被访问。

以上为连通图的搜索算法, 若图为非连通图, 则还需要判断是否有未被访问过的顶点。若图中有未被访问过的顶点, 则重新选择图中一个未被访问过的顶点作为初始点。重复上述过程, 直到图中所有顶点均被访问为止。

广度优先搜索序列也可能不唯一。如图 7.10(a)所示的无向图, $v_1v_2v_3v_4v_5v_6v_7v_8$ 或 $v_1v_3v_2v_7v_6v_4v_5v_8$ 均是从顶点 v_1 出发的广度优先搜索序列。

广度优先搜索算法在遍历过程中也需要附设一个访问标志数组 visited[]，并且，为了记录路径长度为1、2、3、……的顶点，还需要附设队列，存储已被访问的路径长度为1、2、3、……的顶点。

借助链队列存储结构，以 v 为初始点的连通分量的广度优先搜索算法如下：

```
int visited[MaxVex];
void ALGraph::BFS(VElemType v){
  int h=LocateVex(v);
  ArcNode *p;
  LinkQueue lq;                          //调用构造函数,初始化空队列
  lq.EnQueue(h);
  visited[h]=1;
  while(!lq.EmptyQueue()){
    lq.DeQueue(h);
    cout<<ag.vertices[h].data;
    for(p=ag.vertices[h].firstarc;p;p=p->nextarc)
      if(!visited[p->adjvex]){           //未被访问的邻接点依次入队
        lq.EnQueue(p->adjvex);
        visited[p->adjvex]=1;
      }
  }
}
```

图的广度优先搜索算法如下：

```
void ALGraph::BFSTraverse(){
  int i;
  for(i=0;i<ag.vexnum;i++)
      visited[i]=0;                      //访问标志数组初始化
  for(i=0;i<ag.vexnum;i++)
    if(!visited[i])                      //对未被访问的顶点调用DFS()函数
        BFS(ag.vertices[i].data);
}
```

分析上述算法可知，图中的每个顶点入队一次，执行时间与深度优先搜索算法相同。若用邻接表存储有 n 个顶点、e 条边的图，则遍历的时间复杂度为 O(n+e)；若用邻接矩阵存储同样的图，则遍历的时间复杂度为 $O(n^2)$。

如图7.10所示的邻接表存储结构的广度优先搜索算法的(以 v_4 为始点)执行过程及队列的变化过程如图7.11所示。

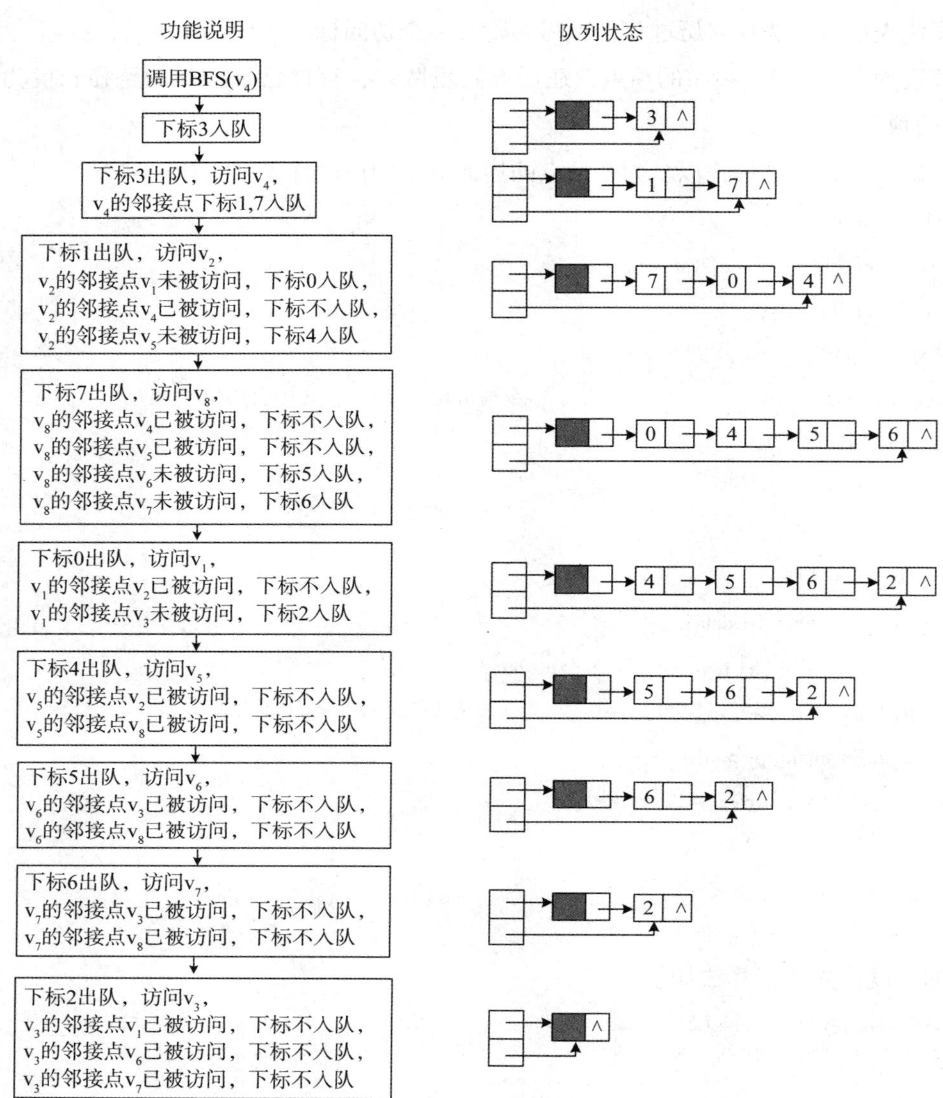

图 7.11　广度优先搜索算法的执行过程及队列的变化过程

如图 7.11 所示，从顶点 v_4 出发的广度优先搜索序列为 $v_4v_2v_8v_1v_5v_6v_7v_3$。

例 7.2　设无向图 G 采用邻接表存储结构，设计一个算法，判断 G 的连通性。若连通则返回 1，否则返回连通分量的数量。

【解】采用某种遍历方式计算连通分量的数量，若数量为 1，则 G 连通；否则不连通，且该数为连通分量的数量。

```
int visited[MaxVex];
void ALGraph::DFS(VElemType v){            //修改深度优先搜索算法,删除 cout<<v
  ArcNode *p;
  int h=LocateVex(v);
  visited[h]=1;                            //置访问标记为 1
```

```
    for(p=ag.vertices[h].firstarc;p;p=p->nextarc)
        if(visited[p->adjvex]==0)           //p->adjvex 顶点未被访问,递归访问其邻接点
            DFS(ag.vertices[p->adjvex].data);
}
int ALGraph::Connected(){                   //邻接表类定义的基本操作
    int i,num=0;
    for(i=0;i<ag.vexnum;i++)                //ag 为图邻接表类定义中的私有成员
        visited[i]=0;
    for(i=0;i<ag.vexnum;i++){
        if(!visited[i]){
            DFS(ag.vertices[i].data);       //深度优先遍历
            num++;                          //计算调用深度遍历算法的次数
        }
    }
    return num;                             //返回连通分量的数量
}
```

例 7.3　设图 G 采用邻接表存储结构，设计一个算法实现连通图 G 深度优先搜索的非递归算法。

【解】采用链栈来实现非递归算法，具体过程如下：

(1)定义一个栈，在图中任选一个顶点 v 入栈，并访问该顶点；

(2)判断栈内是否有元素，栈内如果有元素，则从栈顶结点出发，选择未被访问的结点进行访问并将该结点进栈，若已无这样的点，则退栈；

(3)如果栈内没有元素，则结束访问。

用 C++语言描述的算法如下：

```
int visited[MaxVex];
void ALGraph:: DFSTraverse1(VElemType v){ //设图邻接表存储类定义中存在该成员函数
    LinkStack ls;                           //定义一个链栈对象,建立空栈
    ArcNode *p;
    for(int i=0;i<ag.vexnum;i++)
        visited[i]=0;
    int h=LocateVex(v);                     //计算 v 在顶点数组表中的下标
    ls.Push(h);
    cout<<v;                                //输出顶点
    visited[h]=1;                           //置访问标志为 1
    while(!ls.EmptyStack()){
        h=ls.GetTop();
        p=ag.vertices[h].firstarc;          //指向下标为 h 的顶点的第一个邻接点
        while(p&&visited[p->adjvex])        //查找未被访问的邻接点
            p=p->nextarc;
```

```
        if(p){
            cout<<ag.vertices[p->adjvex].data;
            ls.Push(p->adjvex);
            visited[p->adjvex]=1;
        }
        else ls.Pop(h);
    }
}
```

例 7.4 设图 G 采用邻接表存储结构，设计一个算法求图 G 中从 u 到 v 的一条初等路径（顶点不重复的路径，假设存在该路径）。

【解】采用深度优先搜索查找路径的算法如下：

```
int visited[MaxVex];
typedef struct{
    VElemType  *elem;
    int length;
}PathArr;
PathArr ALGraph::PrimaryPath(VElemType u,VElemType v){//查找并存储 u 到 v 的初等路径
    PathArr pa;
    int len=-1;
    pa.elem=newVElemType[MaxVex];
    for(int i=0;i<ag.vexnum;i++)
        visited[i]=0;
    FindPath(u,v,pa,len);
    return pa;
}
void ALGraph::FindPath(VElemType u,VElemType v,PathArr pa[],int &len){//递归查找初等路径
  int h;
  ArcNode  *p;
  VElemType w;
  h=LocateVex(u);                    //计算 u 在顶点数组表中的下标
  visited[h]=1;                      //置访问标志为 1
  len++;                             //路径长度加 1
  pa.elem[len]=u;                    //顶点 u 加入路径中
  pa.length=len;
  if(u==v)return;                    //找到要求的路径
  p=ag.vertices[h].firstarc;         //p 指向顶点 u 的第一个相邻顶点
  while(p){
    w=ag.vertices[p->adjvex].data;
    if(!visited[p->adjvex])
      FindPath(w,v,len);             //递归求 w 到 v 的初等路径
```

```
        p=p->nextarc;
    }
}
```

7.4　生成树和最小生成树

设某连通图表示一个地下建筑群，它的每一个顶点表示一座地下建筑，顶点之间的边表示建筑物之间的地道。如果要求在地下建筑群中通电，也就是在这些地道中选出一部分布设电线，则以被选出的地道为边，以全部建筑物为顶点，得到的子图是连通的，且不含有圈。如果希望确定这些地道中的一部分，使得关闭这些地道后，某些建筑物与另外一些建筑物之间的通道被隔断。本节我们将研究一个连通图的边满足上述要求的子集。

7.4.1　生成树和最小生成树的概念

设 G=(V，E)是一个连通图，若 G 的一个生成子图本身是一棵树，则称它为 G 的一棵生成树。任何连通图都有生成树，且一般不唯一，如图 7.12 所示。图中蓝线的边组成的生成子图为 G 中的两棵生成树。

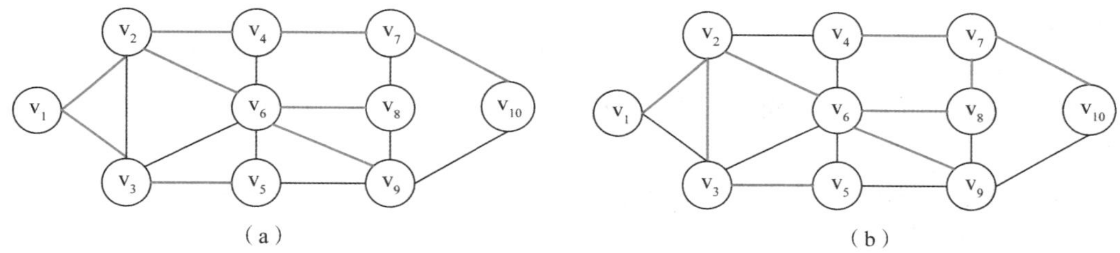

图 7.12　连通图的生成树

(a)生成树 1；(b)生成树 2

不难看出，有 n 个顶点的连通图的生成树必定有 n-1 条边。生成树是连通图的极小子图，在生成树中任意增加一条边，必定产生回路。

设 G=(V，E)是一个带权连通图，其生成树上任意一条边 e 的权值被称为该边的代价 W(e)。G 的一棵生成树 T 的代价 W(T)是生成树中各边代价之和。在 G 的所有生成树中，代价最小的生成树被称为最小代价生成树(Minimum Cost Spanning Tree)，简称最小生成树。

按照生成树的定义，若带权连通图由 n 个顶点组成，则其生成树含有 n 个顶点，n-1 条边。因此，构造最小代价生成树的准则如下：

(1)只能选用该连通图中的边来构造最小生成树；

(2)必须使用且仅能使用 n-1 条边来连接连通图中的 n 个顶点；

(3)选用的 n-1 条边不能产生回路；

(4)尽量选取权值小的边。

先看最小生成树的一个性质，简称 MST 性质。

设 G=(V，E)是一个带权无向连通图，且各边的权值不相等，$V=V_1\cup V_2$，$V_1\cap V_2=\varnothing$，

且 $V_1 \neq \varnothing$，$V_2 \neq \varnothing$，试证明 V_1 与 V_2 之间的最小边一定在 G 的最小生成树 T 上。

证明：设 e 是 V_1 与 V_2 之间的最小边，若 e 不在最小生成树 T 上，则根据最小生成树的定义可知，T+e 对应唯一的回路 C。因为 T 为最小生成树，所以 C 上除 e 之外一定有 V_1 与 V_2 之间的另一条边 e′，使得 W(e′)>W(e)。T+e−e′是连通图，且与 T 的边数相同，因此 T+e−e′也是生成树。但 W(T+e−e′)=W(T)+W(e)−W(e′)<W(T)，与 T 为最小生成树矛盾，由此可知，V_1 与 V_2 之间的最小边一定在 G 的最小生成树 T 上。

构造最小生成树有 Kruskal 算法和 Prim 算法两种典型的算法。这两种算法都基于 MST 性质，采用逐步求解的策略：给定带权图 G=(V，E)，V 中有 n 个顶点，首先构造一个包括全部 n 个顶点和 0 条边的森林 $F=\{F_1, F_2, \cdots, F_n\}$，然后多轮迭代。每经过一轮迭代，就会在 F 中引入一条边。经过 n−1 轮迭代，最终得到一棵包含 n−1 条边的最小生成树。

7.4.2 Kruskal 算法

Kruskal 算法是一种按权值的递增顺序选择合适的边来构造最小生成树的方法。设 G=(V，E)是一个具有 n 个顶点的带权连通无向图，T=(V，TE)是 G 的最小生成树，则构造最小生成树的步骤如下：

(1)构造一个由 n 个顶点组成的不含任何边的图 T=(V，∅)，即 TE 为空集(其中每个顶点构成一个连通分量)；

(2)不断从 E 中取出代价最小的一条边，若该边未使 T 形成回路(即该边的两个顶点来自 T 中不同的连通分量)，则将此边加入 TE 中，否则舍去此边，选择下一条代价最小的边。依此类推，直到 TE 中包含 n−1 条边为止。

带权无向连通图按 Kruskal 算法构造最小生成树的过程如图 7.13 所示。

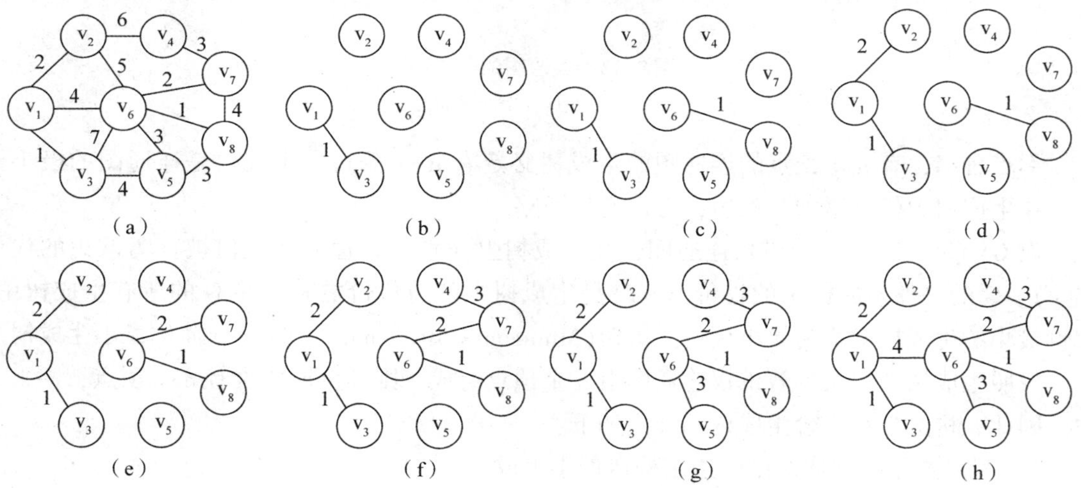

图 7.13 Kruskal 算法求解最小生成树的生成过程

基于邻接表存储类定义的 Kruskal 算法实现如下：

```
typedef struct{
    VElemType tail;
```

```
    VElemType head;
    int cost;
}Edge;
Edge *ALGgraph::Kruskal(){                    //返回最小生成树边的集合
    Edge ed[MaxSize];                         //存储所有边
    Edge *result=new Edge[ag.vexnum-1];       //存储最小生成树
    int vset[MaxVex];                         //记录顶点的连通分量号
    ArcNode *p;
    int t,i=0;
    for(t=0;t<ag.vexnum;t++){                 //由 ag 产生边集 ed[]
      p=ag.vertices[t].firstarc;
      while(p){                               //存储边结点
        if(p->adjvex>t){                      //判断重复的边结点
          ed[i].tail=ag.vertices[t].data;
          ed[i].head=ag.vertices[p->adjvex].data;
          ed[i].cost=p->info;
          i++;
        }
        p=p->nextarc;
      }
    }
    sort(ed);                                 //数组 ed 的权值采用堆排序,sort()算法请读者自行构造
    for(i=0;i<ag.vexnum;i++)                  //给每个顶点的下标标上连通分量号
      vset[i]=i;
    int count=0;                              //当前生成树的边数
    i=0;
    int sn1,sn2,h1,h2;
    VElemType u,v;
    while(count<ag.vexnum-1){                 //反复执行,取 n-1 条边
        u=ed[i].tail;
        v=ed[i].head;
        h1=LocateVex(u);
        h2=LocateVex(v);
        sn1=vset[h1];
        sn2=vset[h2];
        if(sn1!=sn2){                         //连通分量号不同,将该边加入生成树中
          result[count].tail=u;
          result[count].head=v;
          result[count].cost=ed[i].cost;
          count++;
```

```
        for(t=0;t<ag.vexnum;t++)          //置两个顶点的连通分量号相同
          if(vset[t]==sn2)
              vset[t]=sn1;
      }
      i++;
    }
    return result;
}
```

上述算法最多对 e 条边各扫描一次，选择堆排序每次选择代价最小的边的时间复杂度为 $O(\log_2 e)$。由此可知，Kruskal 算法的时间复杂度为 $O(e\log_2 e)$，适用于稀疏图的带权连通无向图的最小生成树。

7.4.3 Prim 算法

设 G=(V, E)是一个具有 n 个顶点的带权连通无向图，T=(V, TE)是 G 的最小生成树，按照下列步骤构造最小生成树。

设置一个集合 U，在图 G 上任选一个点 u_0 加入 U。从 $U=\{u_0\}$，TE=∅开始，重复执行下列操作：在所有 $u \in U$，$v \in V-U$ 的边(u, v)中寻找一条代价最小的边(u_0, v_0)并入集合 TE，同时将 v_0 并入 U，直至 U=V 为止。此时 TE 中必有 n-1 条边，T=(V, TE)为 G 的最小生成树。

带权无向连通图按 Prim 算法构造最小生成树的过程如图 7.14 所示。

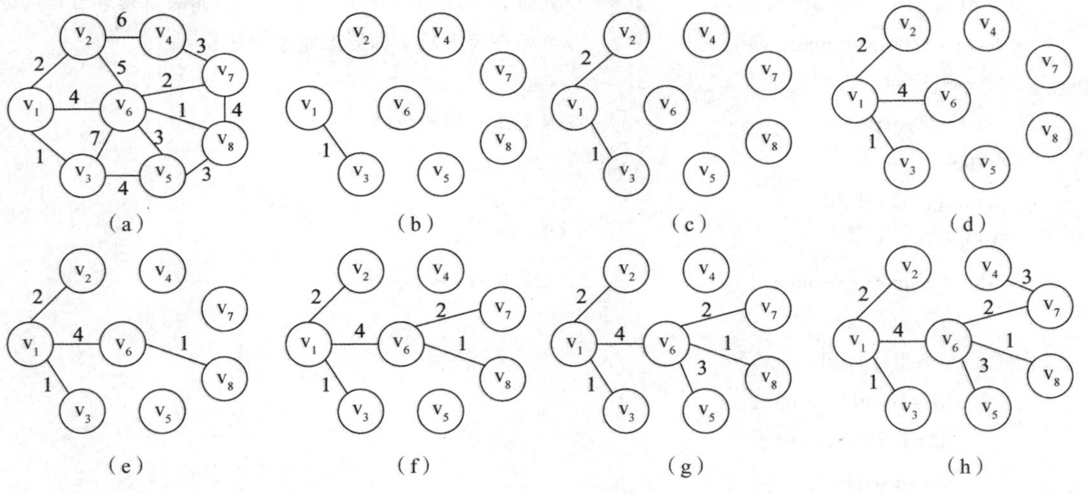

图 7.14 Prim 算法求解最小生成树的生成过程

为实现 Prim 算法需要设置辅助数组 closedge，用来记录从顶点 U 到顶点集 V-U 中顶点具有最小代价的边。对于每个顶点 $v_i \in V-U$，在辅助数组中存在一个分量 closedge[i-1]，它包括 adjvex 和 lowcost 两个域。其中，adjvex 域存储在 U 中且依附于最小代价边的顶点，lowcost 是该边的权值，即

$$closedge[i-1].lowcost=\min\{cost(u,\ v_i)\mid u\in U\}$$

图 7.14 构造最小生成树过程中辅助数组各分量的变化如图 7.15 所示。

closedge \ i	0	1	2	3	4	5	6	7	U	V−U	k
adjvex	v_1	v_1	v_1	v_1	v_1	v_1	v_1	v_1		$\{v_2,v_3,v_4,v_5,v_6,v_7,v_8\}$	0
lowcost	∞	∞	∞	∞	∞	∞	∞	∞			
adjvex		v_1	v_1	v_1	v_1	v_1	v_1	v_1	$\{v_1\}$	$\{v_2,v_3,v_4,v_5,v_6,v_7,v_8\}$	2
lowcost	0	2	1	∞	∞	4	∞	∞			
adjvex		v_1		v_1	v_3	v_1	v_1	v_1	$\{v_1,v_3\}$	$\{v_2,v_4,v_5,v_6,v_7,v_8\}$	1
lowcost	0	2	0	∞	4	4	∞	∞			
adjvex				v_2	v_3	v_1	v_1	v_1	$\{v_1,v_3,v_2\}$	$\{v_4,v_5,v_6,v_7,v_8\}$	5
lowcost	0	0	0	6	4	4	∞	∞			
adjvex				v_2	v_6		v_6	v_6	$\{v_1,v_3,v_2,v_6\}$	$\{v_4,v_5,v_7,v_8\}$	7
lowcost	0	0	0	6	3	0	2	1			
adjvex				v_2	v_6		v_6		$\{v_1,v_3,v_2,v_6,v_8\}$	$\{v_4,v_5,v_7\}$	6
lowcost	0	0	0	6	3	0	2	0			
adjvex				v_7	v_6				$\{v_1,v_3,v_2,v_6,v_8,v_7\}$	$\{v_4,v_5\}$	4
lowcost	0	0	0	3	3	0	0	0			
adjvex				v_7					$\{v_1,v_3,v_2,v_6,v_8,v_7,v_5\}$	$\{v_4\}$	3
lowcost	0	0	0	3	0	0	0	0			
adjvex									$\{v_1,v_3,v_2,v_6,v_8,v_7,v_5,v_4\}$	∅	
lowcost	0	0	0	0	0	0	0	0			

图 7.15　图 7.14 构造最小生成树过程中辅助数组各分量的值

邻接表存储类定义的 Prim 算法实现如下：

```
typedef struct {//记录从顶点集 U 到顶点集 V-U 的代价最小的边的辅助数组定义
    VElemType adjvex;
    int lowcost;
} Closedge;
typedef struct{                                //存储最小生成树的边信息
    VElemType tail;
    VElemType head;
    int cost;
}Edge;
Edge  *ALGraph::Prim(VElemType u){             //用 Prim 算法求从顶点 u 开始的最小生成树
      Edge *result=new Edge[ag.vexnum-1];      //存储最小生成树
      int i,j,k,count=0;
      Closedge closedge[MaxVex];
      k=LocateVex(u);                          //确定顶点 u 在顶点数组中的下标
      for(j=0;j<ag.vexnum;j++){                //初始化辅助数组
          closedge[j].adjvex=u;
          closedge[j].lowcost=MAXINT;          //MAXINT 为最大整数
```

```
    }
    ArcNode  *p=ag.vertices[k].firstarc;        //ag 为图邻接表类定义的私有成员
    while(p){
      closedge[p->adjvex].adjvex=u;
      closedge[p->adjvex].lowcost=p->info;
      p=p->nextarc;
    }
    closedge[k].lowcost=0;                      //初始时 U={u}
    for(i=1;i<ag.vexnum;i++){                   //选择剩余的 ag.vexnum-1 个顶点
        k=Minimum(closedge);
        //求出下一个结点的位置,即与最小代价边相邻且不在 U 中的顶点,此时
        //closedge[k].lowcost=min {closedge[vi].lowcost|closedge[vi].lowcost>0,vi ∈ V-U}
        result[count].tail=closedge[k].adjvex;
        result[count].head=ag.vertices[k].data;
        result[count++].cost=closedge[k].cost;
        closedge[k].lowcost=0;                  //将位置为 k 的顶点并入集合 u
        p=ag.vertices[k].firstarc;
        while(p){                               //新顶点并入后重新选择最小边
          if(p->info<closedge[p->adjvex].lowcost){
                closedge[p->adjvex].adjvex=ag.vertices[k].data;
                closedge[p->adjvex].lowcost=p->info;
          }
          p=p->nextarc;
        }
    }
    return result;
}
```

分析上述算法，假设带权连通无向图有 n 个顶点，则第一个进行初始化循环语句频度为 n，第二个循环语句的频度为 n-1。其中有两个内循环：其一是在 closedge[v].lowcost 中求最小值，其频度为 n-1；其二是重新选择具有最小代价的边，其频度为 n。因此，Prim 算法的时间复杂度为 $O(n^2)$，与带权连通无向图中的边数无关，只与顶点数 n 有关，适用于求边稠密的带权连通无向图的最小生成树。

7.5 有向无环图及其应用

有向无环图(Directed Acyclic Graph，DAG)是一个无环(有向回路)的有向图，AOV 网(Activity On Vertex NetWork)和 AOE 网(Activity On Edge Network)是有向无环图的典型应用。

7.5.1 AOV 网与拓扑排序

在现代管理系统中，人们常用有向图来描述并分析一项工程的计划和实施过程，一个工

程常被分为多个小的子工程，这些子工程被称为活动(Activity)。在有向图中，以顶点表示活动、有向边表示活动之间优先关系的图称为 AOV 网。

若(v_i，v_j)是图中的有向边，则 v_i 是 v_j 的直接前驱，v_j 是 v_i 的直接后继。若存在一条从 v_i 到 v_j 的路径，则称 v_i 是 v_j 的前驱，v_j 是 v_i 的后继。AOV 网中不允许有回路，若存在回路，则意味着某项活动以自己为先决条件。

把 AOV 网中各顶点按照它们相互之间的优先关系排列成的线性序列称为拓扑有序序列。若 v_i 是 v_j 的前驱，则 v_i 一定排在 v_j 之前；对于没有优先关系的点，顺序可以是任意的。在 AOV 网中构造一个拓扑有序序列的过程被称为拓扑排序。

例如，人工智能专业的学生必须学习一系列基础课程和专业课程，课程名称和课程编号间的关系见表 7.1。

表 7.1　课程名称与课程编号间的关系

课程编号	课程名称	先修课程	课程编号	课程名称	先修课程
C_1	高等数学	无	C_6	计算机组成原理	C_2
C_2	程序设计	无	C_7	数据挖掘	C_3，C_4，C_5
C_3	概率统计	C_1	C_8	机器学习	C_3，C_7
C_4	离散数学	C_1	C_9	操作系统	C_5，C_6
C_5	数据结构	C_2，C_4			

课程间的优先关系如图 7.16 所示。该 AOV 网进行拓扑排序可得拓扑有序序列 $C_1C_3C_4C_2C_6C_5C_7C_8C_9$ 或 $C_2C_1C_3C_4C_6C_5C_7C_8C_9$ 等。学生可以按照任意一个拓扑有序序列安排课程的学习。

拓扑排序的方法如下：

(1)在有向图中选择一个没有前驱的顶点并将其输出；

(2)在图中删除该顶点和所有以它为尾的弧；

(3)重复上述两步，直至输出全部顶点，或者当图中不存在无前驱的顶点为止(此时说明图中有环)。

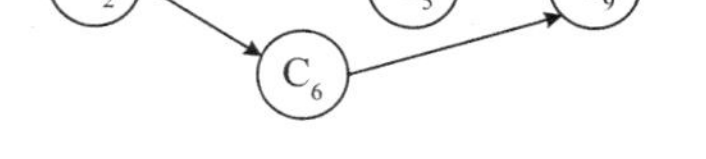

图 7.16　课程间的优先关系有向图

拓扑排序的算法流程如下：

(1)邻接表中入度为 0 的顶点依次入栈；

(2)若栈不为空，则将栈顶元素 v_j 退栈并输出；在邻接表中查找 v_j 的直接后继 v_k，把 v_k 的入度减 1；若 v_k 的入度为 0，则入栈，继续该过程。

(3)若顶点数不为 n(n 为有向图的顶点数)，则有向图有环，否则，结束拓扑排序。

邻接表存储类定义的拓扑排序算法实现如下：

```
#define MaxVex 20                          //根据问题规模可自行定义大小
int ALGprah::TopSort(){
  LinkStack s;                             //定义一个链栈对象,建立空栈
  int i,j,k;
  ArcNode *p;
```

```
    int indegree[MaxVex];                         //定义一个存放顶点入度的数组
    findindegree(indegree);                       //计算顶点的入度,请读者自行构造该函数
    for(i=0;i<ag.vexnum;i++)                      //ag 为邻接表类定义的私有成员
      if(indegree[i]==0)                          //所有入度为 0 的顶点入栈
          s.Push(i);
    int count=0;
    while(!s.EmptyStack()){
      s.Pop(j);
      cout<<ag.vertices[j].data;
      count++;
      for(p=ag.vertices [j].firstarc;p!=NULL;p=p->nextarc){ //重新计算 j 号顶点每个邻接顶点的入度
          k=p->adjvex;
          indegree[k]--;
          if(indegree[k]==0)                      //入度为 0 的顶点入栈
            s.Push(k);
      }
    }
    if(count<ag.vexnum){
      cout<<"图中存在回路,不存在拓扑排序"<<endl;
      return 0;
    }
    else{
       cout<<"是一个拓扑序列"<<endl;
       return 1;
    }
}
```

分析上述算法，对有 n 个顶点和 e 条弧的有向图而言，建立求各顶点入度的时间复杂度为 O(e)；建立入度为 0 的顶点栈的时间复杂度为 O(n)；在拓扑排序过程中，若有向图无环，则每个顶点入栈一次，出栈一次。入度减 1 的操作在 while 语句中共执行 e 次，总的时间复杂度为 O(n+e)。

7.5.2　AOE 网与关键路径

带权的有向无环图被称为 AOE 网，其中顶点表示事件，弧表示活动，权表示活动的持续时间。AOE 网在工程上常用来表示工程进度计划。

通常每个工程只有一个开始事件和一个结束事件，在表示工程的 AOE 网中，表示整个工程的开始点(入度为 0 的顶点)被称为源点，表示整个工程的结束点(出度为 0 的顶点)被称为汇点。在 AOE 网上，从源点到汇点的路径长度最长的一条路径，或者全部由关键活动构成的路径被称为**关键路径**。

在表示工程的 AOE 网中，部门决策者可以计算完成整个工程预计的时间，并找出影响

工程进度的关键活动。

某工程的 AOE 网如图 7.17 所示，顶点 v_1、v_2、v_3、v_4、v_5、v_6、v_7、v_8、v_9 表示 9 个事件，弧 a_1、a_2、a_3、a_4、a_5、a_6、a_7、a_8、a_9、a_{10}、a_{11}、a_{12}、a_{13}、a_{14} 表示 14 个活动，其中，v_1 表示源点，v_9 表示汇点。

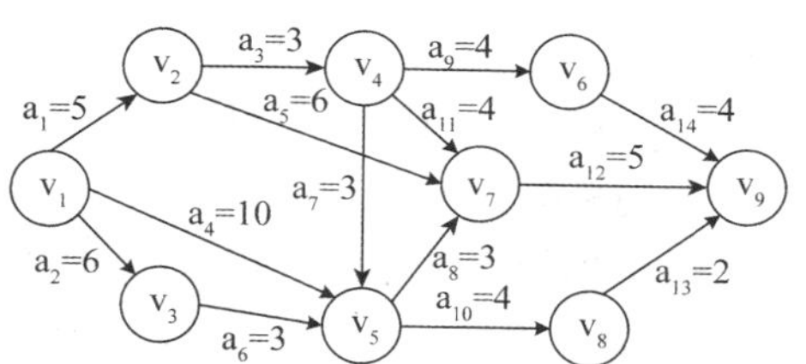

图 7.17 一个表示工程的 AOE 网

在表示工程的 AOE 网中，必须找出关键活动(不按期完成会影响整个工程的完成)，才能找出关键路径。

下面我们先定义与计算关键活动相关的量：设 AOE 网有 n 个顶点，用 1 表示源点，n 表示汇点，j 表示 AOE 网中的第 j 个顶点。

(1)事件 j 的最早发生时间 ve(j)：从源点 1 到顶点 j 的最长路径，意味着事件 j 最早能够发生的时间，这个时间决定了所有以 j 为头的弧所表示的活动的最早开始时间。源点的最早发生时间为 0，即 ve(1)= 0，从 ve(1)= 0 开始向汇点递推，设事件 j 是事件 i 的直接后继，则

$$ve(j)=\max_{i}\{ve(i)+dut(i,\ j)\mid (i,\ j)\in T,\ 2\leqslant j\leqslant n\}$$

其中，T 是所有以顶点 i 为尾，顶点 j 为头的弧的集合。

例如，在图 7.18 中，若顶点旁边的值代表该顶点的最早发生时间，则 ve(j)= 16。

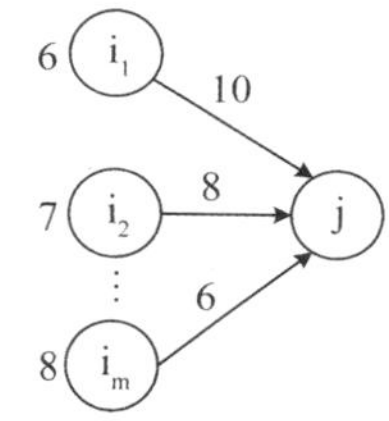

图 7.18 事件的最早发生时间计算示例

(2)事件 j 的最迟发生时间 vl(j)：不影响工程的如期完工，事件 j 必须发生的时间。汇点的最迟发生时间 vl(n)= ve(n)，即汇点的最早发生时间等于最迟发生时间。从 vl(n)开始向源点递推，设事件 j 是事件 i 的直接前驱，则

$$vl(j)=\min_{i}\{vl(i)-dut(j,\ i)\mid (j,\ i)\in S,\ 1\leqslant j\leqslant n-1\}$$

其中，S 是所有以顶点 i 为头，顶点 j 为尾的弧的集合。

例如，在图 7.19 中，若顶点旁边的值代表该顶点的最迟发生时间，则 vl(j)= 7。

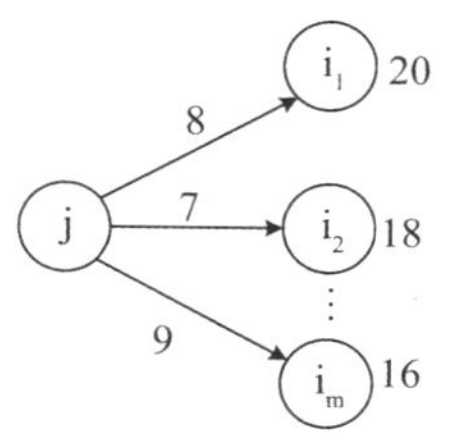

图 7.19 事件的最迟发生时间计算示例

(3)活动 a_i 的最早开始时间 $e(a_i)$：设活动 a_i 由弧(j，k)表示，持续时间记为 dut(j，k)，则 $e(a_i)=ve(j)$。

(4)活动 a_i 的最迟开始时间 $l(a_i)$：设活动 a_i 由弧(j，k)表示，持续时间记为 dut(j，k)，则 $l(a_i)=vl(k)-dut(j,\ k)$。

(5)活动余量：完成活动 a_i 的时间余量，即两者之差 $l(a_i)-e(a_i)$。

(6)关键活动：活动余量为 0 的活动。

关键路径的算法流程如下：

(1)输入 e 条弧(j，k)，建立 AOE 网的邻接表存储；

(2)从源点 1 出发，令 ve(1)=0，按拓扑有序序列求其余各顶点的最早发生时间 ve(j)(2≤j≤n)；

(3)从汇点 n 出发，令 vl(n)=ve(n)，按逆拓扑有序序列求其余各顶点的最迟发生时间 vl(j)(1≤j≤n-1)；

(4)根据各顶点的 ve 和 vl，求每条弧 a_i 的最早开始时间 e(a_i)和最迟开始时间 l(a_i)，若某条弧满足条件 e(a_i)=l(a_i)，a_i 则为关键活动。

从算法流程可知，计算各顶点的 ve 是在拓扑排序的过程中进行的，因此需要对拓扑排序算法作如下修改：

(1)在拓扑排序前设初值，置图中所有顶点的 ve 值为 0；

(2)在算法中增加一个计算 v_j 的直接后继 v_k 的最早发生时间的操作，ve(j)+dut(j，k)>ve(k)时，ve(k)=ve(j)+dut(j，k)；

(3)为了按逆拓扑有序序列顺序计算各顶点的最迟发生时间，需要记录拓扑排序中求出的拓扑有序序列，因此需要在拓扑排序中增设一个栈用来记录拓扑有序序列。

改进后的拓扑排序算法如下：

```
int ve[MaxVex];                              //每个顶点的最早发生时间数组,MaxVex 为图的最大顶点数
int vl[MaxVex];                              //每个顶点的最迟发生时间数组
int TopSort(LinkStack &t){                   //t 为链栈对象,用来存储拓扑有序序列
    LinkStack s;                             //s 为链栈对象,用来存储 0 入度顶点
    int i,j,count;
    ArcNode *p;
    int indegree[MaxVex];                    //定义一个存放顶点入度的数组
    findindegree(indegree);                  //计算顶点的入度,读者自行构造该函数
    for(i=0;i<ag.vexnum;i++)                 //ag 为邻接表类定义的私有成员
      if(indegree[i]==0)                     //将所有入度为 0 的顶点入栈
        s.push(i);
    count=0;
    for(i=0;i<ag.vexnum;i++)                 //ag 为邻接表存储的私有成员
      ve[i]=0;                               //i 为顶点 ag.vertices[i].data 的下标
    while(!s.EmptyStack()){
      s.Pop(j);
      t.Push(j);
      count++;
      for(p=ag.vertices [j].firstarc;p!=NULL;p=p->nextarc){//重新计算 j 号顶点每个邻接顶点的入度
        k=p->adjvex;
        indegree[k]--;
        if(indegree[k]==0)                   //入度为 0 的顶点入栈
          s.push(k);
        if(ve[j]+p->info>ve[k])              //重新计算结点 k 的 ve
          ve[k]=ve[j]+p->info;
      }
```

```
    }
    if(count<ag.vexnum) return 0;
    else return 1;
}
```

基于邻接表存储的关键路径算法如下：

```
int ALGraph::CriticalPath() {
  int i,k,j,dut,e,l;
  LinkStack t;
  ArcNode *p;
  if(!topSort(t)) return 0;                //有向图中存在回路,无关键路径
  for(i=0;i<ag.vexnum;i++)
    vl[i]=ve[i];
  while(!t.EmptyStack()) {                 //按拓扑逆序求各顶点的 vl
    t.Pop(j);
    for(p=ag.vertices[j].firstarc;p=p->nextarc) {
      k=p->adjvex;
      dut=p->info;
      if(vl[k]-dut<vl[j]) vl[j]=vl[k]-dut;
    }
  }
  for(j=0;j<ag.vexnum;j++)                 //求 e、l 和关键活动
      for(p=ag.vertices[j].firstarc;p=p->nextarc) {
        k=p->adjvex;
        dut=p->info;
        e=ve[j];
        l=vl[k]-dut;
        if(e==l) cout<<ag.vertices[j].data<<ag.vertices[k].data<<' ';
      }
  return 1;
}
```

例 7.5　计算如图 7.17 所示的 AOE 网中每个事件的最早发生时间 ve 和最迟发生时间 vl，每个活动的最早开始时间 e 和最迟开始时间 l，并给出关键活动和关键路径。

【解】每个事件的最早发生时间 ve 和最迟发生时间 vl 见表 7.2。

表 7.2　事件的最早发生时间 ve 和最迟发生时间 vl

顶点	ve	vl	顶点	ve	vl
v_1	0	0	v_6	12	15
v_2	5	5	v_7	14	14
v_3	6	8	v_8	15	17

续表

顶点	ve	vl	顶点	ve	vl
v_4	8	8	v_9	19	19
v_5	11	11			

每个活动的最早开始时间 e 和最迟开始时间 l 见表 7.3。

表 7.3　活动的最早开始时间 e 和最迟开始时间 l

活动	e	l	l-e	活动	e	l	l-e
a_1	0	0	0	a_8	11	11	0
a_2	0	2	2	a_9	8	11	3
a_3	5	5	0	a_{10}	11	13	2
a_4	0	1	1	a_{11}	8	10	2
a_5	5	8	3	a_{12}	14	14	0
a_6	6	8	2	a_{13}	15	17	2
a_7	8	8	0	a_{14}	12	15	3

关键活动为 a_1、a_3、a_7、a_8、a_{12}，关键路径为(v_1，v_2，v_4，v_5，v_7，v_9)。

7.6　带权图与带权图中的最短路径

把一个实际问题转化为抽象图时，往往需要在图的顶点或边上标注一些附加信息。例如，在一个表示运输的图中，每条边可以写一个数，表示由这条边连接的两个顶点之间的距离，或者表示两个顶点之间运输的费用等。一个带权图规定为一个有序四元组(V，E，f，g)、有序三元组(V，E，f)或(V，E，g)，其中 V 是顶点集，E 是边集，f 是定义在 V 上的函数，g 是定义在 E 上的函数，f 和 g 被称为权函数。对于每一个顶点或边 x，f(x)和 g(x)可以是一个数字、符号或某种量。

设 G=(V，E，W)是一个带权图，其中 W 是边集 E 到 $R^+=\{x\in R\mid x>0\}$ 的一个函数。通常称 W(e)($e\in E$)为边 e 的长度。实际上它也可以有其他的意义。例如，e 是一段公路，W(e)可以是公路的维修费、每小时的运输量或公路间的距离等。

G=(V，E，W)是一个带权图，带权路径长度是路径上所经过的边的权值之和。从源点到终点可能有多条路径，带权路径长度最短的路径被称为**最短路径**，其路径长度(权值之和)被称为**最短路径长度**。

7.6.1　图中某个顶点到其余各顶点的最短路径

G=(V，E，W)是一个带权有向图，$v\in V$ 为源点，为了求从源点 v 到 G 中其余各顶点的最短路径，迪杰斯特拉(Dijkstra)提出了按路径长度递增的次序产生最短路径的算法。其基本思想如下：

(1)用带权的邻接矩阵 arcs 表示带权有向图，arcs[i][j]表示弧(v_i，v_j)上的权值。初始时，S 只包含源点，即 S={v}，顶点 v 到自己的最短路径长度(距离)为 0，T=V-S。v 到 T 中顶点 t_i 的最短路径长度初值为 arcs[v][t_i]。

对于任意的 t∈T，设 l(t)表示从 v 仅经过 S 中的顶点到 t 的最短路径。若不存在这样的路径，则置 l(t)=∞，称 l(t)为 t 关于 T 的指标。例如，在图 7.20 中，设 S={a}，则 T={b，c，d，e，z}，l(b)=1，l(c)=4，l(d)=∞，l(e)=∞，l(z)=∞。

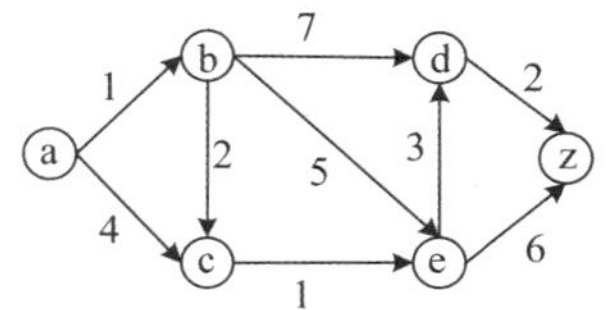

图 7.20 带权有向图示例

(2)在 T 中选取一个顶点 t_1，顶点 v 到 t_1 的路径最短，即 l(t_1)=min{l(t)|t∈T}，把顶点 t_1 加入 S，即 S=S∪{t_1}，T=T-{t_1}，此时 l(t_1)是 v 到 t_1 的最短路径。在图 7.20 中，t_1=b，S={a，b}，T={c，d，e，z}，a 到 b 的最短路径为 l(b)=1。

(3)修改 v 到 T 中任意可以到达顶点 t 的最短路径长度，即 l(t)=min{l(t)，l(t_1)+W(t_1，t)}。W(t_1，t)为弧(t_1，t)的权，若图中{t_1，t}∉E，则 W(t_1，t)=∞。在图 7.20 中，l(c)=min{4，1+2}=3，l(d)=min{∞，1+7}=8，l(e)=min{∞，1+5}=6，l(z)=∞。

(4)重复(2)(3)共 n-1 次，求出从 v 到图中其余各顶点的最短路径。

在如图 7.20 所示的带权有向图中，采用 Dijkstra 算法求从 a 到其余各顶点的最短路径时，S、T 和从 v 到各顶点的距离变化过程见表 7.4，各顶点在顶点数组中的下标分别为 0、1、2、3、4、5。

表 7.4 S、T 和从 v 到各顶点的距离变化情况

S	T	v 到顶点 a、b、c、d、e、z 的距离
{a}	{b，c，d，e，z}	{0，1，4，∞，∞，∞}
{a，b}	{c，d，e，z}	{0，1，3，8，6，∞}
{a，b，c}	{d，e，z}	{0，1，3，8，4，∞}
{a，b，c，e}	{d，z}	{0，1，3，7，4，10}
{a，b，c，e，d}	{z}	{0，1，3，7，4，9}
{a，b，c，e，d，z}	{ }	{0，1，3，7，4，9}

从上表可知，a 到 b、c、d、e、z 的最短路径分别为 1、3、4、7、9。

Dijkstra 算法的实现过程如下：

(1)数据组织：带权有向图 G=(V，E，W)采用邻接矩阵存储结构。

设置一维数组 s[i]，用于标记已找到最短路径的顶点，并约定：未找到源点到顶点 v_i 的最短路径时 s[i]=0，找到源点到顶点 v_i 的最短路径时 s[i]=1。

设置一维数组 dist[i]，用于保存源点 v 到 v_i 的当前最短路径长度，它的初值为边上的权值，取值可能随着中间结点的产生而被修改。

设置一维数组 path[ ]，用于保存最短路径上顶点的下标序列，path[i]保存当前最短路

径中的前一个顶点在顶点数组中的下标。

(2)邻接矩阵存储结构的 Dijkstra 算法如下(x 为源点):

```
void Graph::ShortPath_DIJ(VElemType x){
  int dist[MaxVex],path[MaxVex],s[MaxVex];
  int i,u,mindis;
  int v=LocateVex(x);                    //求源点 x 在顶点数组中的下标
  for(i=0;i<mg.vexnum;i++){              //mg 为邻接矩阵类定义的私有成员
    s[i]=0;
    dist[i]=mg.arcs[v][i].adj;           //初始化顶点 v 到 i 的最短路径长度
    if(mg.arcs[v][i].adj<MAXINT)         //path 初始化
        path[i]=v;                       //顶点 v 到顶点 i 有边时,置顶点 i 的前一个顶点为 v
    else path[i]=-1;                     //顶点 v 到顶点 i 没有边时,置顶点 i 的前一个顶点为-1
  }
  s[v]=1;
  path[v]=0;
  for(i=0;i<mg.vexnum;i++){
      mindis=MAXINT;
      for(j=0;j<mg.vexnum;j++)           //选择不在 S 中且具有最短路径的顶点的下标
        if(s[j]==0&&dist[j]<mindis){
          u=j;
          mindis=dist[j];
        }
      s[u]=1;                            //将顶点 u 加入 s
      for(j=0;<mg.vexnum;j++)
        if(s[j]==0)
          if(mg.arcs[u][j].adj<MAXINT&&dist[u]+mg.arcs[u][j].adj<dist[j]){
            dist[j]=dist[u]+mg.arcs[u][j].adj;
            path[j]=u;
          }
  }
  Dispath(dist,path,s,x);                //输出最短路径
}
void Graph::Dispath(int dist[],int path[],int s[],VElemType x){   //输出从顶点 x 出发的所有最短路径
  int i,j,t,len;                         //len 存放最短路径边的条数
  int shortpath[MaxVex];                 //存放一条最短路径(逆向)
  int v=LocateVex(x);
  for(i=0;i<mg.vexnum;i++)
    if(s[i]==1&&i!=v){
        cout<<"从顶点"<<x<<"到顶点"<<mg.vexs[i]<<"的路径长度为:"<<dist[i]<<' ';
        len=0;shortpath[len]=i;          //添加路径上的终点
```

```
            t=path[i];
            if(t==-1)cout<<"无路径"<<endl;
            else{                                           //路径存在,输出该路径
               while(t!=v){
                  len++;
                  shortpath[len]=t;
                  t=path[t];
               }
               len++;
               shortpath[len]=v;                            //添加路径上的源点
               cout<<"路径为:"<<mg.vexs[shortpath[len]]<<' ';  //输出源点
               for(j=len-1;j>=0;j--)                        //输出其他顶点
                  cout<<mg.vexs[shortpath[j]]<<' ';
               cout<<endl;
            }
        }
    }
```

ShortPath_DIJ()函数包括两个并列的 for 循环和一个 Dispath 算法。第一个 for 循环辅助数组的初始化，时间复杂度为 O(n)，n 为图中的顶点数；第二个 for 循环是二重嵌套循环，求最短路径，由于图中几乎所有的顶点都要计算，每个顶点的计算要对集合 S 内的顶点进行检测，对集合 V-S 中的顶点进行修改，第二个循环需要进行 n-1 次，每次执行的时间复杂度为 O(n)，循环运算总的时间复杂度为 $O(n^2)$。Dispath 算法的时间复杂度为 $O(n^2)$，因此整个算法的时间复杂度为 $O(n^2)$。

例 7.6 对如图 7.20 所示的带权有向图采用 Dijkstra 算法，求从顶点 a 到其他顶点的最短路径，并说明计算过程。

【解】(1)初值 s[ ]={1, 0, 0, 0, 0, 0}, dist[ ]={0, 1, 4, ∞, ∞, ∞}(顶点 a 到其他顶点的权值)，path[ ]={0, 0, 0, -1, -1, -1}(顶点 a 到其他顶点有权值时为 0，否则为-1)。

(2)从 dist[ ]中选择不在 s[ ]中且具有最短路径的顶点 b(下标为 1)，加入 s[ ]，s[ ]={1, 1, 0, 0, 0, 0}，从顶点 b 到顶点 c、d、e(下标分别为 2、3、4)有边：

$$dist[2]=\min\{dist[2],\ dist[1]+2\}=3$$
$$dist[3]=\min\{dist[3],\ dist[1]+7\}=8$$
$$dist[4]=\min\{dist[4],\ dist[1]+5\}=6$$

则 dist[ ]={0, 1, 3, 8, 6, ∞}，将顶点 b 替换修改 dist 值的顶点，path[ ]={0, 0, 1, 1, 1, -1}。

(3)从 dist[ ]中选择不在 s[ ]中且具有最短路径的顶点 c(下标为 2)，加入 s[ ]，s[ ]={1, 1, 1, 0, 0, 0}，从顶点 c 到顶点 e(下标为 4)有边：dist[4]=min{dist[4], dist[2]+

1}=4，则 dist[ ]={0，1，3，8，4，∞}，将顶点 c 替换修改 dist 值的顶点，path[ ]={0，0，1，1，2，-1}。

(4)从 dist[ ]中选择不在 s[ ]中且具有最短路径的顶点 e(下标为 4)，加入 s[ ]，s[ ]={1，1，1，0，1，0}，从顶点 e 到顶点 d、z(下标分别为 3、5)有边：dist[3]=min{dist[3]，dist[4]+3}=7，dist[5]=min{dist[5]，dist[4]+6}=10，则 dist[ ]={0，1，3，7，4，10}，将顶点 e 替换修改 dist 值的顶点，path[ ]={0，0，1，4，2，4}。

(5)从 dist[ ]中选择不在 s[ ]中且具有最短路径的顶点 d(下标为 3)，加入 s[ ]，s[ ]={1，1，1，1，1，0}，从顶点 d 到顶点 z(下标为 5)有边：dist[5]=min{dist[5]，dist[3]+2}=9，则 dist[ ]={0，1，3，7，4，9}，将顶点 d 替换修改 dist 值的顶点，path[ ]={0，0，1，4，2，3}。

(6)从 dist[ ]中选择不在 s[ ]中且具有最短路径的顶点 z(下标为 5)，加入 s[ ]，s[ ]={1，1，1，1，1，1}，从顶点 z 不能到达任何顶点或算法进行了 n-1 次时，算法结束。此时 dist[ ]={0，1，3，7，4，9}，path[ ]={0，0，1，4，2，3}。

7.6.2 每对顶点之间的最短路径

以每个顶点为源点，重复执行 Dijkstra 算法 n 次，可以求出每对顶点之间的最短路径。该方法的时间复杂度为 $O(n^3)$。

求解每对顶点之间的最短路径可以采用 Floyd 算法。

带权有向图 G=(V，E，W)采用邻接矩阵类定义中的私有成员 mg 表示，定义两个二维数组 A[ ][ ]和 path[ ][ ]。A[ ][ ]存放当前每对顶点间的最短路径长度，即数组元素 A[i][j]表示当前顶点 v_i 到顶点 v_j 的最短路径长度(i 和 j 表示顶点在邻接矩阵类定义中顶点数组的下标)；path[ ][ ]保存最短路径，与当前迭代的次数有关，即迭代完成时，数组元素 path[i][j]存放从顶点 i 到顶点 j 的最短路径中顶点 j 的前一个顶点的下标。其主要算法思想如下：

迭代产生一个 n 阶矩阵序列：

$$A_{-1},\ A_0,\ A_1,\ \cdots,\ A_k,\ \cdots,\ A_{n-1}$$

其中

$$A_{-1}[i][j]=mg.arcs[i][j].adj$$

$$A_k[i][j]=\min\{A_{k-1}[i][j],\ A_{k-1}[i][k]+A_{k-1}[k][j],\ 0\leqslant k\leqslant n-1\}$$

$A_1[i][j]$是从 v_i 到 v_j 的中间顶点的下标不大于 1 的最短路径的长度，$A_k[i][j]$是从 v_i 到 v_j 的中间顶点的下标不大于 k 的最短路径的长度，$A_{n-1}[i][j]$就是从 v_i 到 v_j 的最短路径长度。

Floyd 算法实现如下：

```
void Graph::Floyd(){                                    //邻接矩阵存储类定义的函数
    int a[MaxVex][MaxVex],path[MaxVex][MaxVex];
    int i,j,k;
    for(i=0;i<mg.vexnum;i++)                            //mg 为邻接矩阵存储类定义中的私有成员
        for(j=0;j<mg.vexnum;j++){
```

```
            a[i][j]=mg.arcs[i][j].adj;
            if(i!=j&&mg.arcs[i][j].adj<MAXINT)          //MAXINT 表示无穷大
                path[i][j]=i;
            else path[i][j]=-1;
        }
    for(k=0;k<mg.vexnum;k++){
      for(i=0;i<mg.vexnum;i++)
        for(j=0;j<mg.vexnum;j++)
          if(a[i][j]>a[i][k]+a[k][j]){
            a[i][j]=a[i][k]+a[k][j]
            path[i][j]=path[k][j];
          }
    }
    Dispath(a,path);                                //输出最短路径
}
void Graph::Dispath(int a[][MaxVex],int path[][MaxVex]){//邻接矩阵存储类定义的函数
  int i,j,k,h;
  int shortpath[MaxVex],len;                        //存放最短路径顶点(逆向)及边数
    for(i=0;i<mg.vexnum;i++)
      for(j=0;j<mg.vexnum;j++){
        if(a[i][j]!=MAXINT&&i!=j){
          cout<<"顶点"<<mg.vexs[i]<<"到顶点"<<mg.vexs[j]<<"的路径为:";
          k=path[i][j];
          len=0;
          shortpath[len]=j;                          //在路径上添加终点
          while(k!=-1&&k!=i){                        //在路径上添加中间点
            len++;
            shortpath[len]=k;
            k=path[i][k];
          }
          len++;
          shortpath[len]=i;
          cout<<mg.vexs[shprtpath[len]];             //输出起点
          for(h=len-1;h>=0;h--)
              cout<<' '<<mg.vexs[shortpath[h]];
          cout<<"路径长度为:"<<a[i][j]<<endl;
        }
    }
}
```

Floyd 算法的时间复杂度为 $O(n^3)$。

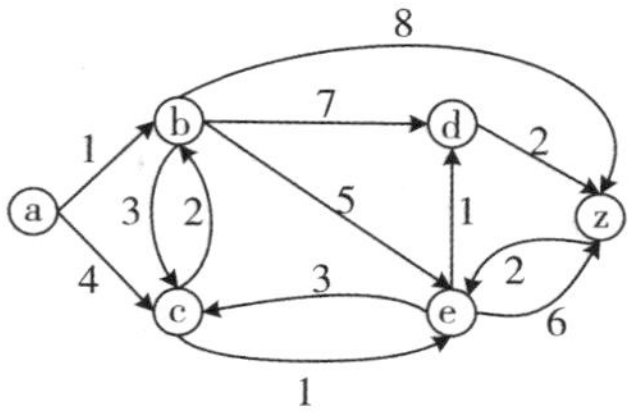

图 7.21 例 7.7 的有向图

例 7.7 已知如图 7.21 的有向图，其邻接矩阵表示如下

(横向依次为 a、b、c、d、e、z，纵向依次为 a、b、c、d、e、z)，试用 Floyd 算法求解数组 A[ ][ ]和 path[ ][ ]。

$$A=\begin{bmatrix}0&1&4&\infty&\infty&\infty\\ \infty&0&3&7&5&8\\ \infty&2&0&\infty&1&\infty\\ \infty&\infty&\infty&0&\infty&2\\ \infty&\infty&3&1&0&6\\ \infty&\infty&\infty&\infty&2&0\end{bmatrix}$$

【解】采用 Floyd 算法的求解过程如下：

$$A_{-1}=\begin{bmatrix}0&1&4&\infty&\infty&\infty\\ \infty&0&3&7&5&8\\ \infty&2&0&\infty&1&\infty\\ \infty&\infty&\infty&0&\infty&2\\ \infty&\infty&3&1&0&6\\ \infty&\infty&\infty&\infty&2&0\end{bmatrix}\quad path_{-1}=\begin{bmatrix}-1&0&0&-1&-1&-1\\ -1&-1&1&1&1&1\\ -1&2&-1&-1&2&-1\\ -1&-1&-1&-1&-1&3\\ -1&-1&4&4&-1&4\\ -1&-1&-1&-1&5&-1\end{bmatrix}$$

对于顶点 a，A_0[i][j]表示顶点 i 经顶点 a 到 j 的最短路径长度，经过比较，没有任何路径产生修改，因此有：

$$A_{0}=\begin{bmatrix}0&1&4&\infty&\infty&\infty\\ \infty&0&3&7&5&8\\ \infty&2&0&\infty&1&\infty\\ \infty&\infty&\infty&0&\infty&2\\ \infty&\infty&3&1&0&6\\ \infty&\infty&\infty&\infty&2&0\end{bmatrix}\quad path_{0}=\begin{bmatrix}-1&0&0&-1&-1&-1\\ -1&-1&1&1&1&1\\ -1&2&-1&-1&2&-1\\ -1&-1&-1&-1&-1&3\\ -1&-1&4&4&-1&4\\ -1&-1&-1&-1&5&-1\end{bmatrix}$$

对于顶点 b，顶点 a 到 d 由原来没有路径变为路径 a-b-d，其长度为 8，A_1[0][3]修改为 8，$path_1$[0][3]修改为 1；顶点 a 到 e 由原来没有路径变为路径 a-b-e，其长度为 6，A_1[0][4]修改为 6，$path_1$[0][4]修改为 1；顶点 a 到 z 由原来没有路径变为路径 a-b-z，其长度为 9，A_1[0][5]修改为 9，$path_1$[0][5]修改为 1；顶点 a 到 c 原来的路径为 a-c，其长度为 4，经 b 产生新的路径 a-b-c，其长度为 4，不小于原来的路径长度，相关值保持不变(以下类似情况不再说明)；顶点 c 到 d 由原来没有路径变为路径 c-b-d，其长度为 9，A_1[2][3]修改为 9，$path_1$[2][3]修改为 1；顶点 c 到 e 原的有路径为 c-e，长度为 1，经 b 产生新的路径 c-b-e，长度为 7，该路径长度大于原来的路径长度，相关值保持不变；顶点 c 到 z 由原来没有路径变为路径 c-b-z，其长度为 10，A_1[2][5]修改为 10，$path_1$[2][5]修改为 1；其他无修改。由此可得：

$$A_{1}=\begin{bmatrix}0&1&4&8&6&9\\ \infty&0&3&7&5&8\\ \infty&2&0&9&1&10\\ \infty&\infty&\infty&0&\infty&2\\ \infty&\infty&3&1&0&6\\ \infty&\infty&\infty&\infty&2&0\end{bmatrix}\quad path_{1}=\begin{bmatrix}-1&0&0&1&1&1\\ -1&-1&1&1&1&1\\ -1&2&-1&1&2&1\\ -1&-1&-1&-1&-1&3\\ -1&-1&4&4&-1&4\\ -1&-1&-1&-1&5&-1\end{bmatrix}$$

分析顶点 c 可得：

$$A_2=\begin{bmatrix}0&1&4&8&5&9\\ \infty&0&3&7&4&8\\ \infty&2&0&9&1&10\\ \infty&\infty&\infty&0&\infty&2\\ \infty&5&3&1&0&6\\ \infty&\infty&\infty&\infty&2&0\end{bmatrix}\quad path_2=\begin{bmatrix}-1&0&0&1&2&1\\ -1&-1&1&1&2&1\\ -1&2&-1&1&2&1\\ -1&-1&-1&-1&-1&3\\ -1&2&4&4&-1&4\\ -1&-1&-1&-1&5&-1\end{bmatrix}$$

分析顶点 d 可得：

$$A_3=\begin{bmatrix}0&1&4&8&5&9\\ \infty&0&3&7&4&8\\ \infty&2&0&9&1&10\\ \infty&\infty&\infty&0&\infty&2\\ \infty&5&3&1&0&3\\ \infty&\infty&\infty&\infty&2&0\end{bmatrix}\quad path_3=\begin{bmatrix}-1&0&0&1&2&1\\ -1&-1&1&1&2&1\\ -1&2&-1&1&2&1\\ -1&-1&-1&-1&-1&3\\ -1&2&4&4&-1&3\\ -1&-1&-1&-1&5&-1\end{bmatrix}$$

分析顶点 e 可得：

$$A_4=\begin{bmatrix}0&1&4&6&5&8\\ \infty&0&3&5&4&7\\ \infty&2&0&2&1&4\\ \infty&\infty&\infty&0&\infty&2\\ \infty&5&3&1&0&3\\ \infty&7&5&3&2&0\end{bmatrix}\quad path_4=\begin{bmatrix}-1&0&0&4&2&3\\ -1&-1&1&4&2&3\\ -1&2&-1&4&2&3\\ -1&-1&-1&-1&-1&3\\ -1&2&4&4&-1&3\\ -1&2&4&4&5&-1\end{bmatrix}$$

分析顶点 z 可得：

$$A_5=\begin{bmatrix}0&1&4&6&5&8\\ \infty&0&3&5&4&7\\ \infty&2&0&2&1&4\\ \infty&9&7&0&4&2\\ \infty&5&3&1&0&3\\ \infty&7&5&3&2&0\end{bmatrix}\quad path_5=\begin{bmatrix}-1&0&0&4&2&3\\ -1&-1&1&4&2&3\\ -1&2&-1&4&2&3\\ -1&2&4&-1&5&3\\ -1&2&4&4&-1&3\\ -1&2&4&4&5&-1\end{bmatrix}$$

数组 A[][]为 A_5，数组 path[][]为 $path_5$。

习题

一、选择

1. 无向图的邻接矩阵是一个(　　)。

A. 0 矩阵　　B. 上三角矩阵　　C. 对称矩阵　　D. 对角矩阵

2. 设图的邻接矩阵为$\begin{bmatrix}0 & 1 & 1\\0 & 0 & 1\\0 & 1 & 0\end{bmatrix}$，则该图为(　　)。

A. 完全图　　B. 有向图　　C. 无向图　　D. 强连通图

3. 如果从无向图的任意顶点出发进行一次深度优先搜索即可访问所有顶点，则该图一定是(　　)。

A. 完全图　　B. 连通图　　C. 有回路　　D. 一棵树

4. 已知无向图 G=(V, E)，其中 V={1, 2, 3, 4, 5, 6, 7}，E={(1, 2), (1, 4), (1, 5), (2, 3), (2, 5), (2, 6), (3, 7), (3, 4), (7, 4)}，则(　　)是一种深度优先搜索序列。

A. 1234567　　B. 1432765　　C. 1523467　　D. 1437265

5. 一个非连通的无向图共有 120 条边，则该图至少有(　　)个顶点。

A. 15　　B. 16　　C. 17　　D. 18

6. 任意一棵无向连通图的最小生成树(　　)。

A. 只有一棵　　B. 一定有多棵　　C. 有一棵或多棵　　D. 可能不存在

7. (　　)算法可以判断出一个有向图是否有环。

A. 拓扑排序　　B. 求最小代价生成树

C. 求最短路径　　D. 求关键路径

8. 有向图的一个强连通分量是指(　　)。

A. 该图的一个极大连通子图　　B. 该图的一个极大强连通子图

C. 该图的一个强连通子图　　D. 该图的一个极小强连通子图

9. 一个非连通图有 k 个连通分量，若按深度优先搜索方法访问所有顶点，则必须调用(　　)次深度优先搜索算法。

A. 1　　B. k-1　　C. k　　D. k+1

10. 已知 G=(V, E)是一个有向图，其中 V={a, b, c, d, e}，E={(a, b), (a, c), (a, d), (b, d), (b, e), (d, e)}，则该有向图可能产生的拓扑序列为(　　)。

A. abcde　　B. abced　　C. acbed　　D. acdbe

11. 下列有关图遍历的说法不正确的是(　　)。

A. 连通图的深度优先搜索是一个递归的过程

B. 在图的广度优先搜索中邻接点的寻找具有先进先出的特征

C. 非连通图不能采用深度优先搜索方法

D. 图的遍历要求每个顶点仅被访问一次

12. 采用邻接表存储的图的广度优先搜索算法与二叉树的(　　)算法类似。

A. 先序遍历　　B. 中序遍历　　C. 后序遍历　　D. 按层次遍历

13. 一个无向图有 20 条边，度为 4 的顶点有 4 个，度为 3 的顶点有 3 个，其余顶点的度数均不大于 2，则该图中至少有(　　)个顶点。

A. 14　　B. 15　　C. 16　　D. 17

14. 已知一个无向图的邻接表存储结构如题图 7.1 所示，根据深度优先搜索算法，从顶点 v_3 出发得到的顶点序列为(　　)。

A. $v_3v_1v_2v_4v_8v_6v_7v_5$　　B. $v_3v_1v_2v_5v_8v_4v_6v_7$　　C. $v_3v_1v_2v_4v_8v_5v_6v_7$　　D. $v_3v_1v_2v_4v_8v_5v_7v_6$

15. 已知 G=(V, E)是一个有向图，其中 V={a, b, c, d}, E={(a, b), (a, d), (a, c), (d, c)}，其拓扑排序序列不唯一，若增加弧(　　)，则由此产生的有向图的拓扑排序序列是唯一的。

A. (c, d)　　B. (b, c)　　C. (d, b)　　D. (b, d)

二、简答

1. 一个 AOE 网如题图 7.2 所示，图中顶点 v_1、v_2、v_3、v_4、v_5、v_6、v_7、v_8、v_9 表示事件，弧 a_1、a_2、a_3、a_4、a_5、a_6、a_7、a_8、a_9、a_{10}、a_{11}、a_{12} 表示活动，回答以下问题：

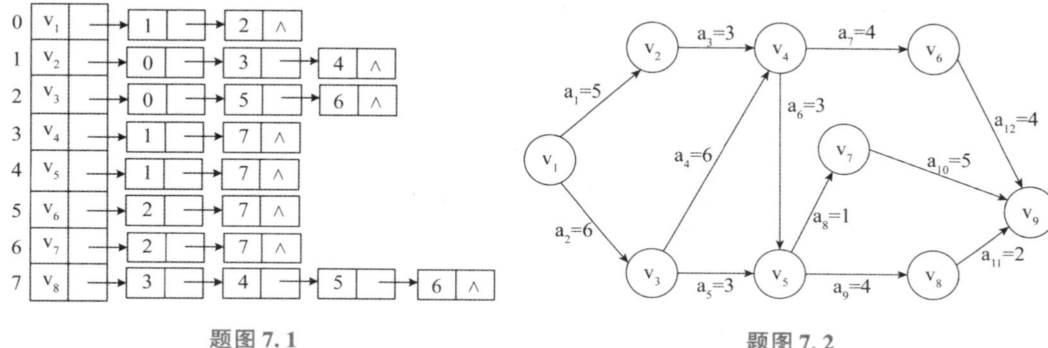

题图 7.1　　题图 7.2

(1)去掉边的方向后，画出最小生成树，并计算边上的权值之和；

(2)求出所有事件的最早发生时间与最迟发生时间；

(3)求出所有活动的最早开始时间与最迟开始时间；

(4)列出所有关键活动。

2. 对于如题图 7.3 所示的无向图，给出以顶点 v_2 作为始点的所有深度优先搜索序列和广度优先搜索序列。

3. 对于如题图 7.4 所示的带权有向图，采用 Dijkstra 算法求解从顶点 v_1 出发到其他各顶点的最短路径及其长度。

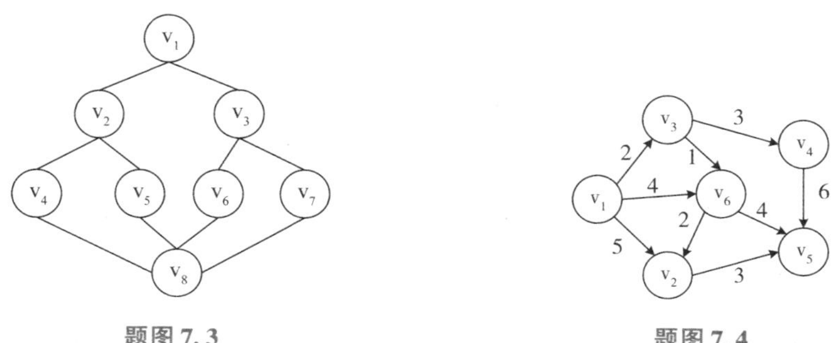

题图 7.3　　题图 7.4

三、算法设计

1. 图 G 采用邻接表存储结构，设计一个算法输出图 G 中从 u 到 v 的所有初等路径 path[]

（顶点不重复的路径，假设至少存在一条路径）。

2. 图 G 采用邻接表存储结构，设计一个算法输出图 G 中从 u 到 v 的长度为 l 的所有初等路径（假设至少存在一条路径）。

3. 无向图 G 采用邻接表存储，设计一个算法求源点 v 到其余顶点的最短路径。

4. 无向图 G 采用邻接表存储，设计一个算法求不带权无向连通图 G 中离顶点 v 最远的一个顶点。

四、上机实验

1. 图 G 采用邻接表存储，构造一个类实现下列算法：

（1）创建一个由 n 个顶点、e 条边组成的有向图；

（2）求图 G 中每个顶点的入度；

（3）求图 G 中每个顶点的出度；

（4）求图 G 中出度最大的一个顶点，输出该顶点编号；

（5）计算图 G 中出度为 0 的顶点数。

2. 设计一个校园导航程序，为访客提供信息查询服务，要求如下：

（1）图中各顶点表示校内各单位的地点，存放单位名称、代号、简介等信息；边表示路径，存放路径长度等相关信息。

（2）图中任意单位地点相关信息的查询。

（3）图中任意单位的问路查询，即查询任意两个单位之间的一条最短路径。

（4）从图中任意单位地点出发的一条深度优先搜索路径。

第8章　查　找

查找是在一些有序的或无序的数据元素中，通过一定的方法找出与给定关键字相同的数据元素的过程，即根据给定的某个值在查找表中确定一个关键字等于给定值的记录或数据元素。查找是信息处理科学中十分重要的操作，例如，在电脑中查找某个具体的文件元素，在高铁信息表中查找某车次的出发时间和到达时间等。

8.1　查找的相关概念

在介绍各种查找算法之前，本节先介绍一些基本概念。

(1) **查找表**是同一类型数据元素(或记录)构成的集合，与4种数据关系中的集合结构对应。由于集合中数据元素之间存在着完全松散的关系，因此，查找表往往要借助其他数据结构来实现相关算法。

(2) **关键字**是可以标识一个数据元素(或记录)的数据项，关键字的值被称为**键值**。若关键字可以唯一地标识一条记录，则称此关键字为**主关键字**(简称主键)；反之，则称此关键字为**次关键字**。

(3) **查找**是根据给定的某个值，在查找表中确定一个关键字等于给定值的记录或数据元素的过程。若在查找表中存在与给定值匹配的记录，则查找成功，此时查找的结果可以是整个记录的信息或查找成功标记等。若在查找表中不存在与给定值匹配的记录，则查找不成功，此时查找结果可以是不成功标记，或将被查找的记录插入查找表。

(4) **静态查找表**是仅对查找表进行查找操作，而不进行插入和删除操作的查找表。静态查找在查找不成功时，只返回一个不成功标志，不改变查找表，因此表中数据元素的数量不会发生变化。

(5) **动态查找表**是在查找的同时对表进行插入和删除操作的表。动态查找在查找不成功时，需要将被查找的记录插入查找表，可能会改变查找表，因此表中数据元素的数量可能会发生变化。

(6) **平均查找长度**(Average Search Length，ASL)是查找过程中关键字的平均比较次数。

平均查找长度作为衡量查找算法效率优劣的标准，定义如下：

$$ASL=\sum_{i=1}^{n}p_i c_i \qquad (i=1,\ 2,\ \cdots,\ n)$$

其中，n 是查找表中的元素数量；p_i 是查找第 i 个元素的概率，如果每个元素的查找概率相等，则 $p_i=\frac{1}{n}$；c_i 是找到每个元素所需要的比较次数。

8.2 静态查找表

静态查找表可以采用线性表进行存储，而线性表(a_1，a_2，…，a_n)有顺序存储结构和链式存储结构，顺序存储结构的静态查找表类定义如下：

```
#define max 100
typedef struct{
    KeyType key;                    //KeyType 为关键字数据类型
    InfoType otherinfo;             //其他域
}SElemType;
class StaticSearchtable{
    private:
      SElemType  *elem;
      int length;
    public:
      StaticSearchtable(){          //构造函数,0 号单元留空
        elem=new SElemType [max+1];
        length=0;
      }
      ~StaticSearchtable(){         //析构函数,释放存储空间
        delete []elem;
        length=0;
      }
      void Create(int n){           //创建由 n 个元素组成的顺序表
        for(int i=1;i<=n;i++)
            cin>>elem[i].key>>elem[i].otherinfo;
        length=n;
      }
      int SqSearch(KeyType key);    //顺序查找值等于 key 的关键字
      int BinSearch(KeyType key);   //二分查找值等于 key 的关键字
      int IndexSearch(IndexType index[max],KeyType key,int b);  //分块查找值等于 key 的关键字,
                                                                 //b 为块数
};
```

8.2.1 顺序查找

顺序查找是最简单的查找方法，其主要思想如下：

(1)设置哨兵位 elem[0]. key=key，防止扫描溢出；

(2)从表的末端开始向左扫描线性表，依次将扫描到的关键字值和给定值 key 进行比较，若找到关键字，则查找成功，返回该关键字在顺序表中的下标，否则查找失败，返回 0。

顺序查找的算法如下：

```
int StaticSearchTable::SqSearch(KeyType key){
  elem[0].key=key;                    //哨兵位
  for(int i=length;elem[i].key!=key;i--)//从末端开始向左扫描
     ;                                //空语句
  return i;
}
```

从顺序查找的过程可以看出，查找元素 a_i 所需的关键字比较次数 c_i 取决于 a_i 在表中的位置。如查找第 n 个元素(n 为元素数量，在算法中为 length)只需要比较一次，而查找第一个元素需要比较 n 次。一般情况下，c_i 等于 n-i+1。查找成功时顺序查找的平均查找长度为

$$ASL=np_1+(n-1)p_2+\cdots+(n-i+1)p_i+\cdots+2p_{n-1}+p_n$$

设每个元素的查找概率相等，即

$$p_i=\frac{1}{n} \qquad (1\leqslant i\leqslant n)$$

则在等概率情况下，查找成功时的顺序查找的平均查找长度为

$$ASL=\sum_{i=1}^{n}p_ic_i=\frac{1}{n}\sum_{i=1}^{n}(n-i+1)=\frac{1}{n}\times\frac{n(n+1)}{2}=\frac{n+1}{2}$$

对于顺序查找，不论给定值 key 为何值，查找不成功时与给定值进行比较的关键字数量均为 n+1，因此查找不成功时顺序表的平均查找长度为 n+1。

顺序查找的应用范围是顺序表或线性链表表示的表，表内元素之间的关键字有序或无序没有限制。当数据元素数量较大时，顺序查找的效率较低，此时不宜采用顺序查找。

8.2.2 二分查找

二分查找又被称为折半查找，它是一种效率较高的查找方法。二分查找要求线性表采用顺序存储结构且元素有序。

二分查找法与顺序查找法类似，在存储元素时数组元素的第 0 位留空。

二分查找每次将待查记录所在区间缩小一半，具体步骤为：设 elem[low..high]是当前的查找区间，则中间点位置 mid=(low+high)/2，将待查元素的关键字 key 值与 elem[mid].key 比较：

初始时，令 low=1，high=length。

(1)mid=(low+high)/2；

(2)若 key==elem[mid]. key，则查找成功，返回 mid，即该元素在顺序表中的下标；

(3)若 key<elem[mid]. key，则 high=mid-1；

(4)若 key>elem[mid]. key，则 low=mid+1；

重复上述操作，low>high 时，查找失败，返回 0。

二分查找的算法如下：

```
int StaticSearchTable::BinSearch(KeyType key){
  int low=1,high=length;
  int mid;
  while(low<=high){
    mid=(low+high)/2;
    if(key==elem[mid].key)return mid;
    else if(key<elem[mid].key)high=mid-1;
        else low=mid+1;
  }
  return 0;
}
```

二分查找过程可用二叉树来描述。在构造二叉树的过程中，当前查找区间中点位置上的元素作为树根，左子表和右子表的元素分别作为根的左子树和右子树，由此递归得到二叉树，通常称描述查找过程的二叉树为判定树。判定树的形态与表中的元素数量 n 相关，与输入实例中的 key 值无关。

例如，要找到 15 个数据元素的有序表中的第 8 个元素需要比较 1 次，找到第 4 个和第 12 个元素需要比较 2 次；找到第 2 个、第 6 个、第 10 个、第 14 个元素需要比较 3 次；找到第 1 个、第 3 个、第 5 个、第 7 个、第 9 个、第 11 个、第 13 个、第 15 个元素需要比较 4 次。其二分查找判定树如图 8. 1 所示，树中每个圆圈结点表示表中一个元素，结点中的值表示该元素在表中的位置或顺序表中的下标；圆圈结点表示查找成功，方框结点表示查找失败。若查找失败，则比较过程是一条从判定树的根到某个结点的路径，所需的关键字比较次数是该路径上圆圈结点的数量。

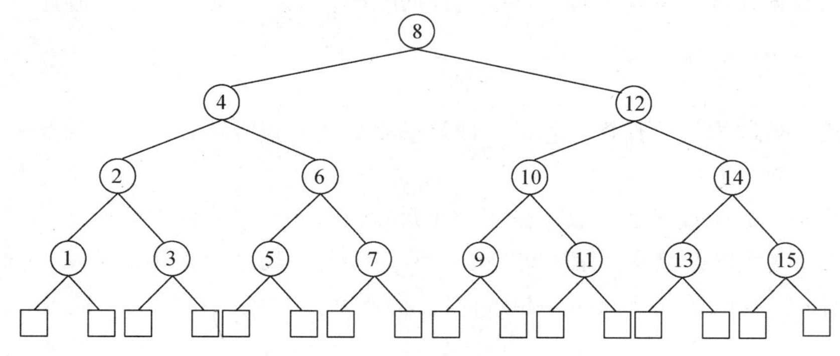

图 8. 1　15 个元素的二分查找判定树

借助于二叉判定树，很容易计算二分查找成功(或不成功)的平均查找长度，两种情形如下：

(1)判定树为满二叉树时，设有序表的元素数量为 $n=2^h-1$，其中 h 为满二叉树的树高(不包括方框结点)，即 $h=\lfloor \log_2 n \rfloor+1$。根据满二叉树的性质可知，树中第 i 层上的元素数量为 2^{i-1}，查找该层上的每个元素需要进行 i 次比较，若表中每个元素的查找概率相等，则查找成功时二分查找的平均查找长度为

$$ASL_{(succ)}=\sum_{i=1}^{n}p_i c_i=\frac{1}{n}\sum_{i=1}^{n}c_i=\frac{1}{n}\sum_{j=1}^{h}j\times 2^{j-1}=\frac{n+1}{n}\log_2(n+1)-1$$

查找不成功时二分查找的平均查找长度为 h。

(2)判定树为非满二叉树时，计算平均查找长度稍显烦琐。

根据判定树构造过程可知，判定树中度小于 2 的元素只可能在最后两层上(不计方框结点)，如图 8.2 所示。

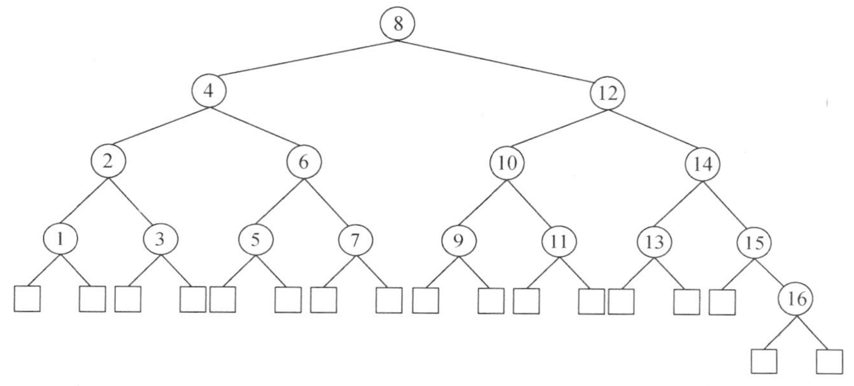

图 8.2　判定树为非满二叉树的示例

此时，计算查找成功时的平均查找长度应分情形处理，对于前 h−1 层，查找成功时总的比较次数为

$$\sum_{j=1}^{h-1}j\times 2^{j-1}$$

最后一层(即第 h 层)的比较次数为 $h\times[n-(2^{h-1}-1)]$，即树高与最后一层元素的数量之积。因此，若表中每个元素的查找概率相等，则查找成功时二分查找的平均查找长度为

$$ASL_{(succ)}=\sum_{i=1}^{n}p_i c_i=\frac{1}{n}\left\{\sum_{j=1}^{h-1}j\times 2^{j-1}+h\times[n-(2^{h-1}-1)]\right\}$$

在计算查找不成功时，先计算最后一层查找不成功时结点的比较次数，其次数为

$$h\times\underbrace{[n-(2^{h-1}-1)]}_{\text{第h层上的圆形结点数量}}\times 2$$

再计算第 h−1 层查找不成功时结点的比较次数，其次数为

$$(h-1)\times\underbrace{\{2^{h-1}-[n-(2^{h-1}-1)]\}}_{\text{第h层上的方框结点数量}}=(h-1)\times(2^h-n-1)$$

因此，若表中每个元素的查找概率相等，则查找不成功时二分查找的平均查找长度为

$$ASL_{(unsucc)}=\frac{1}{n+1}\{h\times[n-(2^{h-1}-1)]\times 2+(h-1)\times(2^h-n-1)\}=h+1-\frac{2^h}{n+1}$$

例 8.1　给定 18 个元素的有序表{2，5，8，10，15，40，42，55，66，70，72，75，

80，88，90，100，108，200}，采用二分查找，则：

(1)写出查找长度为4和5的元素数；

(2)计算查找值为15的数据元素要经过的比较次数，并写出依次比较的元素值；

(3)在查找概率相等的情况下，计算查找成功和查找不成功时的平均查找长度。

【解】二分查找判定树如图8.3所示。

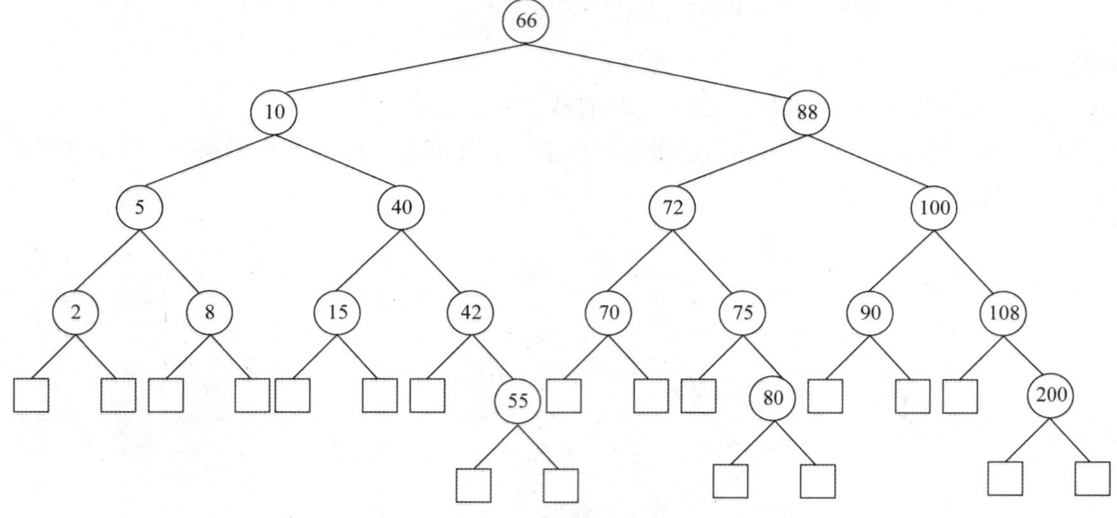

图8.3　例8.1的二分查找判定树

(1)查找长度为4和5的元素数分别为8和3。

(2)查找值为15的数据元素要经过4次比较，依次与表中元素66、10、40、15比较。

(3)在查找概率相等的情况下，查找成功时的平均查找长度为

$$ASL_{(succ)}=\sum_{i=1}^{n}p_i c_i=\frac{1}{n}\{\sum_{j=1}^{h-1}j\times 2^{j-1}+h\times[n-(2^{h-1}-1)]\}$$

$$=\frac{1\times1+2\times2+3\times4+4\times8+5\times3}{18}=\frac{64}{18}=\frac{32}{9}$$

查找不成功时的平均查找长度为

$$ASL_{(unsucc)}=h+1-\frac{2^h}{n+1}=5+1-\frac{32}{19}=\frac{82}{19}$$

也可以查找图8.3中的方框结点方式计算查找不成功时的平均查找长度：

$$ASL_{(unsucc)}=\frac{4\times13+5\times6}{19}=\frac{82}{19}$$

8.2.3　分块查找

分块查找又被称为索引顺序查找，它是顺序查找的改进方法，其性能介于顺序查找和二分查找之间。在分块查找方法中，除存储表本身以外，还需要存储一个索引表。存储方法如下：

(1)将线性表elem[1..n]均分为b块，前b-1块的元素数量为$s=\lceil\frac{n}{b}\rceil$，最后一块(b块)

的元素数量小于或等于 s；

(2)每一块的关键字不一定有序，但前一块的最大关键字小于后一块的最小关键字，即块内无序，块间有序；

(3)抽取各块的最大关键字及起始位置构成一个索引表 index[0..b-1]，即 index[i](i=1，2，…，b-1)中存放第 i 块的最大关键字和该块在表中的起始位置。

由以上构造方法可知，索引表 index[0..b-1]是递增有序表。

例如，一个有 23 个元素的线性表采用顺序存储结构存放在表 elem[1..n]中，将 23 个关键字分成 4 块(b=4)，前 3 块中有 6 个元素，最后一块有 5 个元素，如图 8.4 所示。

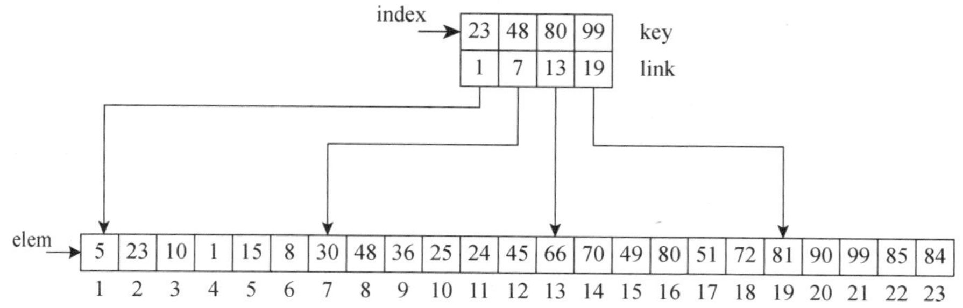

图 8.4 分块查找的索引存储结构

设 key=49，将 49 与索引表中各最大关键字进行比较，查找时可采用顺序查找或二分查找。关键字 49 如果存在，则一定在第 3 个子表中。第 3 个子表的起始地址为 13，从第 13 个元素开始顺序查找，直到 elem[15].key = key 为止；如果子表中没有该关键字，则查找不成功。

索引表的数据类型定义如下：

```
typedef struct{
  KeyType key;
  int link;
}IndexType;
```

用 C++语言描述分块查找值等于 key 的关键字的算法如下：

```
int StaticSearchTable::IndexSearch(IndexType index[max],KeyType key,int b){
    int low=0,high=b-1,mid,i,s;
    if(length%b==0) s=length/b;
    else s=length/b+1;
    while(low<=high){
        mid=(low+high)/2;
        if(index[mid].key>=key) high=mid-1;
        else low=mid+1;
    }
    //在索引表的 high+1 块对应的线性表中顺序查找 key
    i=index[high+1].link;
    while(i<=index[high+1].link+s-1&&elem[i].key!=key)
```

```
        i++;
    if(i<=index[high+1].link+s-1)
        return i;                  //查找成功,返回元素下标
    else return 0;                 //查找失败,返回0
}
```

由算法可知，分块查找实际上是由索引表的顺序查找或二分查找，以及子表的顺序查找构成，其平均查找长度为两次查找的平均查找长度之和。设线性表中有 n 个元素，块数为 b，具体分析如下：

(1) $n\%b=0$ 时，每块有$\frac{n}{b}$个元素。若以二分查找来确定所在的子块，则分块查找成功的平均查找长度为

$$ASL=ASL_{(b)}+ASL_{(s)}=\frac{b+1}{b}\times\log_2(b+1)-1+\frac{\frac{n}{b}+1}{2}$$
$$=\frac{b+1}{b}\times\log_2(b+1)-1+\frac{n}{2b}+\frac{1}{2}$$

若以顺序查找来确定所在的子块，则分块查找成功的平均查找长度为

$$ASL=ASL_{(b)}+ASL_{(s)}=\frac{b+1}{2}+\frac{\frac{n}{b}+1}{2}=\frac{1}{2}\left(b+\frac{n}{b}\right)+1$$

(2) $n\%b\neq0$ 时，前 b-1 块有$\left\lceil\frac{n}{b}\right\rceil$个元素，最后一块有 $n-(b-1)\times\left\lceil\frac{n}{b}\right\rceil$个元素。若以二分查找来确定所在的子块，则分块查找成功的平均查找长度为

$$ASL=ASL_{(b)}+ASL_{(s)}=\frac{b+1}{b}\times\log_2(b+1)-1+\frac{1}{2}\left[\frac{\left\lceil\frac{n}{b}\right\rceil+1}{2}+\frac{n-(b-1)\times\left\lceil\frac{n}{b}\right\rceil+1}{2}\right]$$
$$=\frac{b+1}{b}\times\log_2(b+1)-1+\frac{1}{4}\left[n+2-(b-2)\left\lceil\frac{n}{b}\right\rceil\right]$$

若以顺序查找来确定所在的子块，则分块查找成功的平均查找长度为

$$ASL=\frac{b+1}{2}+\frac{1}{2}\left[\frac{\left\lceil\frac{n}{b}\right\rceil+1}{2}+\frac{n-(b-1)\times\left\lceil\frac{n}{b}\right\rceil+1}{2}\right]$$
$$=\frac{b+1}{2}+\frac{1}{4}\left[n+2-(b-2)\left\lceil\frac{n}{b}\right\rceil\right]$$

例 8.2 对于具有 40 个元素的线性表：

(1)采用分块查找法查找，且块数 b=6，求查找成功的平均查找长度；

(2)采用顺序查找和二分查找，求平均查找长度。

【解】 b=6，得 $s=\left\lceil\frac{40}{6}\right\rceil=7$。

(1)若用顺序查找来确定块，则平均查找长度为

$$ASL=\frac{b+1}{2}+\frac{1}{4}\left[n+2-(b-2)\left\lceil\frac{n}{b}\right\rceil\right]=\frac{6+1}{2}+\frac{1}{4}\left[40+2-(6-2)\left\lceil\frac{40}{6}\right\rceil\right]=7$$

若采用二分查找来确定块，则平均查找长度为

$$\begin{aligned}ASL&=\frac{b+1}{b}\times\log_2(b+1)-1+\frac{1}{4}\left[n+2-(b-2)\left\lceil\frac{n}{b}\right\rceil\right]\\&=\frac{6+1}{6}\times\log_2(6+1)-1+\frac{1}{4}\left[40+2-(6-2)\left\lceil\frac{40}{6}\right\rceil\right]\\&=\frac{7}{6}\times\log_2 7+\frac{5}{2}\end{aligned}$$

(2)若采用顺序查找，则平均查找长度为

$$ASL=\frac{n+1}{2}=\frac{41}{2}$$

若采用二分查找(设线性表有序)，则平均查找长度为

$$\begin{aligned}ASL_{(succ)}&=\sum_{i=1}^{n}p_i c_i=\frac{1}{n}\{\sum_{j=1}^{h-1}j\times2^{j-1}+h\times[n-(2^{h-1}-1)]\}\\&=\frac{1\times1+2\times2+3\times4+4\times8+5\times16+6\times9}{40}=\frac{183}{40}\end{aligned}$$

由此可见，分块查找算法的效率介于顺序查找和二分查找之间：

(1)顺序查找的时间复杂度最差，二分查找的时间复杂度最好，分块查找的时间复杂度介于两者之间；

(2)分块查找需要增加索引数据的空间，空间复杂度最大。

3 种查找方法的特点如下：

(1)顺序查找对表没有特殊要求；

(2)分块查找的数据块之间在物理上可以不连续，插入、删除数据只涉及对应的块，但增加了索引的维护；

(3)二分查找要求表有序，若表的元素插入与删除很频繁，则维持表有序的工作量极大；

(4)在表不大时，一般使用顺序查找。

8.3 动态查找表

动态查找表的表结构是在查找过程中动态生成的，也就是说对于给定值 key，若表中存在关键字与 key 相等的数据元素，则返回查找成功信息，否则将关键字等于 key 的数据元素插入表中。

8.3.1 二叉排序树

二叉排序树(Binary Sort Tree，BST)又被称为二叉查找树，它可能是一棵空树，也可能是满足下列性质的二叉树：

(1)若它的左子树不是空树，则左子树上所有元素的值均小于根结点元素的值；

(2)若它的右子树不是空树，则右子树上所有元素的值均大于根结点元素的值；

(3)左子树和右子树分别为二叉排序树。

上述定义要求查找表中没有相同关键字的数据元素，若查找表中存在关键字相同的数据元素，则可以将(1)中的“小于”改为“小于或等于”，或将(2)中的“大于”改为“大于或等于”。本节仅讨论查找表中无相同关键字的数据元素。

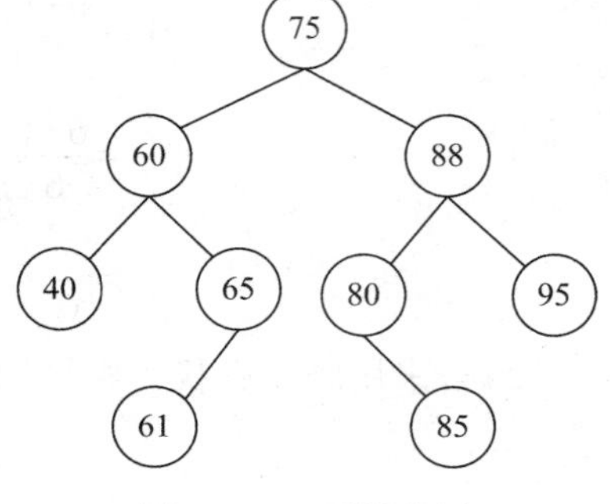

图 8.5　二叉排序树

二叉排序树如图 8.5 所示，根据二叉排序树的定义可知，对二叉排序树进行中序遍历可以得到一个有序序列，因此对于任意一个关键字序列构造一棵二叉排序树，其实质是对此关键字序列进行排序，使其变成有序序列。

二叉排序树的类定义如下：

```
typedef struct{
    KeyType key;
    InfoType otherinfo;          //其他域
}DElemType;
typedef struct BsTNode{
    DElemType data;
    BsTNode *lchild, *rchild;
}BsTNode;
class BsTree{
    private:
      BsTNode *bst;
      void Insert(BsTNode *&t,DElemType e);          //在二叉排序树中递归插入一个结点
      BsTNode *Search(BsTNode *t,KeyType key);       //递归查找关键字 key
    public:
      BsTree(){bst=NULL;};                           //构造函数,创建空的二叉排序树
      BsTNode *SearchBST(KeyType key);               //查找关键字值等于 key 的结点
      void InsertBST(DElemType e);                   //将递归创建的二叉排序树传递给私有成员
      void CreateBiTree(DElemType d[],int n);        //生成二叉排序树
      void DeleteBsTree(BsTNode *&t,DElemType e);    //删除二叉排序树中的一个结点
      void Deletep(BsTNode *&p);//从二叉排序树中删除结点 p,并重接其左子树或右子树
};
```

1. 二叉排序树的插入和生成

二叉排序树的插入操作应保证插入后仍满足二叉排序树的定义，新插入的结点总是叶子结点。其插入过程如下：

(1)若二叉树 t 为空，则生成一个根结点；

(2)若二叉树 t 不为空，则将 key 与根结点的关键字比较，key<t→data 时将 key 插入根结点的左子树，否则插入根结点的右子树。

插入二叉排序树的递归算法如下：

```
void BsTree::Insert(BsTNode  *&t,DElemType e){
    if(t==NULL){
      t=new BsTNode;                              //创建根结点
      t->lchild=t->rchild=NULL;
      t->data=e;
      return;
    }
    if(e.key<t->data.key) Insert(t->lchild,e);    //在左子树中插入结点 e
    else Insert(t->rchild,e);                     //在右子树中插入结点 e
}
void BsTree::InsertBST(DElemType e){              //将递归创建的二叉排序树传递给私有成员
    BsTNode  *t=bst;
    Insert(t,e);
    bst=t;
}
```

二叉排序树的生成从空树出发，每插入一个关键字，就调用一次插入算法 InsertBST。从关键字数组 d[]生成二叉排序树的算法如下：

```
void BsTree::CreateBiTree(DElemType d[],int n){//在数组 d 中有 n 个数据
  for(int i=0;i<n;i++)
    InsertBST(d[i]);
}
```

设查找表的关键字序列为{65，78，18，39，44，98，68，120，2}，则二叉排序树的生成过程如图 8.6 所示。

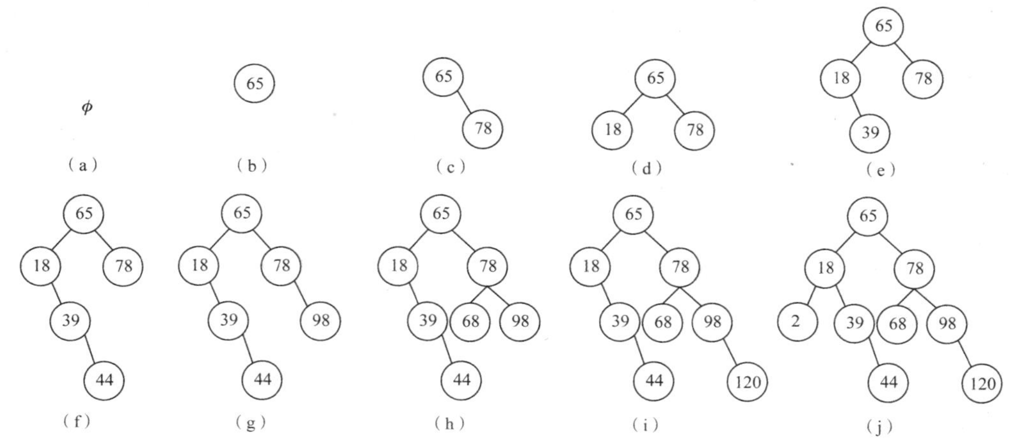

图 8.6　二叉排序树的生成过程

(a)空树；(b)插入 65；(c)插入 78；(d)插入 18；(e)插入 39；
(f)插入 44；(g)插入 98；(h)插入 68；(i)插入 120；(j)插入 2

2. 查找二叉排序树中的结点

由于二叉排序树按中序遍历可以得到有序序列，因此在二叉排序树中进行查找与二分查找类似，也是一个逐步缩小查找范围的过程。查找的步骤如下：

若二叉树 t 为空或 key = t→data.key，则返回 t；若 key ≠ t→data.key，则将 key 与根结点的关键字比较，key<t→data.key 时递归查找左子树，key>t→data.key 时递归查找右子树。

对应的递归算法如下：

```
BsTNode *BsTree::Search(BsTNode *t,KeyType key){
//在二叉排序树中查找关键字为 key 的结点,若找到该结点则返回结点的地址,否则返回空
    if(t==NULL || key==t->data.key) return t;
    else if(key<t->data.key)
          return Search(t->lchild,key);          //查找左子树
       else return Search(t->rchild,key);        //查找右子树
}
```

在私有成员中查找关键字值等于 key 的结点的算法如下：

```
BsTNode *BsTree::SearchBST(KeyType key){
    BsTNode *t=bst;
    return Search(t,key);
}
```

根据算法可知，在二叉排序树上查找关键字等于给定值的结点是从根结点出发走了一条从根结点到查找结点的路径，与给定值比较的关键字数量与结点所在的层次数(或路径长度加 1)相等，因此，和二分查找类似，与给定值比较的关键字数量不超过树的深度。二分查找长度为 n 的有序表的判定树是唯一的，而含有 n 个结点的二叉排序树却不唯一。对于含有相同数据元素的数据表，由于元素插入的顺序不同，由其产生的二叉排序树的形态和深度也可能不同。例如，值相同但插入顺序不同的关键字序列{18，25，35，36，49，55}和{35，25，55，18，36，49}的二叉排序树如图 8.7 所示，(a)的深度为 6，(b)的深度为 4。查找失败时，在两棵二叉排序树上所进行的关键字比较次数最多为 6 和 4；在等概率条件下，查找成功时，(a)树的平均查找长度为

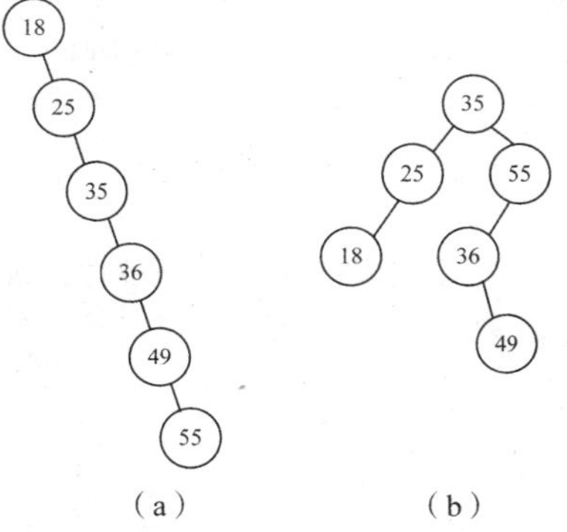

图 8.7　不同形态的二叉排序树

(a)单分支结构；(b)一般的二叉排序树

$$ASL_{(a)}=\frac{1\times1+1\times2+1\times3+1\times4+1\times5+1\times6}{6}=\frac{21}{6}=\frac{7}{2}$$

(b)树的平均查找长度为

$$ASL_{(b)}=\frac{1\times1+2\times2+3\times2+4\times1}{6}=\frac{15}{6}=\frac{5}{2}$$

由此可见，在二叉排序树上进行查找时的平均查找长度和二叉排序树的形态有关。在最坏的情况下，即(a)所示的深度为 n 的单分支结构，它的平均查找长度与线性表上的顺序查

找相同，即$\frac{n+1}{2}$；在最好的情况下，二叉排序树的形态和二分查找的判定树相同，此时的平均查找长度约为$\log_2 n$。

例 8.3 分别设计递归算法和非递归算法，在二叉排序树中寻找关键字值最大结点和最小结点的地址。

【解】根据二叉排序树的定义，一棵二叉排序树中关键字值最大的结点是根结点的最右方结点，最小的结点是根结点的最左方结点。

(1)用 C++语言描述的非递归算法如下：

```
BsTNode *FindMax(BsTNode *bt){
    BsTNode *p=bt;
    if(p==NULL || p->rchild==NULL) return p;
    while(p->rchild)
        p=p->rchild;
    return p;
}
BsTNode *FindMin(BsTNode *bt){
    BsTNode *p=bt;
    if(p==NULL || p->lchild==NULL) return p;
    while(p->lchild)
        p=p->lchild;
    return p;
}
```

(2)用 C++语言描述的递归算法如下：

```
BsTNode *FindMax(BsTNode *&bt){
    if(bt==NULL || bt->rchild==NULL) return bt;
    else return FindMax(bt->rchild);
}
BsTNode *FindMin(BsTNode *&bt){
    if(bt==NULL || bt->lchild==NULL) return bt;
    else return FindMin(bt->lchild);
}
```

3. 删除二叉排序树中的结点

在二叉排序树中删除结点的原则是：删除结点后仍然是二叉排序树。

设在二叉排序树中被删除的结点为 p，其双亲结点为 f，p 是 f 的左孩子或根结点，分 3 种情况讨论：

(1)若 p 为叶子结点，则直接删除，如图 8.8(a)所示。

(2)若 p 只有左子树 p_L 或右子树 p_R，则令 p_L 或 p_R 直接成为双亲结点 f 的子树，如图 8.8(b)或(c)所示。

(3)若 p 既有左子树 p_L 又有右子树 p_R，则在 p_L 中选择值最大的结点代替 p，该数据按二叉排序树的性质应在左子树的最右下结点，如图 8.8(d)和(e)所示，其中(e)是 p 为根结点的情形。

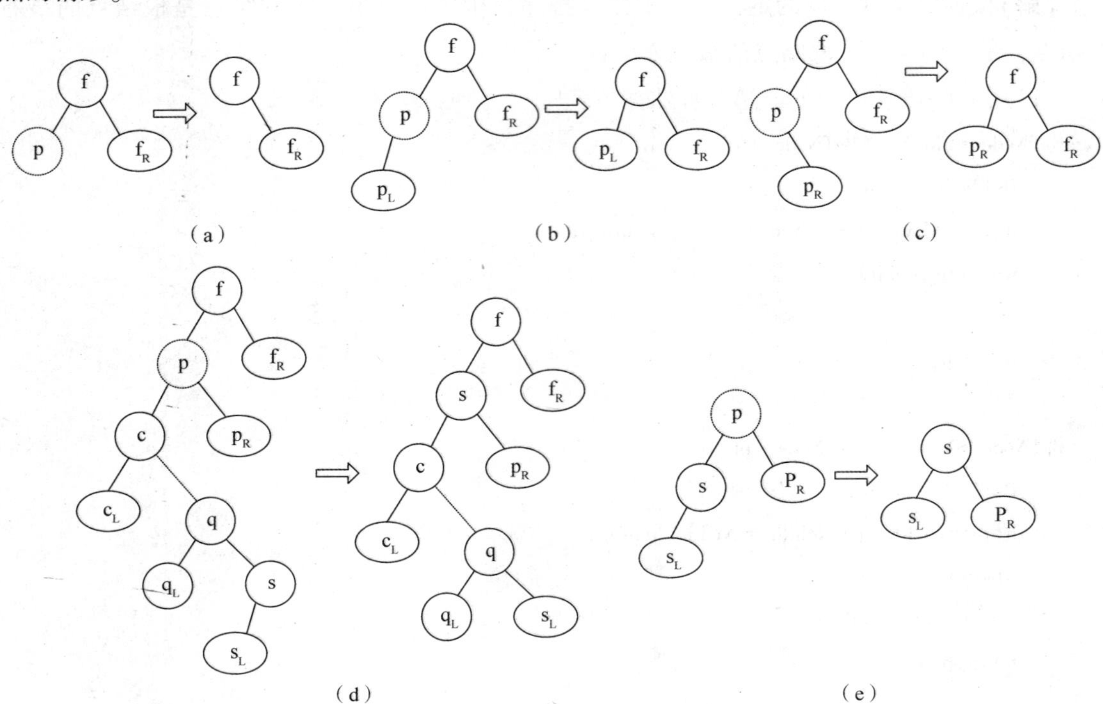

图 8.8　二叉排序村的删除操作

(a)叶子结点；(b)仅有左子树；(c)仅有右子树；(d)既有左子树又有右子树；(e)根结点

用 C++语言描述删除操作的算法如下：

```
void BsTree::DeleteBsTree(BsTNode *&t,DElemType e){   //删除二叉排序树中的一个结点
    if(!t) return;
    else{
        if(e.key==t->data.key) Deletep(t);
        else if(e.key<t->data.key) DeleteBsTree(t->lchild,e);
            else DeleteBsTree(t->rchild,e);
    }
}
void BsTree::Deletep(BsTNode *&p){   //从二叉排序树中删除结点 p,并重新连接它的左子树或右子树
    if(!p) return;
    BsTNode *s, *q;
```

```
    if(p->rchild==NULL){
      q=p;
      p=p->lchild;
      delete q;
    }
    else if(p->lchild==NULL){
        q=p;
        p=p->rchild;
        delete q;
      }
      else{
        q=p;
        s=p->lchild;
        while(s->rchild!=NULL){
          q=s;
          s=s->rchild;
        }
        p->data=s->data;
        if(q!=p) q->rchild=s->lchild;
        else q->lchild=s->lchild;
        delete s;
      }
}
```

例 8.4 设计一个判断一棵二叉树是否为二叉排序树的算法。若该二叉树为二叉排序树，则返回 1，否则返回 0。

【解】用 C++语言描述判断一棵二叉树是否为二叉排序树的算法如下：

```
int IsbstTree(BsTNode *t){                //空树和仅有一个根结点的二叉树为二叉排序树
    if(!t || !t->lchild&&!t->rchild) return 1;
    else if(t->lchild&&!t->rchild) if(t->data.key<t->lchild->data.key) return 0;//仅有左子树
                                   else return IsbstTree(t->lchild);
      else if(!t->lchild&&t->rchild) if(t->data.key>t->rchild->data.key) return 0;
                                     else return IsbstTree(t->rchild);
        else if(t->lchild->data.key>t->data.key || t->rchild->data.key<t->data.key) return 0;
          else return IsbstTree(t->lchild)&&IsbstTree(t->rchild);
}
```

8.3.2 平衡二叉树

二叉排序树的左子树和右子树分布均匀，其基本操作的平均时间复杂度为 $O(\log_2 n)$，但在最坏的情况下，所创建的二叉排序树的形式与单链表的时间复杂度类似，其基本操作的平均时间复杂度会增加至 O(n)。为了使基本操作具有较好的性能，需要在构成二叉排序树的过程中对树进行平衡化处理，使之成为一棵平衡二叉树(Balance Binary Tree)。平衡二叉树最初由苏联科学家 G. M. Adelson-Velsky 和 E. M. Landis 提出的，又被称为 AVL 树。

平衡二叉树可能是空的二叉排序树，也可能是具有下列性质的二叉排序树：

(1)它的左子树和右子树均为平衡二叉树；

(2)左子树和右子树高度之差的绝对值不超过 1。

若将二叉树上结点的**平衡因子**定义为该结点左子树与右子树的高度之差，则平衡二叉树上所有结点的平衡因子只可能是 1、0 或-1。若二叉树上有一个结点的平衡因子的绝对值大于 1，该树则不是一棵平衡二叉树。如图 8.9 所示，(a)所有结点的平衡因子的绝对值都不大于 1，(b)中结点 25 的平衡因子为 2。

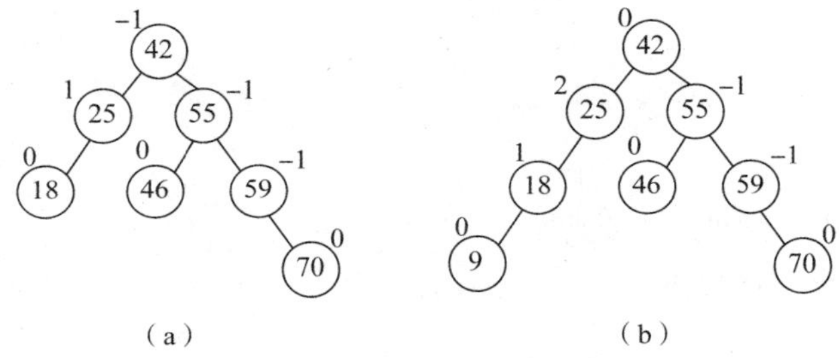

图 8.9 平衡二叉树和不平衡二叉树

(a)平衡二叉树；(b)不平衡二叉树

1. 平衡二叉树的调整方法

若向平衡二叉树中插入一个新结点而引起不平衡，则采用以下方法进行调整：

(1)不涉及不平衡点的双亲，即以不平衡点为根的子树高度应保持不变；

(2)新结点插入后，向根结点回溯，找到第一个原平衡因子不为 0 的结点，如图 8.9(b)中的结点 25，新插入的结点和第一个平衡因子不为 0 的结点之间的结点，其平衡因子皆为 0；

(3)在调整中，仅涉及前面提到的最小子树，如图 8.9(b)中以 25 为根结点的子树；

(4)调整后保持二叉排序树的性质不变。

设 A 为最小子树的根结点，则子树的调整操作分为 4 种情况：

1)RR 型调整

RR 型调整是指在结点 A 的右孩子(设为结点 B)的右子树上插入一个结点，使结点 A 的平衡因子由-1变为-2引起不平衡而产生的调整，如图8.10所示。图中，带阴影的区域表示插入结点，h表示子树的树高。调整方法为单向左旋转平衡，具体方法如下：

(1)把结点B变为调整后的最小子树的根结点；

(2)把结点A变为结点B的左孩子；

(3)把B_L变为结点A的右子树。

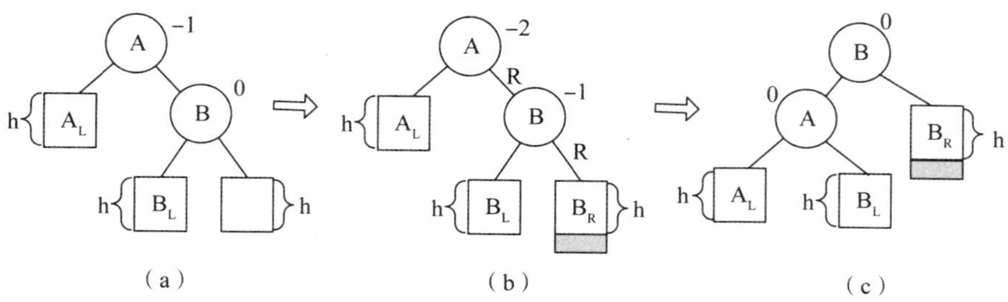

图8.10 RR型调整

(a)插入前；(b)插入后；(c)调整后

2)LL型调整

LL型调整是在结点A的左孩子(设为结点B)的左子树上插入一个结点，使结点A的平衡因子由1变为2引起不平衡而产生的调整，如图8.11所示。调整方法为单向右旋转平衡，具体方法如下：

(1)把结点B变为调整后的最小子树的根结点；

(2)把结点A变为结点B的右孩子；

(3)把B_R变为结点A的左子树。

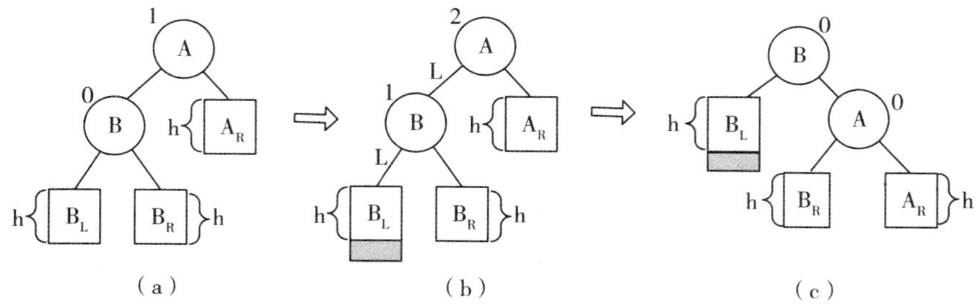

图8.11 LL型调整

(a)插入前；(b)插入后；(c)调整后

3)RL型调整

RL型调整是指在结点A的右孩子(设为结点B)的左子树上插入一个结点，使结点A的平衡因子由-1变为-2引起不平衡而产生的调整，如图8.12所示。调整方法为先右旋转后向左旋转平衡，具体方法如下：

(1)把结点B的左孩子(设为结点C)变为调整后的最小子树的根结点；

(2)把结点 A 变为结点 C 的左孩子，结点 B 变为结点 C 的右孩子；

(3)把结点 C 的右子树变为结点 B 的左子树；

(4)把结点 C 的左子树变为结点 A 的右子树。

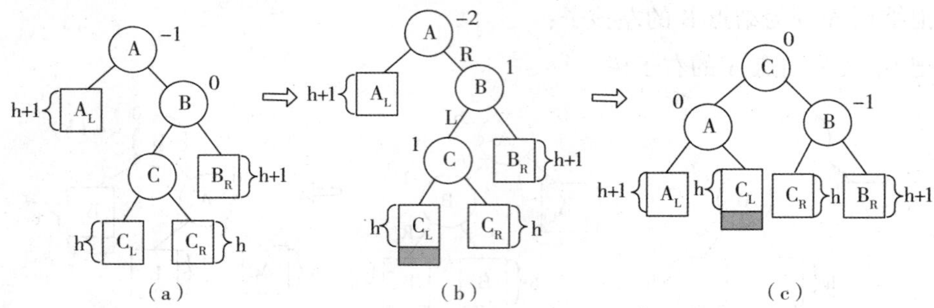

图 8.12 RL 型调整

(a)插入前；(b)插入后；(c)调整后

4)LR 型调整

LR 型调整是在结点 A 的左孩子(设为结点 B)的右子树上插入一个结点，使结点 A 的平衡因子由 1 变为 2 引起不平衡而产生的调整，如图 8.13 所示。调整方法为先左旋转后向右旋转平衡，具体方法如下：

(1)把结点 B 的右孩子(设为 C 结点)变为调整后的最小子树的根结点；

(2)把结点 A 变为结点 C 的右孩子，结点 B 变为结点 C 的左孩子；

(3)把结点 C 的右子树变为结点 A 的左子树；

(4)把结点 C 的左子树变为结点 B 的右子树。

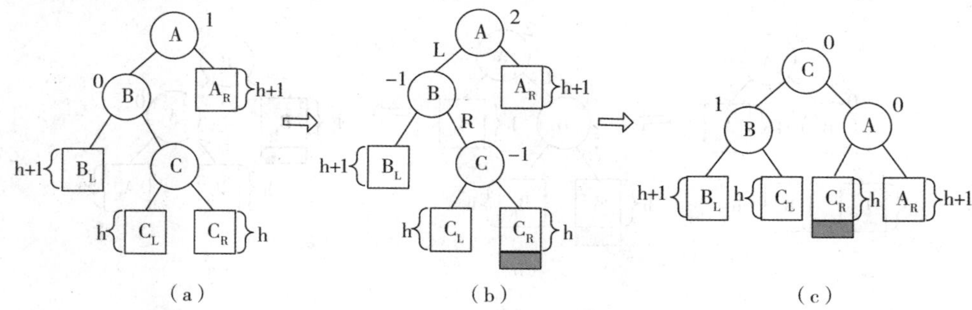

图 8.13 LR 型调整

(a)插入前；(b)插入后；(c)调整后

例 8.5 已知关键字序列{65，48，55，78，90，16，8，77，120，60，70，88}，给出构造平衡二叉树的过程。

【解】平衡二叉树的构造过程如图 8.14 所示。

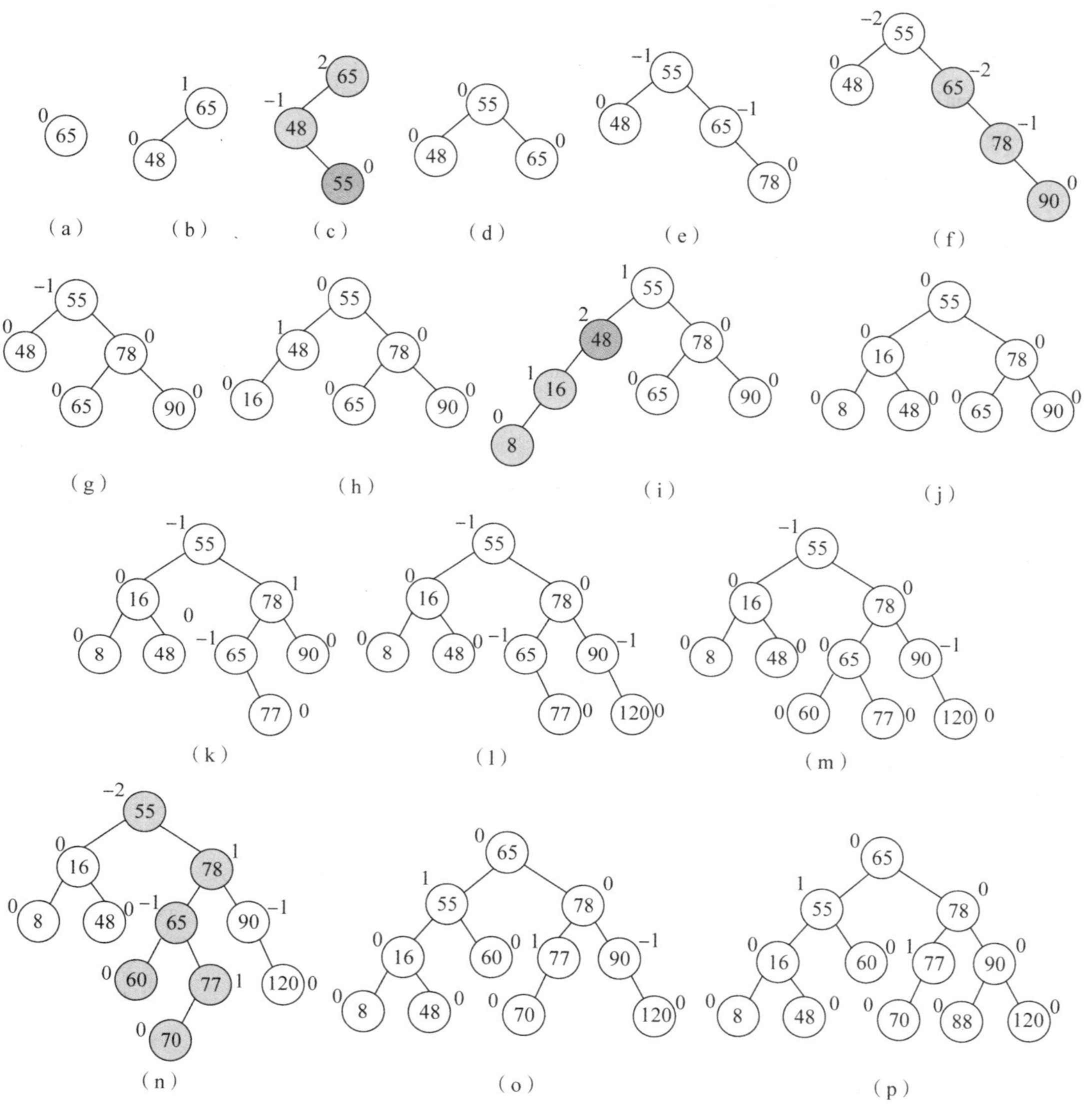

图 8.14 平衡二叉树的构造过程

(a)插入 65；(b)插入 48；(c)插入 55；(d)LR 型调整；(e)插入 78；(f)插入 90；(g)RR 型调整；(h)插入 16；(i)插入 8；(j)LL 型调整；(k)插入 77；(l)插入 120；(m)插入 60；(n)插入 70；(o)RL 型调整；(p)插入 88

2. 平衡二叉树的类定义

平衡二叉树的类定义如下：

```
#define LH  1
#define EH  0
#define RH  -1
typedef struct{
    KeyType key;
    InfoType otherinfo;                    //其他域
```

```
} AElemType;
typedef struct AVLNode{
    AElemType data;
    int bf;                                    //结点的平衡因子
    AVLNode *lchild, *rchild;
} AVLNode;
class AVLTree{
  private:
    AVLNode *bt;
    int Insert(AVLNode *&t,AElemType e,int taller);//递归插入元素 e
  public:
    AVLTree(){bt=NULL;}                        //构造函数,初始化空树
    void L_Rotate(AVLNode *&p);                //RR 型调整
    void R_Rotate(AVLNode *&p);                //LL 型调整
    void LeftBalance(AVLNode *&t);             //LR 型调整
    void RightBalance(AVLNode *&t);            //RL 型调整
    void InsertAVL(AElemType e);               //插入元素 e,将 t 传给私有成员
    void CreateAVLTree(AElemType d[],int n);//生成二叉排序树,将 n 个数据放入数组 d
};
```

(1)用 C++语言描述 RR 型调整的算法如下:

```
void AVLTree::L_Rotate(AVLNode *&p){  //对以 p 为根的二叉排序树作左旋转处理,
                                       //处理之后 p 指向新的树根结点
    AVLNode *lc=p->rchild;             //lc 指向 p 的右子树根结点
    p->rchild=lc->lchild;              //将 lc 的左子树转换为 p 的右子树
    lc->lchild=p;                      //lc 的左子树指向 p
    p=lc;                              //p 指向新的根结点
}
```

(2)用 C++语言描述 LL 型调整的算法如下:

```
void AVLTree::R_Rotate(AVLNode *&p){  //对以 p 为根的二叉排序树作右旋转处理,
                                       //处理之后 p 指向新的树根结点
    AVLNode *lc=p->lchild;             //将 lc 指向 p 的左子树根结点
    p->lchild=lc->rchild;              //将 lc 的右子树转换为 p 的左子树
    lc->rchild=p;                      //将 lc 的右子树指向 p
    p=lc;                              //将 p 指向新的根结点
}
```

(3)用 C++语言描述 LR 型调整的算法如下:

```
void AVLTree::LeftBalance(AVLNode *&t){//对以指针 t 所指结点为根的二叉树作左平衡旋转处理
    AVLNode *lc, *rd;
    lc=t->lchild;                      //将 lc 指向 t 的左子树根结点
    switch(lc->bf){                    //检查 t 的左子树的平衡度,并作相应的平衡处理
```

```
        case LH:                        //新结点插入t的左孩子的左子树上,并作单右旋处理
            t->bf=lc->bf=EH;
            R_Rotate(t);
            break;
        case RH:                        //将新结点插入t的左孩子的右子树上,并作双旋处理
            rd=lc->rchild;              //将rd指向t的左孩子的右子树根结点
            switch(rd->bf){             //修改t及其左孩子的平衡因子
              case LH:t->bf=RH;lc->bf=EH;break;
              case EH:t->bf=lc->bf=EH;break;
              case RH:t->bf=EH;lc->bf=LH;break;
            }
            rd->bf=EH;
            L_Rotate(t->lchild);        //对t的左子树作左旋平衡处理
            R_Rotate(t);                //对t作右旋平衡处理
        }
}
```

(4)用C++语言描述RL型调整的算法如下:

```
void AVLTree::RightBalance(AVLNode *&t){//对以指针t所指结点为根的二叉树作右平衡旋转处理
    AVLNode *rc, *ld;
    rc=t->rchild;                       //rc指向t的右子树根结点
    switch(rc->bf){                     //检查t的右子树的平衡度,并作相应的平衡处理
      case RH:
            t->bf=rc->bf=EH;            //新结点插入t的右孩子的右子树上,并作单左旋处理
            L_Rotate(t);
            break;
      case LH:                          //将新结点插入t的右孩子的左子树上,并作双旋处理
            ld=rc->lchild;              //将ld指向t的右孩子的左子树根结点
            switch(ld->bf){
                case LH:t->bf=EH;rc->bf=RH;break;
                case EH:t->bf=rc->bf=EH;break;
                case RH:t->bf=LH;rc->bf=EH;break;
            }
            ld->bf=EH;
            R_Rotate(t->rchild);        //对t的右子树作右旋平衡处理
            L_Rotate(t);                //对t作左旋平衡处理
    }
}
```

(5)用C++语言描述插入操作的算法如下:

```
int AVLTree::Insert(AVLNode *&t,AElemType e,int taller){
    if(!t){                             //插入新结点,树长高,置taller为1
        t=new AVLNode;
        t->data=e;
```

```
        t->lchild=t->rchild=NULL;
        t->bf=EH;
        taller=1;
    }
    else{
      if(e.key==t->data.key){             //树中存在和 e 有相同关键字的结点,不插入
        taller=0;
        return 0;
      }
      if(e.key>t->data.key){              //在 t 的右子树中搜索
        if(!Insert(t->rchild,e,taller)) return 0;//未插入
        if(taller){                       //已插入 t 的右子树且右子树长高
          switch(t->bf){                  //检查 t 的平衡度
            case LH:                      //原来左子树比右子树高,现在左子树和右子树等高
              t->bf=EH;
              taller=0;
              break;
            case EH:                      //原来左子树和右子树等高,现在由于右子树增高而使树长高
              t->bf=RH;
              taller=1;
              break;
            case RH:                      //原来右子树比左子树高,需要作右平衡处理
              RightBalance(t);
              taller=0;
              break;
          }
        }
      }
      else{                               //继续在 t 的左子树中搜索
        if(!Insert(t->lchild,e,taller)) return 0;//未插入
        if(taller){                       //已插入 t 的左子树且左子树长高
          switch(t->bf){                  //检查 t 的平衡度
            case LH:                      //原左子树比右子树高,需要作左平衡处理
              LeftBalance(t);
              taller=0;
              break;
            case EH:                      //原来左子树和右子树等高,现在由于左子树增高而使树长高
              t->bf=LH;
              taller=1;
              break;
```

```
            case RH:                    //原来右子树比左子树高,现在左子树和右子树等高
              t->bf=EH;
              taller=0;
              break;
            }
          }
        }
      }
      return 1;
    }
    void AVLTree::InsertAVL(AElemType e){//插入元素 e,将 t 传给私有成员
      AVLNode *t=bt;
      int taller;
      Insert(t,e,taller);
      bt=t;
    }
```

平衡二叉树的生成从空树出发，每插入一个关键字，就调用一次 InsertAVL( )。从关键字数组 d[]生成二叉排序树的算法如下：

```
    void AVLTree::CreateAVLTree(AElemType d[],int n){
      for(int i=0;i<n;i++)
        InsertAVL(d[i]);
    }
```

3. 平衡二叉树的查找分析

由于平衡二叉树关键字的查找过程与二叉排序树关键字的查找过程相同，因此，在平衡二叉树的查找过程中关键字的比较次数不超过平衡二叉树的深度。下面分析含有 n 个结点的平衡二叉树的最大深度 h 和深度为 h 的平衡二叉树的最少结点数。

设 N(h)表示深度为 h 的平衡二叉树中含有的最少结点数，由平衡二叉树的定义知：$N(0)=0$，$N(1)=1$，$N(2)=2$，$N(h)=N(h-1)+N(h-2)+1$。当 $h>1$ 时，此关系与 Fibonacci 数列 $F(1)=1$，$F(2)=1$，$F(h)=F(h-1)+F(h-2)$相似，利用数学归纳法可以证明 $N(h)=F(h+2)-1$。

由于 Fibonacci 数列满足渐近公式：

$$F(h)=\frac{1}{\sqrt{5}}\varphi^{h} \qquad (其中\ \varphi=\frac{1+\sqrt{5}}{2})$$

可得公式

$$N(h)=\frac{1}{\sqrt{5}}\varphi^{h+2}-1$$

反之，含有 n 个结点的平衡二叉树的最大深度 h 为

$$h=\log_{\varphi}(\sqrt{5}(n+1))-2$$

综上所述，在平衡二叉树上进行查找的时间复杂度为 $O(\log_2 n)$。

例 8.6 试求深度为 8 的平衡二叉树的最少结点数。

【解】根据深度与结点数的关系可知，深度为 1～8 的最少结点数分别为 1、2、4、7、12、20、33、54，即深度为 8 的平衡二叉树的最少结点数为 54。

8.3.3 B-树

B-树是一种平衡的多路查找树，是根据文件系统的要求而发展起来的。大量数据存放在外存中(通常存储在硬盘中)，由于海量数据不可能一次调入内存，因此要多次访问外存。硬盘的驱动受机械运动的制约，速度慢，影响查找效率，主要矛盾变为减少访问外存次数。1970 年，R. Bayer 和 E. Macreight 提出了用 B-树作为索引来组织文件，其特点是插入、删除时易于保持平衡，外部查找效率高，适合组织磁盘文件的动态索引结构。

m 阶 B-树可能是空树，也可能是满足下列性质的 m 叉树：

(1)树中每个结点最多有 m 棵子树；

(2)若根结点不是终端结点(或称叶子结点)，则其至少有两棵子树；

(3)除根结点外，所有非终端结点至少有 $\left\lceil \frac{m}{2} \right\rceil$ 棵子树；

(4)所有的叶子结点在同一层上，且不带信息(可以认为其为外部结点或失败结点，实际上这些结点不存在，指向这些结点的指针为空)；

(5)每个非终端结点中包含数据信息：

$$(n,\ A_0,\ K_1,\ A_1,\ K_2,\ A_2,\ \cdots,\ K_n,\ A_n)$$

其中，$n(\left\lceil \frac{m}{2} \right\rceil - 1 \leqslant n \leqslant m-1)$ 为该结点的关键字的数量；$K_i(i=1, 2, \cdots, n)$ 为关键字，且满足 $K_i<K_{i+1}(i=1, 2, \cdots, n-1)$；$A_i(i=0, 1, 2, \cdots, n)$ 为该结点的孩子结点指针，且 A_0 所指子树中的结点的关键字均小于 K_1，$A_i(i=1, 2, \cdots, n-1)$ 所指子树中的结点的关键字均大于 K_i 且小于 K_{i+1}，A_n 所指子树中结点的关键字均大于 K_n。

如图 8.15 所示为一棵 3 阶 B-树，其深度为 4。

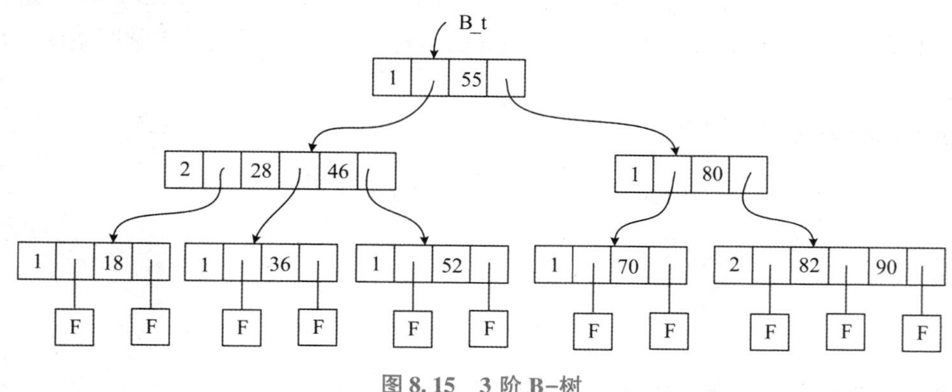

图 8.15　3 阶 B-树

B-树的类定义如下：

```
#include <stdio.h>
#include <iostream>
#include <string>
#define m 3                                   //B-树的阶
using namespace std;
typedef int KeyType;
typedef struct BTNode{
    KeyType key[m+1];                         //关键字向量,key[0]存储元素数量
    BTNode *parent;                           //指向双亲结点
    BTNode *ptr[m+1];                         //子树指针向量
    string recptr[m+1];                       //记录指针向量,0号单元未使用
}BTNode;
typedef struct {
    BTNode *pt;                               //指向找到的节点
    int i;                                    //关键字号
    int tag;                                  //1:查找成功,0:查找失败
}Result;
class B_Tree{
private:
    BTNode *b_t;
public:
    B_Tree(){b_t=NULL;}
    void CreateBTree(int n);                                          //创建B-树
    BTNode *GetRoot(){return b_t;}
    Result SearchBTree(BTNode *t,KeyType key);                        //在B-树上查找结点
    int Search(BTNode *p,KeyType key);                                //在结点中查找关键字
    int InsertBTree(BTNode *&t,KeyType key,BTNode *q,int i,string rcd); //插入关键字
    void Insert(BTNode *&q,int i,KeyType key,BTNode *ap,string rcd);
    int Split(BTNode *&t,BTNode *&ap);                                //分裂结点
    int NewRoot(BTNode *&t,KeyType key,BTNode *p,BTNode *ap,string rcd);//生成新的根结点
    void DeleteBTree(BTNode *t,BTNode *&p,int i);                     //在子树p中删除第i个结点
    void Delete(BTNode *&p,int i);
    void Merge(BTNode *&p,BTNode *&p1,BTNode *&q,int pos);            //合并结点
    void LeftAdjust(BTNode *&p,BTNode *&q,int &i,int s);              //左调整
    void RightAdjust(BTNode *&p,BTNode *&q,int &i,int s);             //右调整
    int Traverse(BTNode *t);
};
```

1. B-树的查找

B-树的查找过程是一个顺着指针查找结点和在结点关键字查找交叉进行的过程。其查

找关键字 key 的方法为：将 key 与根结点中的 key[i]进行比较，key=key[i]时查找成功；key<key[1]时沿着指针 ptr[0]所指的子树继续查找，key[i]<key<key[i+1]时沿着指针 ptr[i]所指的子树继续查找，key>key[n]时沿着指针 ptr[n]所指的子树继续查找。

用 C++语言描述对应的查找算法如下：

```
Result B_Tree::SearchBTree(BTNode  *t,KeyType key){
  BTNode  *p=t, *q=NULL;
  int found=0,i=0;
  Result r;
  while(p&&found==0){
      i=Search(p,key);                        //在 p->key[1..keynum]中查找 i
      if(i>0&&p->key[i]==key)                 //找到待查关键字
        found=1;
      else{
        q=p;
        p=p->ptr[i];
      }
  }
  r.i=i;
  if(found==1){                               //查找成功
    r.pt=p;
    r.tag=1;
  }
  else{                                       //查找不成功,返回 key 的插入位置
    r.pt=q;
    r.tag=0;
  }
  return r;
}
int B_Tree::Search(BTNode  *p,KeyType key){  //在结点 p 中查找关键字
  for(int i=0;i<p->key[0]&&p->key[i+1]<=key;i++)
    ;
  return i;
}
```

在 B-树上进行查找时，查找时间主要耗费在搜索结点上，即主要取决于 B-树的深度。深度为 h+1(最后一层为叶子结点)的 m 阶 B-树的最少结点数为：第 1 层上的最少结点数为 1 个，第 2 层的最少结点数为 2 个，第 3 层上的最少结点数为 $2\left\lceil \frac{m}{2} \right\rceil$个，第 4 层上的最少结

点数为 $2\left\lceil \frac{m}{2} \right\rceil^2$ 个，……第 h+1 层上的最少结点数为 $2\left\lceil \frac{m}{2} \right\rceil^{h-1}$ 个。

若 m 阶 B-树中有 n 个关键字，则叶子结点(查找不成功)数为 n+1，于是有：

$$n+1 \geqslant 2\left\lceil \frac{m}{2} \right\rceil^{h-1}$$

即

$$h \leqslant \log_{\lceil \frac{m}{2} \rceil} \frac{(n+1)}{2} + 1$$

因此，在具有 n 个关键字的 m 阶 B-树上进行查找，需要访问的结点数不超过 $\log_{\lceil \frac{m}{2} \rceil} \frac{(n+1)}{2} + 1$，查找的时间复杂度为 $O(\log_{\lceil \frac{m}{2} \rceil} \frac{(n+1)}{2} + 1)$。

2. B-树的插入

B-树的生成是从空树出发，依次插入关键字而得，m 代表 B-树的阶。插入总发生在最低层，具体过程如下：

(1)若插入后关键字的数量小于或等于 m-1，则插入完成；

(2)若插入后关键字的数量等于 m，结点分裂，以中点关键字(即$\left\lceil \frac{m}{2} \right\rceil$处)为界一分为二，左部分所含关键字($\left\lceil \frac{m}{2} \right\rceil-1$ 个)放在原结点中，右部分所含关键字($m-\left\lceil \frac{m}{2} \right\rceil$个)放在新结点中，中点关键字和新结点的存储位置放在双亲结点中。这样可能使双亲结点的数据数量为 m，引起双亲结点的分裂，最坏情况下一直波及根结点，引起根结点的分裂，B-树长高。

B-树的插入算法如下：

```
void B_Tree::Insert(BTNode *&p,int i,KeyType key,BTNode *q,string rcd){
    int j=p->key[0];
    for(;j>i;j--){                              //整体后移,空出一个位置
        p->key[j+1]=p->key[j];
        p->ptr[j+1]=p->ptr[j];
        p->recptr[j+1]=p->recptr[j];
    }
    p->key[i+1]=key;
    p->ptr[i+1]=q;
    p->recptr[i+1]=rcd;
    if(q!=NULL)q->parent=p;
        p->key[0]++;
}
int B_Tree::Split(BTNode *&p,BTNode *&q){   //将一个关键字序列分裂成两个
    q=new BTNode;                             //为结点 q 分配空间
```

```
    int s=(m+1)/2;
    q->key[0]=0;
    p->key[0]--;
    q->ptr[0]=p->ptr[s];                        //后一半移入结点 q
    if(q->ptr[0]!=NULL)
      q->ptr[0]->parent=q;
    q->parent=p->parent;
    for(int i=s+1,j=1;i<=m;i++,j++){
      q->key[j]=p->key[i];
      q->ptr[j]=p->ptr[i];
      q->recptr[j]=p->recptr[i];
      q->key[0]++;
      p->key[0]--;
      if(q->ptr[j]!=NULL)
        q->ptr[j]->parent=q;
    }
    return 0;
}
int B_Tree::NewRoot(BTNode *&t,KeyType key,BTNode *p,BTNode *q,string rcd){
    t=new BTNode;                               //分配空间
    t->key[0]=1;
    t->key[1]=key;
    t->parent=NULL;
    t->ptr[0]=p;
    t->ptr[1]=q;
    t-> recptr[1]=rcd;
    if(p!=NULL)                                 //调整 p 的双亲指针
      p->parent=t;
    if(q!=NULL){                                //调整 q 的双亲指针
      q->parent=t;
    }
    t->parent=NULL;
    return 0;
}
int B_Tree::InsertBTree(BTNode *&t,KeyType key,BTNode *p,int i,string rcd){
    KeyType x;
    string y;
    BTNode *q;
```

```
    int finished,newroot,s;                  //设置新结点标志和插入完成标志
    if(p==NULL)                              //t为空树
      NewRoot(t,key,NULL,NULL,rcd);          //生成仅含有关键字key的根结点
    else{
      x=key;
      y=rcd;
      q=NULL;
      finished=0;
      newroot=0;
      while(!newroot&&!finished){
        Insert(p,i,x,q,y);
        if(p->key[0]<m)
          finished=true;                     //插入完成
          else{
              s=(m+1)/2;
              Split(p,q);                    //分裂结点
              x=p->key[s];
              y=p->recptr[s];
              if(p->parent){                 //查找元素的插入位置
                 p=p->parent;
                 i=Search(p,x);
              }
              else newroot=1;                //没有找到x,需要新结点
          }
      }
      if(newroot){                           //根结点已分裂为结点p和q
        NewRoot(t,x,p,q,y);                  //生成新的根结点t,p和q为子树指针
      }
    }
    return 0;
}
```

例 8.7 已知关键字序列为{2，12，6，21，28，36，8，18，61，10，98，100，9，11，14，66}，按照该序列构造一棵4阶B-树。

【解】4阶B-树的结点中最少有1个关键字，最多有3个关键字。关键字序列B-树的构造过程如图8.16所示。

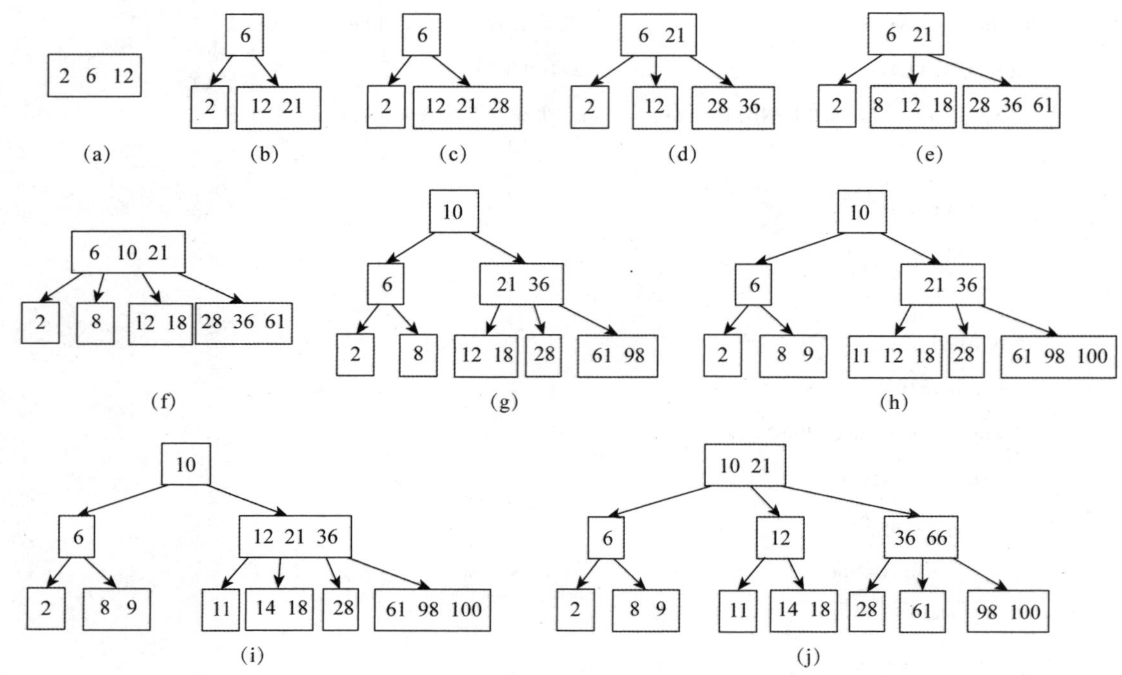

图 8.16　4 阶 B-树的构造过程

(a)插入 2，12，6；(b)插入 21；(c)插入 28；(d)插入 36；(e)插入 8，18，61；
(f)插入 10；(g)插入 98；(h)插入 100，9，11；(i)插入 14；(j)插入 66

3. B-树的创建

创建具有 n 个数据元素的 m 阶 B-树，创建时需要调用 B-树的查找算法和插入算法。

```
void B_Tree::CreateBTree(int n){
    int key,i;
    string rcd;
    for(i=0;i<n;i++){                          //循环创建
      cin>>key>>rcd;                           //输入关键字和数据元素的其他数据项
      Result s=SearchBTree(b_t,key);           //查找插入位置
      if(!s.tag)                               //查找成功,插入元素
        InsertBTree(b_t,key,s.pt,s.i,rcd);
    }
}
```

4. B-树的删除

若在 B-树中删除一个关键字，则查找该关键字所在结点，并删除该关键字，删除时可能涉及结点的合并问题。

1)删除发生在最底层

(1)若被删结点中的关键字数量大于或等于$\left\lceil \frac{m}{2} \right\rceil$，说明删除该关键字后对应结点仍然满

足 B-树的定义，则直接删除该关键字。

(2)若被删结点中的关键字数量等于$\left\lceil \frac{m}{2} \right\rceil-1$，而相邻的兄弟结点中关键字的数量大于或等于$\left\lceil \frac{m}{2} \right\rceil$，则将左兄弟中的最大关键字上移到双亲结点中，并将双亲中位于它后面的关键字下移到被删关键字的结点中；或将右兄弟中的最小关键字上移到双亲结点中，并将双亲中位于它前面的关键字下移到被删关键字的结点中。

(3)若被删结点中的关键字数量等于$\left\lceil \frac{m}{2} \right\rceil-1$，且相邻的兄弟结点中的关键字数量均等于$\left\lceil \frac{m}{2} \right\rceil-1$，则将要删除关键字的结点与其左兄弟或右兄弟结点合并，同时合并双亲中相关的关键字。此时，双亲中少了一项，可能引起双亲的合并，最坏一直波及根结点，使 B-树降低一层。

2)删除不在最底层

若被删关键字 key[i]不在最底层，则在被删关键字 key[i]的右子树 ptr[i]中选择最小的关键字代替被删关键字 key[i]，问题转换为最底层的删除过程。

B-树的删除算法如下：

```
void B_Tree::Delete(BTNode *&p,int i){  //删除 p 所指结点中的第 i 个数据项
    while(p->ptr[i]!=NULL){
        BTNode *q=p->ptr[i];
        while(q->ptr[0]!=NULL)           //在 ptr[i]所指子树中找到最小关键字结点
            q=q->ptr[0];
        p->key[i]=q->key[1];             //用最小关键字的值替换 key[i]
        //更新删除结点的位置
        i=1;
        p=q;
    }
    for(int k=i;k<p->key[0];k++){
        p->key[k]=p->key[k+1];
        p->ptr[k]=p->ptr[k+1];
        p->recptr[k]=p->recptr[k+1];
    }
    p->ptr[p->key[0]--]=NULL;
}
void B_Tree::Merge(BTNode *&p,BTNode *&p1,BTNode *&q,int pos){//将结点 p、p1 及其父结点合并
    p->key[p->key[0]+1]=q->key[pos]; //父结点的相应数据项下移
    p->ptr[p->key[0]+1]=p1->ptr[0];   //更新新加项的孩子结点
    for(int i=1;i<=p1->key[0];i++){    //合并 p 和 p1,并销毁 p1
        p->key[p->key[0]+1+i]=p1->key[i];
```

```
            p->ptr[p->key[0]+1+i]=p1->ptr[i];
            p->recptr[p->key[0]+1+i]=p1->recptr[i];
            p1->ptr[i]=NULL;
        }
        p1->ptr[0]=q->ptr[pos]=NULL;
        p->key[0]+=(p1->key[0]+1);          //更新结点数量
        p1->key[0]=0;
}
void B_Tree::LeftAdjust(BTNode *&p,BTNode *&q,int &i,int s){//向左操作
    BTNode *p1=q->ptr[i];
    if(p1->key[0]>s-1){
        p->key[0]+=1;
        p->key[p->key[0]]=q->key[i];
        p->recptr[p->key[0]]=q->recptr[i];
        p->ptr[p->key[0]]=p1->ptr[0];
        p1->ptr[0]=p1->ptr[1];
        q->key[i]=p1->key[1];
        p1->ptr[1]=NULL;
        q=p1;
    }
    else Merge(p,p1,q,i);
}
void B_Tree::RightAdjust(BTNode *&p,BTNode *&q,int &i,int s){//向右操作
        BTNode *p1=q->ptr[i-1];
        if(p1&&p1->key[0]>s-1){
            for(int k=p->key[0]+1;k>=2;k--){
                p->key[k]=p->key[k-1];
                p->ptr[k]=p->ptr[k-1];
                p->recptr[k]=q->recptr[k-1];
            }
            p->ptr[1]=p->ptr[0];
            p->key[1]=q->key[i];
            p->ptr[0]=p1->ptr[p1->key[0]];
            q->key[i]=p1->key[p1->key[0]];
            p->key[0]++;
            p1->ptr[p1->key[0]]=NULL;
            q=p1;i=p1->key[0];
        }
        else Merge(p1,p,q,i);
}
```

```
void B_Tree::DeleteBTree(BTNode *t,BTNode *&p,int i){//B-树的删除操作
    BTNode *q=NULL;
    int flag=0;
    int s=(m+1)>>1;
    while(!flag&&p){
        Delete(p,i);
        if(p==t || p->key[0]>=s-1) flag=1;
        else{
            i=0;
            q=p->parent;
            if(q)
              while(i<=q->key[0]&&q->ptr[i]!=p)
                   i++;
            if(i==0)
              LeftAdjust(p,q,i=1,s);
            else RightAdjust(p,q,i,s);
        }
        p=q;
    }
    if(t->key[0]==0){
        if(!p) t=NULL;
        return;
        p=t->ptr[0];
        t=NULL;
        t=p;
        t->parent=NULL;
    }
}
```

5. 输出B-树中的关键字

```
int B_Tree::Traverse(BTNode *t){              //输出关键字序列
    if(t==NULL) return 0;
    else{
        if(t->ptr[0]!=NULL)
        Traverse(t->ptr[0]);                  //输出第0棵子树中的关键字
        for(int i=1;i<=t->key[0];i++){ //依次输出根结点和第1棵到第key[0]棵子树中的关键字
            cout<<t->key[i] << " ";           //输出根结点
            if(t->ptr[i]!=NULL){              //输出第i棵子树的关键字
                Traverse(t->ptr[i]);
            }
        }
        return 0;
```

```
    }
}
```

6. 主函数设计

```
int main(){
    B_Tree bb;
    cout<<"输入10个数据元素:"<<endl;
    bb.CreateBTree(10);
    cout<<"对应的B-树关键字遍历序列为:"<<endl;
    bb.Traverse(bb.GetRoot());                          //输出关键字序列
    cout<<endl;
    Result s=bb.SearchBTree(bb.GetRoot(),30);
    if(s.tag)                                           //找到关键字,输出数据元素
      cout<<s.pt->key[s.i]<<' '<<s.pt->recptr[s.i]<< endl;
    else                                                //未找到关键字,输出提示
      cout<<"Not Found!"<< endl;
    int key;
    cout<<"输入待删关键字:";
    cin>>key;                                           //输入待删除的关键字
    s=bb.SearchBTree(bb.GetRoot(),key);                 //查找关键字所在位置
    if(s.tag)                                           //找到并删除关键字
      bb.DeleteBTree(bb.GetRoot(),s.pt,s.i);
    else cout<<"未找到关键字,不进行操作"<<endl;       //未找到关键字,输出提示
    cout<<"删除后对应的B-树关键字遍历序列为:"<<endl;
    bb.Traverse(bb.GetRoot());
    return 0;
}
```

程序运行结果如下:

```
输入10个数据元素:
100   aba
1     abb
2     abc
70    abd
6     abe
200   abf
20    abg
30    abh
101   abi
201   abj
对应的B-树关键字遍历序列:
1  2  6  20  30  70  100  101  200  201
30  abh
```

输入待删关键字：30

删除后对应的 B-树关键字遍历序列：

1 2 6 20 70 100 101 200 201

例 8.8 给出如图 8.17 所示的 4 阶 B-树中删除 14、61、66、11、98、21 后的 B-树。

【解】B-树的删除操作如下：

(1)14 所在结点的关键字数量为$\left\lceil \frac{m}{2} \right\rceil=2$，直接删除，如图 8.18(a)所示；

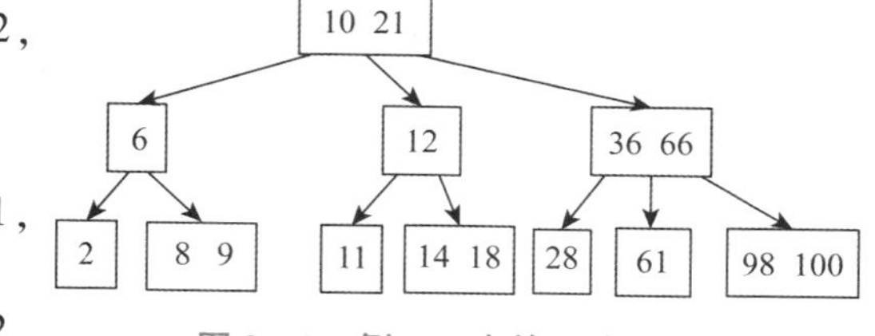

图 8.17 例 8.8 中的 4 阶 B-树

(2)61 所在结点的关键字数量为$\left\lceil \frac{m}{2} \right\rceil-1=1$，相邻的右兄弟结点中关键字的数量为$\left\lceil \frac{m}{2} \right\rceil=2$，将右兄弟中最小的关键字 98 上移到双亲结点中，并将双亲中靠在它前面的关键字 66 下移到被删关键字的结点中，如图 8.18(b)所示；

(3)66 所在结点的关键字数量为$\left\lceil \frac{m}{2} \right\rceil-1=1$，相邻的兄弟结点中关键字的数量均为$\left\lceil \frac{m}{2} \right\rceil-1=1$，此时需要把被删除关键字的结点与其右兄弟(或左兄弟)结点合并，同时合并双亲中相关的关键字，如图 8.18(c)所示；

(4)类似可得删除 11 和 98 后的 B-树如图 8.18(d)所示；

(5)由于21 不在最底层，因此在21 的右子树中选择最小的关键字28 代替21，问题转换为最底层的删除过程。此时，删除 21 时引起了双亲的合并，且波及根结点，如图 8.18(e)所示。

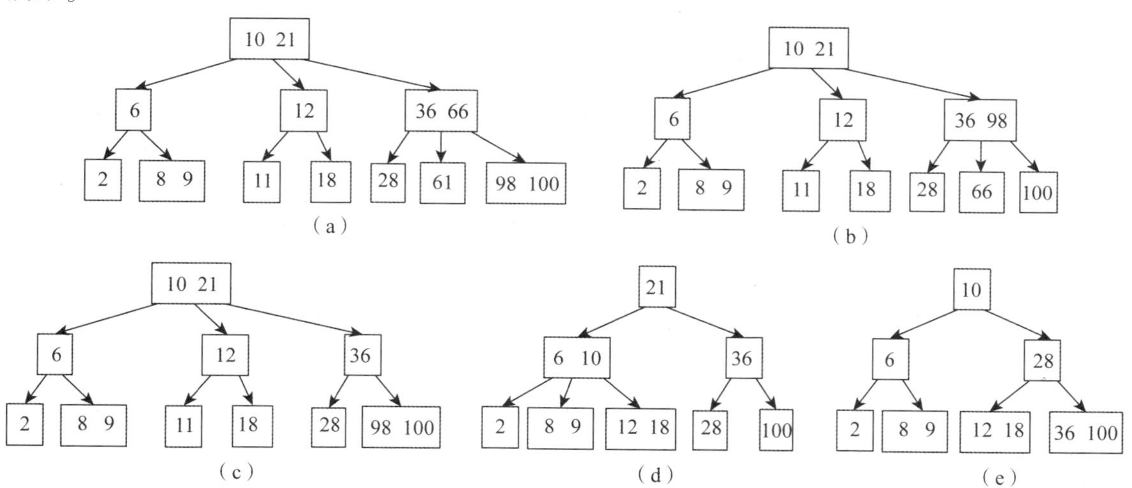

图 8.18 例 8.8 的删除过程

(a)删除 14；(b)删除 61；(c)删除 66；(d)删除 11 和 98；(e)删除 21

8.3.4 B+树

B+树是为满足文件系统的需要而产生的一种 B-树的变形树。一棵 m 阶 B+树满足下列条件：

(1)每个分支点至多有 m 棵子树；

(2)根结点没有子树，或者至少有 2 棵子树；

(3)除根结点外，其他分支点至少有$\left\lceil \frac{m}{2} \right\rceil$棵子树；

(4)有 n 棵子树的结点中有 n 个关键字；

(5)所有叶子结点中包含全部关键字信息及指向相应记录的指针；

(6)所有分支结点中仅包含它的各个子结点中最大关键字(或最小关键字)及其指向子结点的子针。

3 阶 B+树如图 8. 19 所示，其中叶子结点每个关键字下面的指针指向对应记录的存储位置。

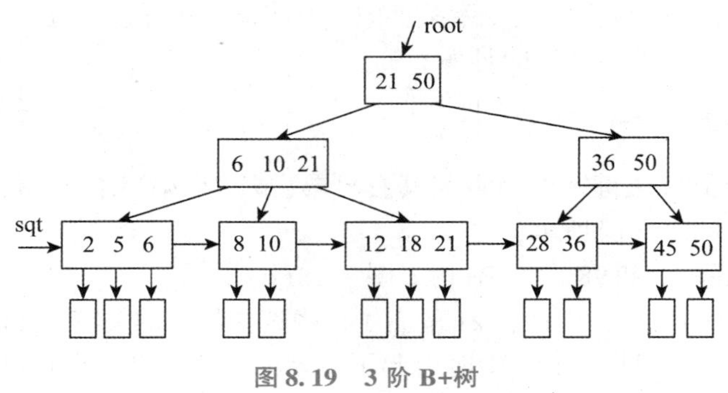

图 8. 19　3 阶 B+树

m 阶 B+树与 m 阶 B-树的区别如下：

(1)在 B+树中，根结点关键字数量 n 的取值范围是 $2 \leqslant n \leqslant m$，其余结点 n 的取值范围是 $\left\lceil \frac{m}{2} \right\rceil \leqslant n \leqslant m$；而在 B-树中，根结点关键字数量 n 的取值范围是 $1 \leqslant n \leqslant m-1$，其余所有非叶子结点数量 n 的取值范围是$\left\lceil \frac{m}{2} \right\rceil -1 \leqslant n \leqslant m-1$。

(2)在 B+树中具有 n 棵子树的结点中含有 n 个关键字。

(3)B+树的所有叶子结点包含了全部关键字，且叶子结点根据关键字的大小自小而大地链接成一个不定长的线性链表。

(4)B+树的所有非叶子结点可以看作索引，结点中仅含有其子树的最大(或最小)关键字和指向该子树的指针。

(5)在 B+树中有两个头指针 root 和 sqt，其中 root 指向根结点，sqt 指向关键字最小的叶子结点。

1. B+树的查找

在 B+树中可以采用两种查找方式，一种直接从最小关键字(sqt 指向的叶子结点)开始进行顺序查找，另一种从 B+树的根结点开始进行随机查找。后者的查找方式与 B-树相似，但非终端结点上的关键字与查找值相等时，并不终止查找，而继续向下查到叶子结点为止。在

B+树中，不管查找成功与否，每次查找都是一条从树根到叶子结点的路径。

2. B+树的插入

B+树的插入仅在叶子结点上进行，当结点中的关键字数量大于 m 时分裂成两个结点，关键字的数量分别为$\left\lceil\frac{m+1}{2}\right\rceil$和$\left\lfloor\frac{m+1}{2}\right\rfloor$，新结点中应同时包含这两个结点的最大关键字和指向这两个结点的指针。若双亲结点的关键字数量大于 m，则引起双亲的分裂，最坏情况下一直波及根结点，引起根结点的分裂，B+树长高。

3. B+的删除

B+树的删除仅在叶子结点上进行，当叶子结点的最大关键字被删除时，在分支结点中的值可以作为分界关键字。若因删除关键字而使结点中的关键字数量小于$\left\lceil\frac{m}{2}\right\rceil$，则从兄弟结点中调整关键字或将该结点和兄弟结点合并，其过程与 B-树的删除过程类似。

8.4 哈希表查找

8.4.1 哈希表的基本概念

静态查找表和动态查找表的查找算法都要通过将关键字值与给定值比较，来确定位置，查找效率取决于比较次数。理想的查找方法不需要比较，根据给定值就能直接定位记录的存储位置，即在元素的存储位置与该元素的关键字之间建立一种确定的对应关系，使每个元素的关键字与一个存储位置对应。

哈希表又被称为**散列表**，是一种将元素的存储位置与该元素的关键字之间建立对应关系的线性表存储结构。其基本思路是，设有一个需要存储 n 个数据元素的线性表，一个长度为 $m(m\geqslant n)$的连续存储单元，以线性表中每个元素的关键字 $k_i(0\leqslant i\leqslant n-1)$为自变量，通过哈希函数 H，把 k_i 映射到内存单元地址 $H(k_i)$，并把元素存储到该单元中。$H(k_i)$被称为**哈希地址**，又被称为**散列地址**。

除了特别简单的应用，在大多数情况下，构造出的哈希函数是多对一的关系(非单射函数)，即可能有多个不同的关键字对应的哈希函数值是相同的，这意味着不同元素的关键字由哈希函数确定的存储位置是相同的，即 $key_1\neq key_2$，但 $H(key_1)=H(key_2)$。这种情况被称为**哈希冲突**。

根据抽屉原理，冲突是不可能完全避免的。由于冲突的存在，在建立哈希表时将无法唯一地确定关键字和存储地址的对应关系。为此在设计哈希表时应当尽量减少冲突的发生，在冲突发生时应寻找解决冲突的方法。

8.4.2 哈希函数的构造

哈希函数的设计方法有很多种，一般来说，构造哈希函数的目标是使得到的哈希地址尽可能均匀地分布在 m 个连续的存储单元上，即希望哈希函数能够把数据元素以相同的概率放置在哈希表的所有存储单元中，同时提高计算的效率。哈希函数一般依赖于关键字的分布情况，然而在大多数实际情况中，事先可能并不知道关键字的分布，因此在设计哈希函数时，要根据具体情况选择一个合理的方案。常见的哈希函数构造方法有直接定址法、除留余数法、数字分析法、平方取中法和折叠法。

1. 直接定址法

直接定址法取关键字或关键字的某个线性函数作为哈希地址，即

$$H(key)=key \text{ 或 } H(key)=a\times key+b$$

其中，a 和 b 为常数。由于哈希函数是一类双射函数，因此哈希地址不会产生冲突。当关键字的分布基本连续时，可以采用直接定址法的哈希函数；当关键字的分布不连续时，该方法将造成内存单元的浪费。实际应用中能用这种哈希函数的情况很少。

例如，某高校 2000 年以来计算机的拥有量见表 8.1，其中年份为关键字，哈希函数取 $H(key)=key-2000$。

表 8.1 直接定址法构造的哈希表

地址	0	1	2	3	4	…	18	19	20
年份	2000	2001	2002	2003	2004	…	2018	2019	2020
拥有量	588	876	1 002	1 288	1 588		6 888	8 688	10 088

若查询 2019 年某高校计算机的拥有量，则只需查找 $H(2019)=2019-2000=19$ 项即可。

2. 除留余数法

除留余数法用关键字 key 除以某个不大于哈希表表长 m 的数 p，将所得余数作为哈希地址，即

$$H(key)=key\%\, p \qquad (p\leqslant m)$$

除留余数法计算简单，适用范围广，是最常用的哈希函数。该方法 p 的选取很重要，p 选得不好，容易产生同义词，一般 p 取不大于 m 的素数。例如，已知关键字集合{45，59，39，23，15，9，56，27，18，94，12}，哈希表的长度为 m=14，选取 p=13，哈希函数为 $H(key)=key\%13$，得到的哈希表见表 8.2。

表 8.2 除留余数法构造的哈希表

地址	0	1	2	3	4	5	6	7	8	9	10	11	12	13
关键字	39	27	15	94	56	18	45	59		9	23		12	

3. 数字分析法

数字分析法对关键字进行分析，取关键字的若干位或其组合作为哈希地址，适用于关键字位数比哈希地址位数大，且事先知道可能出现的关键字的情况。

例如，已知关键字的集合{62 378 165，62 371 563，62 376 489，62 370 317，62 374 401，62 349 994，62 340 103，62 349 852}，通过分析可知，每个关键字从左到右的第 1 ~ 4 位数字

取值比较集中，不宜作为哈希地址，其他各位取值分布较为均匀，可以根据实际需要取其中的若干位作为哈希地址。若取最后两位作为哈希地址，则上述关键字的哈希地址为{65，63，89，17，01，94，03，52}。

4. 平方取中法

平方取中法取关键字平方后分布均匀的几位作为哈希地址，是一种较为常见的哈希函数构造方法。在选择哈希函数时通常不知道关键字的所有情况，且取其中几位作为哈希地址也不一定适合，平方可以保证随机分布的关键字得到的哈希地址的随机性，而其所取的地址位数则由表长决定。例如，已知关键字集合{1 234，5 238，2 234，1 276}，采用平方取中法，平方后取其中第4位和第5位作为地址，见表8.3。

表 8.3　平方取中法的哈希地址

关键字	关键字的平方	地址
1 234	1 522 756	27
1 238	1 532 644	26
2 234	4 990 756	07
1 276	1 628 176	81

5. 折叠法

折叠法将关键字分割成位数相同的几部分，取这几部分的叠加和(舍去进位)作为哈希地址，适用于关键字位数较多且每一位上数字分布大致均匀的情况。常见的折叠法有移位叠加和间界叠加两种方法：移位叠加将分割后的几部分低位对齐相加，间界叠加从一端沿分割界来回折送后对齐相加。

例如，已知关键字为88 562 918 402，哈希地址为4位，两种折叠法构造的哈希地址见表8.4。

表 8.4　折叠法构造的哈希地址

移位叠加	间界叠加
8 402	8 402
6 291	1 926
+ 0 885	+ 0 885
15 578	11 213
H(key) = 5 578	H(key) = 1 213

8.4.3　哈希冲突的解决方法

由于关键字的复杂性和随机性，很难有理想的哈希函数存在。虽然均匀的哈希函数可以减少冲突，但仍然无法完全避免冲突的发生，因此处理冲突是创建哈希表的重要工作。冲突的发生主要与装填因子α、哈希函数、解决冲突的方法有关。

(1)装填因子 α 是哈希表中已填入的元素数 n 与哈希地址空间大小 m 的比值，即 $\alpha=n/m$。α 越小，冲突的可能性就越小，反之，冲突的可能性就越大。

(2)哈希函数选择合理，可以使哈希地址尽可能均匀地分布在哈希地址空间上，从而减少冲突发生的可能性；否则，就可能使哈希地址集中在某些区域，增加冲突的可能性。

(3)哈希冲突函数的选择影响冲突发生的可能性。

冲突的处理方法有许多种，不同的方法可以得到不同的哈希表，下面介绍几种处理冲突的常用方法。

1. 开放定址法

开放定址法是一类以发生冲突的哈希地址(该地址存放了数据元素)为自变量，通过某种哈希冲突处理函数产生一个新的空闲哈希地址的方法。只要哈希地址空间足够大，空闲的哈希地址总能被确定。其函数定义如下：

$$H_i=[H(key)+d_i] \bmod m \qquad (1\leqslant i\leqslant m-1)$$

其中 H 为哈希函数；m 为哈希表的表长；d_i 为所取的增量序列，可以采用线性探测再散列或二次探测再散列两种常用方法取值。

1)线性探测再散列

线性探测再散列的增量序列 d_i 为 1，2，…，m-1。其过程描述为：当哈希地址 i 发生冲突时，查看哈希地址 i+1 是否为空，若为空则填入数据元素，否则查看 i+2 是否为空，依此类推。

例 8.9 已知关键字集合{18，28，36，8，17，55，42，2，59，76，33}，哈希表的表长为 16，哈希函数 H(key)= key mod 13，用线性探测再散列构造哈希表。

【解】线性探测再散列构造哈希表的过程如下：

关键字 18、28、36、8、17、55 哈希地址没有冲突的，分别填入 5、2、10、8、4、3 中。

H(42)= 3，发生冲突，根据线性探测再散列的方法，依次查看哈希地址 4、5、6，由于哈希地址 6 为空闲块，将关键字为 42 的数据元素填入地址为 6 的对应空间中。

H(2)= 2，发生冲突，依次查看哈希地址 3、4、5、6、7，由于哈希地址 7 为空闲块，将关键字 2 对应的数据元素填入地址为 7 的对应空间中。

用同样的方法将关键字 59、76、33 对应的数据元素分别填入地址为 9、11、12 的对应空间中。

线性探测再散列方法构造的哈希表见表 8.5。

表 8.5 线性探测再散列方法构造的哈希表

地址	0	1	2	3	4	5	6	7	8	9	10	11	12	13	14	15
关键字			28	55	17	18	42	2	8	59	36	76	33			

2)二次探测再散列

二次探测再散列的增量序列 d_i 为 1^2，-1^2，2^2，-2^2，…，k^2，$-k^2(k\leqslant m/2)$。其过程描述

为：哈希地址 i 发生冲突时，查看哈希地址 i+1 是否为空，若为空则填入数据元素，否则查看 i-1 是否为空，以此类推。

例 8.10 已知关键字集合{18，28，36，8，17，55，42，2，59，76，33}，哈希表的表长为 16，哈希函数 H(key)= key mod 13，用二次探测再散列构造哈希表。

【解】二次探测再散列构造哈希表的过程如下：

关键字 18、28、36、8、17、55 的哈希地址没有冲突，分别填入地址 5、2、10、8、4、3 中。

H(42)= 3，发生冲突，根据二次探测再散列的方法，H_1 =(3+1) mod 16 = 4，发生冲突；H_2 =(3−1) mod 16 = 2，发生冲突；H_3 =(3+4) mod 16 = 7，没有冲突，将 42 填入地址 7。

用同样的方法将关键字 2 和 59 分别填入地址 1 和 6 中。

H(76)= 11，没有冲突，将 76 填入地址 11。

H(33)= 7，发生冲突，利用二次探测再散列法将关键字填入地址 0 对应的空间中。

二次探测再散列方法构造的哈希表见表 8.6。

表 8.6 二次探测再散列方法构造的哈希表

地址	0	1	2	3	4	5	6	7	8	9	10	11	12	13	14	15
关键字	33	2	28	55	17	18	59	42	8		36	76				

2. 链地址法

链地址法把所有关键字为同义词的数据元素存储在同一单链表中。在这种方法中，哈希表的每个单元中存放相应同义词的单链表的头指针。在构造哈希表时每个单链表中的元素有序排列。

例 8.11 已知关键字集合{18，28，36，8，17，55，42，2，59，76，33}，哈希函数为 H(key)= key mod 13，用链地址法构造哈希表。

【解】构造一个表长为 13 的有序表，有序表的下标为哈希地址。利用哈希函数计算哈希地址，当出现同义词时采用链地址法解决冲突。集合中不同关键字的哈希地址计算结果为：H(18)=5，H(28)=2，H(36)= 10，H(8)=8，H(17)= 4，H(55)= 3，H(42)= 3，H(2)= 2，H(59)= 7，H(76)= 11，H(33)= 7。采用链地址法构造的哈希表如图 8.20 所示。

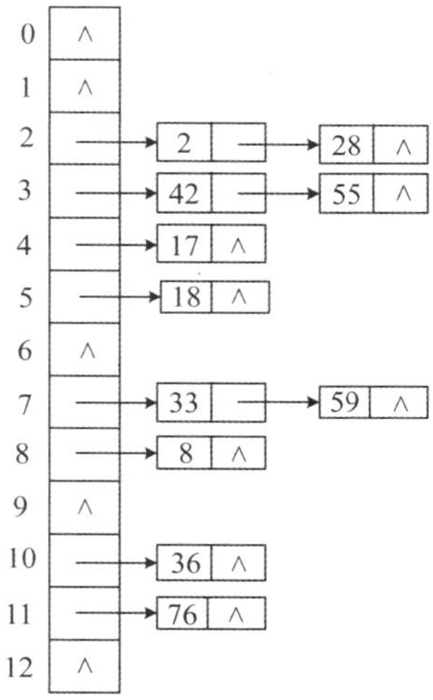

图 8.20 链地址法构造的哈希表

8.4.4 哈希表的类定义

哈希表的类定义如下：

```
#define M 100                              //哈希表的列长
#define NULLKEY -1                         //定义空关键字的标记
#define DELKEY -2                          //定义被删关键字的标记
typedef struct{                            //数据元素类型定义
```

```
    int key;                                    //关键字域
    InfoType otherinfo;                         //其他数据域
} HElemtype;
class HashTable{
  private:
    HElemtype *ha;                              //哈希表的首地址
    int length;                                 //哈希表的长度
  public:
    HashTable(){ha=new HElemtype[M];length=0;}
    int SearchHT(int p,HElemtype e);            //在哈希表中查找元素 e
    int DeleteHT(int p,HElemtype e);            //在哈希表中删除元素 e
    void InsertHT(int p,HElemtype e);           //在哈希表中插入元素 e
    void CreateHT(HElemtype a[],int n,int p);   //构造 n 个元素的哈希表
};
```

(1)在哈希表查找元素的过程为：给定关键字 key，根据哈希函数计算哈希地址，若表中此位置上没有元素，则查找失败；若此位置有元素，则比较关键字，与给定值相等时查找成功，不相等时根据建表时设定的处理冲突的方法查找下一个地址，直到哈希表上某个位置为空或表中元素的关键字等于给定值为止。

```
int HashTable::SearchHT(int p,HElemtype e){
    int addr=e.key%p;
    while(ha[addr].key!=NULLKEY&&ha[addr].key!=e.key) //采用线性探测再散列查找下一个地址
        addr=(addr+1)%m;
    if(ha[addr].key==e.key)
        return addr;                            //查找成功,返回地址
    else return -1;                             //查找失败,返回-1
}
```

(2)在采用开放定址法处理冲突的哈希表上删除元素时，只能在被删元素上做删除标记 DELKEY，而不能真正地删除元素。

```
int HashTable::DeleteHT(int p,HElemtype e){
    int addr=SearchHT(p,e);
    if(addr!=-1){
        ha[addr].key=DELKEY;
        length--;
        return 1;
    }
    else
        return 0;
}
```

(3)哈希表的构造与元素的插入：在构造哈希表时，首先要将表中各结点的元素清空，

使其地址开放，然后调用插入算法将元素依次插入表中。插入算法要调用查找算法，若在表中找到待插入的关键字，则插入失败；若在表中找到一个开放地址，则将元素插入哈希表，插入成功。

```
void HashTable::InsertHT(int p,HElemtype e){
    int addr=e.key%p;
    if(ha[addr].key==NULLKEY || ha[addr].key==DELKEY)
        ha[addr]=e;                              //将元素 e 插入哈希表
    else{                                        //产生冲突,采用线性探测再散列解决冲突
        do{
            addr=(addr+1)%m;
        }while(ha[addr].key!=NULLKEY&&ha[addr].key!=DELKEY);
        ha[addr]=e;
    }
    length++;
}
void HashTable::CreateHT(HElemtype a[],int n,int p){
    for(int i=0;i<M;i++)                        //为哈希表置初值
        ha[i].key=NULLKEY;
    for(i=0;i<n;i++)
        InsertHT(p,a[i]);
}
```

在哈希查找的过程中，不同的冲突处理方法会构造出不同的哈希表，而哈希查找的过程和构造过程基本相同。其中一些关键字通过哈希函数转换成哈希地址便可找到，但另外一些关键字在哈希函数转换的地址上会发生冲突，这时需要按一定的冲突处理方法进行查找。由于产生冲突后的查找依然是用给定值与关键字进行比较的过程，因此依然用平均查找长度来衡量哈希表的查找效率。

关键字相同的哈希函数，采用不同的冲突处理方法得到的哈希表不同，平均查找长度也不同。如例 8.9、例 8.10 和例 8.11 的哈希表，在等概率前提下查找成功时，线性探测的平均查找长度：

$$ASL=\frac{1\times7+3\times1+4\times1+6\times2}{11}=\frac{26}{11}$$

二次探测再散列方法的平均查找长度：

$$ASL=\frac{1\times7+3\times2+4\times1+6\times1}{11}=\frac{23}{11}$$

链地址法的平均查找长度：

$$ASL=\frac{1\times8+2\times3}{11}=\frac{14}{11}$$

一般情况下，冲突处理方法相同的哈希表，其平均查找长度依赖于哈希表的装填因子。装填因子越小，平均查找长度越小，反之，平均查找长度越大。

例 8.12 已知关键字集合{45，18，33，5，78，66，21，19，11，32}，哈希函数 H(key)= key mod 11，装填因子 α=0.75。

(1)采用线性探测再散列构造哈希表；

(2)计算等概率情况下查找成功的平均查找长度；

(3)计算等概率情况下查找不成功的平均查找长度。

【解】(1)n=10，α=n/m=0.75，m=13(取整数)，哈希表见表 8.7；

表 8.7 α=0.7 时的哈希表

地址	0	1	2	3	4	5	6	7	8	9	10	11	12
关键字	33	45	78	66	11	5		18	19		21	32	

(2)在等概率情况下查找成功的平均查找长度：

$$ASL_{(succ)}=\frac{1\times6+2\times2+4\times1+5\times1}{10}=1.9$$

(3)在等概率情况下查找不成功的平均查找长度：

$$ASL_{(unsucc)}=\frac{7+6+5+4+3+2+1+3+2+1+3}{11}=\frac{37}{11}$$

习题

一、选择

1. 20 个元素按值有序的顺序表，采用二分查找第 6 个元素需要经过(　　)次比较。

A. 2　　B. 3　　C. 4　　D. 5

2. 长度为 20 的有序表采用二分查找，(　　)个元素的查找长度为 4，(　　)个元素的查找长度为 5。

A. 8，16　　B. 7，16　　C. 8，5　　D. 7，5

3. 深度为 7 的平衡二叉树最少有(　　)个结点。

A. 7　　B. 12　　C. 20　　D. 33

4. 由关键字集合{70，39，41，101，86，33，26，130，75，53，60}构造二叉排序树，该二叉排序树的树高为(　　)。

A. 4　　B. 5　　C. 6　　D. 7

5. 由关键字集合{60，40，100，80，78，…}构造平衡二叉树，当插入 78 时引起不平衡，则其旋转类型为(　　)。

A. LL 型　　B. LR 型　　C. RL 型　　D. RR 型

6. 在二叉排序树上查找关键字为 45 的结点，若该结点存在，则依次比较的关键字可能是(　　)。

A. 60，65，40，45　　B. 40，70，48，45

C. 20，79，10，45　　D. 46，25，15，50，45

7. 采用链地址法解决冲突时，每个哈希地址所链接的同义词子表各个表项的(　　)相同。

A. 关键字值　　B. 数据元素值　　C. 散列地址　　D. 含义

8. 采用线性探测再散列解决冲突时所产生的一系列后继哈希地址(　　)。

A. 必须大于或等于原哈希地址　　B. 可以大于或小于但不等于原哈希地址

C. 必须小于或等于原哈希地址　　D. 对地址的位置没有限制

9. 散列法存储的基本思想是根据(　　)来决定存储地址。

A. 哈希表空间　　B. 元素的序号　　C. 关键字值　　D. 装填因子

10. 哈希地址空间为 m，关键字为 key，哈希函数 H(key)= key mod p，为了减少冲突的频率，p 一般为(　　)。

A. 小于 m 的最大奇数　　B. 小于 m 的最大素数

C. 小于 m 的最大合数　　D. 大于 m 的最小素数

11. 在一棵 50 阶 B-树中删除一个结点引起该结点与左兄弟结点的合并，则其左兄弟的关键字数量为(　　)。

A. 23　　B. 24　　C. 25　　D. 26

12. 假定有 40 个关键字值互为同义词，若采用线性探测再散列把这 40 个关键字值存入哈希表中，至少要进行(　　)次探测。

A. 821　　B. 820　　C. 819　　D. 818

13. 下面关于哈希表的说法正确的是(　　)。

A. 哈希函数的构造越复杂，随机性越好，冲突越小

B. 除留余数法是构造哈希函数的最好方法

C. 在哈希表中删除一个元素，可以不考虑解决冲突的方法，删除该元素即可

D. 不存在特别好与坏的哈希函数，要视情况而定

二、填空

1. 动态查找表与静态查找表的重要区别在于前者包含________和________运算，而后者不包含这两种运算。

2. 长度为 30 的顺序表采用顺序存储结构存储，并采用二分查找，在等概率的情况下，查找成功时的平均查找长度为________，查找不成功时的平均查找长度为________。

3. 二分查找的要求是________和________。

4. 一棵二叉排序树按________遍历可以得到有序序列。

5. 若一棵 5 阶 B-树的高度是 5(叶子层不算)，则这棵 B-树至少有________个关键字，至多有________个关键字。

6. 一棵 5 阶 B-树共有 58 个关键字，则该 B-树的最大高度为________，最小高度为________。

7. 设哈希表长度为 14，哈希函数 H(key)= key mod 11，表中已有 4 个元素 15、38、61、84，其余地址为空，此哈希表采用二次探测再散列解决冲突，现需插入新元素 49，则 49 的

存储位置是________。

三、问答

1. 已知关键字集合{38，12，34，55，7，19，45，81，26}，哈希函数 H(key)=key mod 11，装填因子 $\alpha=0.75$，完成下列问题：

(1)采用二次探测再散列构造哈希表；

(2)计算等概率情况下查找成功的平均查找长度；

(3)计算等概率情况下查找失败的平均查找长度。

2. 设数据元素输入序列为其关键字序列{76，71，92，68，73，78，86，74，65，116，21}，完成下列问题：

(1)构造二叉排序树，并分别写出删除 68 和 92 后的二叉排序树；

(2)构造平衡二叉树；

(3)构造 3 阶 B-树，并依次写出删除 74 和 76 后的 B-树；

(4)哈希表的表长为 16，哈希函数 H(key)=key%13，试用二次探测再散列构造哈希表。

四、算法设计

1. 设计一个算法，求给定结点在二叉排序树中所在的层数。

2. 设计一个算法，输出一棵二叉排序树中查找某个关键字 key 经过的路径。

3. 分别设计返回二叉排序树中最大值结点的前驱结点地址的递归算法和非递归算法。

五、上机实验

设计一个程序实现哈希表的如下运算：

(1)哈希表的表长为 16，哈希函数 H(key)=key%13，采用二次探测再散列构造关键字序列{45，23，88，3，19，65，18，77，25，41，90，108}的哈希表；

(2)在哈希表中查找关键字为 18 的元素，并返回其在哈希表中的地址；

(3)在哈希表中删除关键字为 77 的元素，再将其插入，观察删除和插入后地址的区别。

第9章 内部排序

在实际应用中，需要对收集到的各种数据进行处理，为了提高数据的处理速度，需要对数据进行排序。本章介绍各种常用的排序方法。

9.1 排序的基本概念

设被排序的数据是由一组元素组成的表，每个元素由若干个数据项组成，在排序的过程中用关键字标识元素。

1. 排序的定义

排序是计算机程序设计中的重要操作，它将一组数据元素的任意序列，排列成按关键字有序的序列。其确切定义如下：

设 n 个数据元素的序列为$\{R_1, R_2, \cdots, R_n\}$，其关键字序列为$\{k_1, k_2, \cdots, k_n\}$，排序就是确定下标 1，2，3，…，n 的一种排列 p_1，p_2，p_3，…，p_n，使表中元素相应的关键字满足非递减(或非递增)的关系 $k_{p_1} \leqslant k_{p_2} \leqslant k_{p_3} \leqslant \cdots \leqslant k_{p_n}$，使$\{R_1, R_2, \cdots, R_n\}$成为一个按关键字有序的序列 $R_{p_1} \leqslant R_{p_2} \leqslant R_{p_3} \leqslant \cdots \leqslant R_{p_n}$，这种操作被称为**排序**。

当数据元素 $R_i(1 \leqslant i \leqslant n)$ 的关键字 k_i 为主关键字时，排序的结果是唯一的；当数据元素 $R_i(1 \leqslant i \leqslant n)$ 的关键字 k_i 为次关键字时，排序结果可能不唯一。如果在待排序的表中存在多个关键字相同的数据元素，排序后这些具有相同关键字的元素之间的相对次序保持不变，则称这种排序方法是**稳定的**。若具有相同关键字的数据元素之间的相对次序发生变化，则称这种排序方法是**不稳定的**。

2. 排序的分类

由于待排序数据元素的数量不同，使排序的过程涉及不同的存储器，可将排序分为内部排序和外部排序两大类。**内部排序**是待排序数据元素全部存储在计算机内存中进行的排序过程；**外部排序**是待排序数据元素的数量较大，以致内存不能一次容纳全部数据元素，需要借助外存才能完成排序的过程。内部排序是外部排序的基础，本章讨论内部排序方法。

3. 数据组织

为简单起见，本章假设关键字类型为整型，采用顺序表存储结构。数据元素和顺序表的类定义如下：

```
#define MaxSize 100
typedef int KeyType;
typedef struct{
    KeyType key;                    //关键字项
    InfoType otherinfo;             //其他数据项
}ElemType;
typedef struct{
    ElemType r[MaxSize];
    int length;
}SqList;
```

9.2 插入排序

插入排序的基本思想是每次对一个待排序的元素，按其关键字大小插入已排好序的子表中的适当位置，直到全部元素插入为止。插入排序主要有直接插入排序、折半插入排序和希尔排序3种排序方法。

9.2.1 直接插入排序

1. 排序思想

设待排序元素存放在数组r[1..n]中，在排序过程中的某一时刻，r[ ]被划分成两个子区间r[1..i-1]和r[i..n](起始时i=2)，子区间r[1..i-1]为已排好序的有序子表，子区间r[i..n]为当前未排好序的无序子表。直接插入排序的一趟操作是将当前无序子表的第一个元素r[i]插入有序子表r[1..i-1]中的适当位置上，使r[1..i]变为新的有序子表。以此类推，直到全部元素插入为止。

2. 排序算法

直接插入排序的算法如下：

```
void InsertSort(SqList &l){                   //对r[1..l.length]按递增序(正序)进行直接插入排序
  int i,j;
  for(i=2;i<=l.length;i++){
      l.r[0]=l.r[i];                          //复制哨兵
      for(j=i-1;l.r[0].key<l.r[j].key;j--)   //在有序表子表r[1..i-1]中从右向左查找r[i]的插入位置
          l.r[j+1]=l.r[j];                    //将关键字大于r[i].key的元素后移
      l.r[j+1]=l.r[0];                        //在j+1处插入元素r[i]
  }
```

例 9.1　设待排序的表有 8 个元素，其关键字集合为{40，30，50，16，35，66，40，44}，描述直接插入排序的排序过程。

【解】直接插入排序的排序过程如图 9.1 所示。

	r[0]	r[1]	r[2]	r[3]	r[4]	r[5]	r[6]	r[7]	r[8]
初始关键字		(40)	30	50	16	35	66	40	44
i=2	[30]	(30	40)	50	16	35	66	40	44
i=3	[50]	(30	40	50)	16	35	66	40	44
i=4	[16]	(16	30	40	50)	35	66	40	44
i=5	[35]	(16	30	35	40	50)	66	40	44
i=6	[66]	(16	30	35	40	50	66)	40	44
i=7	[40]	(16	30	35	40	40	50	66)	44
i=8	[44]	(16	30	35	40	40	44	50	66)

图 9.1　例 9.1 直接插入排序的排序过程

3. 算法分析

(1)时间复杂度：直接插入排序由两重循环构成，对于具有 n 个元素的表，其外层循环执行 n-1 次，内层循环的执行次数取决于待排序数据元素的初始排列情况。

①最好的情况：待排序数据元素正序为该算法的最好情况，此时每趟操作只需要进行一次关键字比较，不进入内循环 l.r[j+1]=l.r[j]，元素的移动次数为 2，即 l.r[0]=l.r[i] 和 l.r[j+1]=l.r[0]。由此可知，正序时直接插入排序关键字的比较次数 C 和元素的移动次数 M 分别为

$$C=\sum_{i=2}^{n}1=n-1$$

$$M=\sum_{i=2}^{n}2=2(n-1)$$

此时算法的时间复杂度为 $O(n)$。

②最坏的情况：待排序记录逆序为该算法的最坏情况，此时每趟操作需要与前面 i 个元素(包括哨兵 r[0])进行比较，且每次比较数据元素 r[1] 到 r[i-1] 均需移动一次，再考虑 l.r[0]=l.r[i] 和 l.r[j+1]=l.r[0] 的两次移动，一趟排序所需的元素移动次数为 i+1 次。由此可知，逆序时直接插入排序关键字的比较次数 C 和元素的移动次数 M 分别为

$$C=\sum_{i=2}^{n}i=\frac{(n+2)(n-1)}{2}$$

$$M=\sum_{i=2}^{n}(i+1)=\frac{(n+4)(n-1)}{2}$$

此时算法的时间复杂度为 $O(n^2)$。

③平均情况：设待排序序列中各种可能排列的概率相同，则第 i 个数据元素要与之前 $\frac{i+1}{2}$ 个数据元素进行比较，第 i 个数据元素的平均移动次数为 $\frac{i+3}{2}$。由此可知，一般情况下直接插入排序关键字的比较次数 C 和元素的移动次数 M 分别为

$$C=\sum_{i=2}^{n}\frac{i+1}{2}=\frac{(n+4)(n-1)}{4}$$

$$M=\sum_{i=2}^{n}\frac{i+3}{2}=\frac{(n+8)(n-1)}{4}$$

此时算法的时间复杂度为 $O(n^2)$。

(2)空间复杂度：直接插入排序算法中只使用 i 和 j 两个辅助变量，与问题规模无关，空间复杂度为 O(1)。

(3)稳定性：直接插入排序是一种稳定的排序方法。

9.2.2 折半插入排序

1. 排序思想

由于插入第 i 个元素到 r[1]～r[i-1]时，前 i 个数据是有序的，因此可以用折半查找方法在 r[1]～r[i-1]中找到插入位置，再移动元素进行插入。具体流程如下：

(1)在 r[low]～r[high](初始时 low=1，high=i-1)中采用折半查找方法找到插入位置 high+1；

(2)将 r[high+1]～r[i-1]中的元素向后移动一个位置；

(3)置 r[high+1]=r[i]。

2. 排序算法

折半插入排序的算法如下：

```
void BInsertSort(SqList &l){
    int i,j,low,high,mid;
    for(i=2;i<=l.length;i++){
        l.r[0]=l.r[i];                          //将 l.r[i]暂存到 l.r[0]
        low=1;
        high=i-1;
        while(low<=high){                       //在 r[low]～r[high]中查找插入位置
            mid=(low+high)>>1;
            if(l.r[0].key<l.r[mid].key) high=mid-1;  //插入位置在上半区
            else low=mid+1;                     //插入位置在下半区
        }
        for(j=i-1;j>=high+1;j--)                //将 r[high+1]～r[i-1]中的元素向后移动一个位置
            l.r[j+1]=l.r[j];
        l.r[high+1]=l.r[0];                     //插入元素
    }
}
```

3. 算法分析

(1)时间复杂度：与直接插入排序相比，折半插入排序仅减少了关键字的比较次数，记录的移动次数不变，时间复杂度仍为 $O(n^2)$。

(2)空间复杂度：折半插入排序需要的辅助空间与直接插入排序相同，空间复杂度为

O(1)。

(3)稳定性：折半插入排序是一种稳定的排序方法。

9.2.3 希尔排序

1. 排序思想

希尔排序又被称为缩小增量排序，其基本思想如下：

(1)取一个小于n(n为表中元素的数量)的整数作为第一个增量d_1，把表的全部元素分成d_1个组，距离为d_1的元素放在同一个组中，各组内采用直接插入排序；

(2)取第二个增量d_2，$d_2<d_1$，重复上述分组和排序过程；

(3)以此类推，直到增量$d_t=1$，且$d_t<d_{t-1}<\cdots<d_2<d_1$，此时所有元素在同一组中采用直接插入排序。

希尔排序每趟排序并不一定产生有序区，在最后排序结束前，希尔排序不能保证在每趟中将一个元素放到最终位置上。

2. 排序算法

希尔排序的算法如下：

```
void ShellInsert(SqList &l,int d){
    int i,j;
    for(i=d+1;i<=l.length;i++)
      if(l.r[i].key<l.r[i-d].key){          //将l.r[i]插入有序增量子表中
        l.r[0]=l.r[i];                      //复制监视哨
        for(j=i-d;j>0&&l.r[0].key<l.r[j].key;i-=d)
          l.r[j+d]=l.r[j];                  //元素后移,查找插入位置
        l.r[j+d]=l.r[0];                    //插入元素
      }
}
void ShellSort(SqList &l,int da[],int t){   //da[]为增量的序列,t为增量的数量
    int i;
    for(i=0;i<t;i++)
        ShellInsert(l,da[i]);               //一趟增量为da[i]的直接插入排序
}
```

例9.2 设待排序的表有10个元素，其关键字集合为{40，30，50，16，35，30，48，44，8，31}，描述希尔排序的过程。

【解】希尔排序的排序过程如图9.2所示。

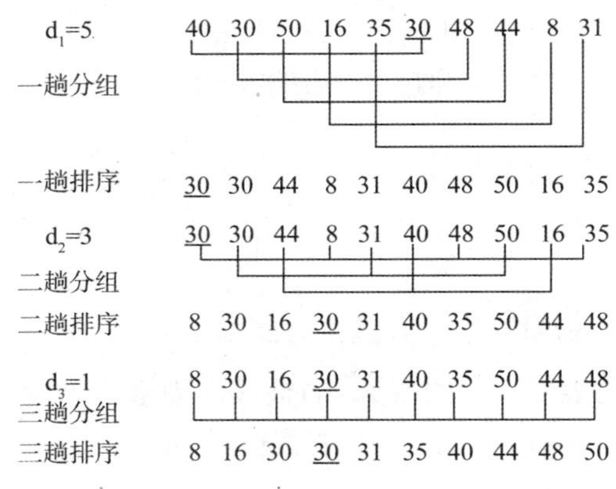

图 9.2 例 9.2 希尔排序排序过程

3. 算法分析

(1)时间复杂度：希尔排序的时间复杂度是所取增量序列的函数，一般认为其平均时间复杂度为 $O(n^{1.3})$。

(2)空间复杂度：希尔排序算法只使用 i 和 j 两个辅助变量，与问题规模无关，空间复杂度为 O(1)。

(3)稳定性：希尔排序是一种不稳定的排序方法。例如，数据元素序列{30，3，10，8，16，20，$\underline{3}$，5，40}，取增量序列为{3，2，1}，希尔排序的结果为{$\underline{3}$，3，5，8，10，16，20，30，40}，显然 3 和 $\underline{3}$ 排序前后的相对位置发生了改变。

9.3 交换排序

交换排序是一类借助比较和交换来进行排序的方法，其基本思想是两两比较待排序数据元素的关键字，发现两个数据元素的次序相反时就进行交换，直到元素有序为止。交换排序主要有冒泡排序和快速排序。

9.3.1 冒泡排序

1. 排序思想

冒泡排序又被称为起泡排序，其基本思想为：对于 n 个待排序数据元素 r[1..n]，比较 r[1]和 r[2]，较大的元素放在 r[2]中；比较 r[2]和 r[3]，较大的元素放在 r[3]中；以此类推，比较 r[n-1]和 r[n]，较大的元素放在 r[n]中。经过一趟冒泡排序，r[1..n]的最大元素放在 r[n]中；第二趟冒泡排序对 n-1 个待排序数据元素 r[1..n-1]采用上述方法进行比较，r[1]到 r[n-1]的最大元素放在 r[n-1]中；以此类推，最后一趟冒泡排序对待排序数据元素 r[1..2]进行比较，r[1]和 r[2]进行比较，较大的元素放在 r[2]中；上述过程共进行 n-1 趟冒泡排序，从而完成整个冒泡排序过程。

2. 排序算法

冒泡排序的算法如下：

```
void BubbleSort(SqList &l){
    int i,j;
    ElemType temp;
    for(i=l.length;i>1;i--)              //找出本趟关键字最大的元素,共进行 l.length-1 趟
      for(j=1;j<i;j++)
        if(l.r[j].key>l.r[j+1].key){     //交换元素,大者后移
          temp=l.r[j];
          l.r[j]=l.r[j+1];
          l.r[j+1]=temp;
        }
}
```

从上述算法可知，在某些情况下，第 i(2≤i≤n) 趟比较时数据元素是有序的，但算法仍然执行后面几趟的比较。事实上，一旦算法中某一趟比较未出现任何元素交换，说明序列已经完成排序，此时算法可以结束。为此，改进的冒泡排序算法如下：

```
void BubbleSort(SqList &l){
    int i,j;
    int tag;
    ElemType temp;
    for(i=l.length;i>1;i--){             //找出本趟比例中关键字最大的元素
      tag=0;
      for(j=1;j<i;j++)
        if(l.r[j].key>l.r[j+1].key){     //交换元素,较大的元素向后移
          temp=l.r[j];
          l.r[j]=l.r[j+1];
          l.r[j+1]=temp;
          tag=1;
        }
      if(!tag)return;                    //该趟比较没有元素交换,算法终止
    }
}
```

例 9.3 设待排序的表有 10 个元素，其关键字集合为{20，30，50，16，35，76，48，44，28，31}，描述改进前后冒泡排序的排序过程。

【解】改进前后冒泡排序的过程如图 9.3 所示，方框表示的数据元素为该趟排序的最大值。

	r[0]	r[1]	r[2]	r[3]	r[4]	r[5]	r[6]	r[7]	r[8]	r[9]	r[10]
初始关键字		20	30	50	16	35	76	48	44	28	31
i=10		20	30	16	35	50	48	44	28	31	[76]
i=9		20	16	30	35	48	44	28	31	[50]	76
i=8		16	20	30	35	44	28	31	[48]	50	76
i=7		16	20	30	35	28	31	[44]	48	50	76
i=6		16	20	30	28	31	[35]	44	48	50	76
i=5		16	20	28	30	[31]	35	44	48	50	76
i=4		16	20	28	[30]	31	35	44	48	50	76
i=3		16	20	[28]	30	31	35	44	48	50	76
i=2		16	[20]	28	30	31	35	44	48	50	76

(a)

	r[0]	r[1]	r[2]	r[3]	r[4]	r[5]	r[6]	r[7]	r[8]	r[9]	r[10]
初始关键字		20	30	50	16	35	76	48	44	28	31
i=10		20	30	16	35	50	48	44	28	31	[76]
i=9		20	16	30	35	48	44	28	31	[50]	76
i=8		16	20	30	35	44	28	31	[48]	50	76
i=7		16	20	30	35	28	31	[44]	48	50	76
i=6		16	20	30	28	31	[35]	44	48	50	76
i=5		16	20	28	30	[31]	35	44	48	50	76
i=4		16	20	28	[30]	31	35	44	48	50	76

(b)

图 9.3　例 9.3 冒泡排序的排序过程

(a)改进前；(b)改进后

3. 算法分析

1)时间复杂度

改进前的冒泡排序由两重循环构成，对于具有 n 个元素的表，其外层循环执行 n-1 次，内层循环执行 i-1 次(i 为外循环变量)。所需关键字比较的次数与待排序数据元素的初始排列无关，关键字的比较次数均为

$$C=\sum_{i=2}^{n}(i-1)=\frac{n(n-1)}{2}$$

改进后的冒泡排序由两重循环构成，对于具有 n 个元素的表，其外层循环执行次数、内层循环的执行次数取决于待排序数据元素的初始排列情况。

(1)最好的情况时初始序列正序，算法改进后一趟扫描即可完成排序，所需关键字的比较次数 C 和元素移动的次数 M 均为最小值：

$$C=n-1$$

$$M=0$$

此时的时间复杂度为 O(n)。

(2)最坏的情况时初始序列逆序，其外层循环执行 n-1 次，内层循环执行 i-1 次(i 为外循环变量)，且每次比较必须移动元素 3 次来交换数据元素的位置。在此情况下，比较次数

C 和元素的移动次数 M 均为最大值：

$$C=\sum_{i=2}^{n}(i-1)=\frac{n(n-1)}{2}$$

$$M=\sum_{i=2}^{n}3(i-1)=\frac{3n(n-1)}{2}$$

此时的时间复杂度为 $O(n^2)$。

(3)由于算法可能在中间的某一趟排序完成后终止，因此平均情况的比较次数和元素移动次数较为复杂。其时间复杂度为 $O(n^2)$。

2)空间复杂度

冒泡排序算法只使用 i，j、temp 三个辅助变量或 i、j、temp、tag 四个辅助变量，与问题规模 n 无关，其空间复杂度为 O(1)。

3)稳定性

当 i>j 且 r[i].key=r[j].key 时，两者不发生交换，即 r[i] 和 r[j] 的相对位置保持不变，因此冒泡排序是一种稳定的排序。

9.3.2　快速排序

1. *排序思想*

快速排序又被称为分区交换排序，是冒泡排序的改进排序方法。其基本思想是在待排序的 n 个数据元素中以某个数据元素(通常为第一个元素)作为支点，将其放在适当的位置，数据元素序列被分成两个部分，其中左半部分的数据元素小于或等于支点，右半部分的数据元素大于或等于支点，该过程被称为一趟快速排序。以此类推，对左右两部分分别进行快速排序的递归处理，直至数据元素序列按关键字有序为止。

快速排序的划分方法如下：

设指针 i 和 j 开始时分别指向表的开始与结束，在任意时刻，支点保存于辅助变量 temp 中，即 temp=l.r[i]：

(1)若 j>i&&l.r[j].key≥temp.key，则两者位置合适，j 减 1，重复此过程；否则，两者位置不合适，l.r[i]=l.r[j]；

(2)若 i<j&&l.r[i].key≤temp.key，则两者位置合适，i 加 1，重复此过程；否则，两者位置不合适，l.r[j]=l.r[i]；

(3)重复上述过程，直到 i 与 j 相等；

(4)l.r[i]=temp。

2. *排序算法*

快速排序算法如下：

```
void QuickSort(SqList &l,int s,int t){
  int i=s,j=t;
  ElemType temp;
  if(s<t){                              //区间内至少存在两个元素的情形
    temp=l.r[s];                        //将区间的第一个元素作为支点
    while(i!=j){
        while(j>i &&l.r[j].key>=temp.key)
```

```
            j--;                          //从右向左扫描,查找第一个小于支点的r[j]
        l.r[i] = l.r[j];
        while(i<j && l.r[i].key<=temp.key)
            i++;                          //从左向右扫描,查找第一个大于支点的r[i]
        l.r[j] = l.r[i];
    }
    l.r[i] = temp;
    QuickSort(l,s,i-1);                   //左半区递归排序
    QuickSort(l,i+1,t);                   //右半区递归排序
  }
}
```

例 9.4 设待排序的表有 10 个元素，其关键字集合为{38，30，50，16，35，76，48，44，28，31}，描述第一趟快速排序及整个快速排序的过程。

【解】第一趟快速排序的过程如图 9.4 所示。

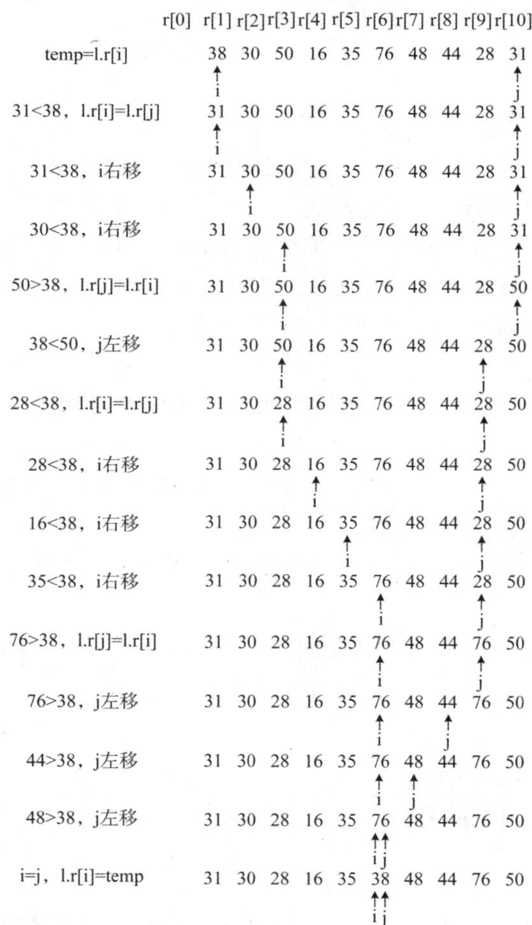

	r[0]	r[1]	r[2]	r[3]	r[4]	r[5]	r[6]	r[7]	r[8]	r[9]	r[10]
temp=l.r[i]		38 (i)	30	50	16	35	76	48	44	28	31 (j)
31<38，l.r[i]=l.r[j]		31 (i)	30	50	16	35	76	48	44	28	31 (j)
31<38，i右移		31	30 (i)	50	16	35	76	48	44	28	31 (j)
30<38，i右移		31	30	50 (i)	16	35	76	48	44	28	31 (j)
50>38，l.r[j]=l.r[i]		31	30	50 (i)	16	35	76	48	44	28	50 (j)
38<50，j左移		31	30	50 (i)	16	35	76	48	44	28 (j)	50
28<38，l.r[i]=l.r[j]		31	30	28 (i)	16	35	76	48	44	28 (j)	50
28<38，i右移		31	30	28	16 (i)	35	76	48	44	28 (j)	50
16<38，i右移		31	30	28	16	35 (i)	76	48	44	28 (j)	50
35<38，i右移		31	30	28	16	35	76 (i)	48	44	28 (j)	50
76>38，l.r[j]=l.r[i]		31	30	28	16	35	76 (i)	48	44	76 (j)	50
76>38，j左移		31	30	28	16	35	76 (i)	48	44 (j)	76	50
44>38，j左移		31	30	28	16	35	76 (i)	48 (j)	44	76	50
48>38，j左移		31	30	28	16	35	76 (i j)	48	44	76	50
i=j，l.r[i]=temp		31	30	28	16	35	38 (i j)	48	44	76	50

图 9.4　第一趟快速排序的过程

第一趟以 38 为支点，对序列{38，30，50，16，35，76，48，44，28，31}采用快速排

序，将整个元素区间分为{31，30，28，16，35}和{48，44，76，50}两个子区间，并将38放在最终排序位置；采用递归算法分别对每个子区间进行快速排序，直到该子区间中只有一个元素或不存在元素为止。快速排序的过程如图9.5所示。

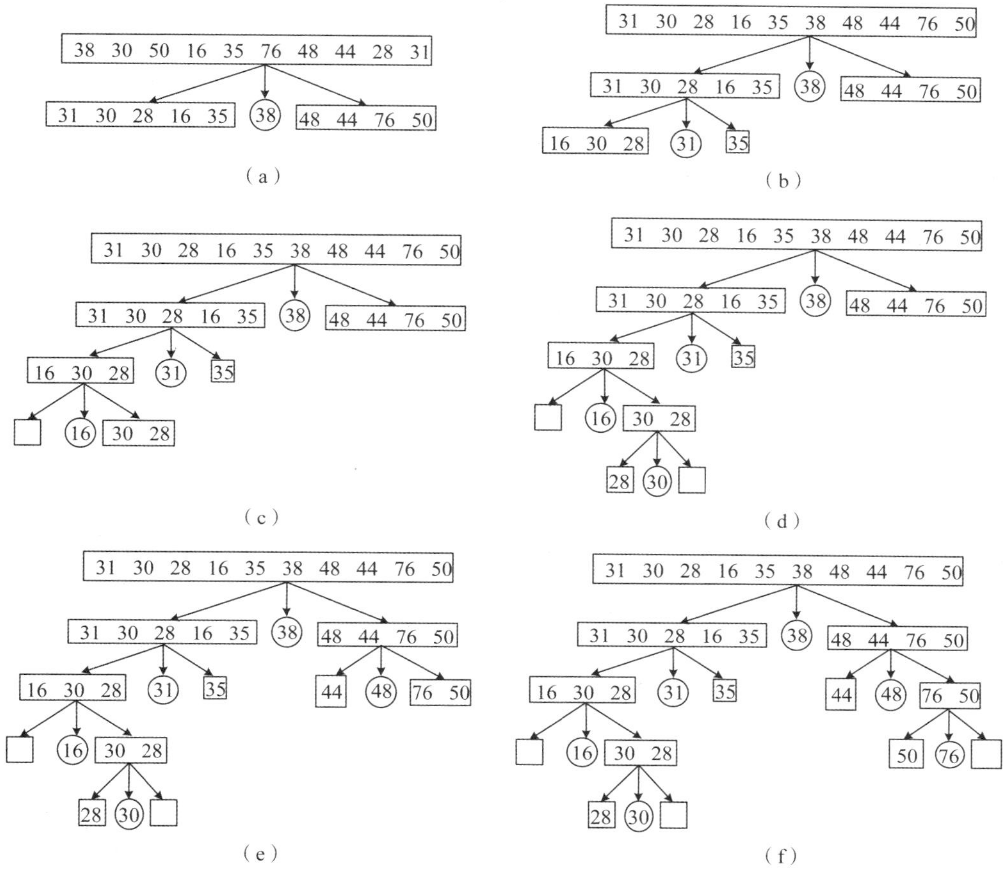

图9.5　快速排序的过程

(a)第1次划分；(b)第2次划分；(c)第3次划分；(d)第4次划分；(e)第5次划分；(f)第6次划分

3. 算法分析

1)时间复杂度

快速排序的时间主要耗费在划分操作上，对长度为n的区间进行划分，共需n-1次关键字的比较。

(1)最坏的情况是每次划分选取的支点都是当前无序区中关键字最大(或最小)的数据元素，划分的结果是支点右边(或左边)的子空间为空，另一个非空子区间中的元素数量比划分前无序区中的元素数量少一个。因此，快速排序需要做n-1次划分，第i次划分开始时子区间的长度为n-i+1，所需比较次数为n-i(1≤i≤n-1)，故快速排序的总比较次数为

$$C=\sum_{i=1}^{n-1}(n-i)=\frac{n(n-1)}{2}$$

此时，快速排序的时间复杂度为 $O(n^2)$。

(2)最好的情况是每次划分选取的支点都是当前无序区的“中值”元素，划分结果是支点的左、右两个子区间中数据元素数量大致相等。设 C(n)表示长度为 n 的无序表进行快速排序所需的比较次数，则快速排序总的比较次数为

$$C(n) \leqslant n+2C(\frac{n}{2})$$

$$\leqslant n+2(\frac{n}{2}+2C(\frac{n}{4}))=2n+4C(\frac{n}{2^2})$$

$$\leqslant 2n+4(\frac{n}{4}+2C(\frac{n}{2^3}))=3n+8C(\frac{n}{2^3})$$

$$\cdots$$

$$\leqslant kn+2^k C(\frac{n}{2^k})=n\log_2 n+nC(1)$$

其中 $k=n\log_2 n$，此时，快速排序的时间复杂度为 $O(n\log_2 n)$。

(3)平均情况下的时间复杂度为 $O(n\log_2 n)$。

2)空间复杂度

快速排序中一趟排序使用 i、j 和 temp 3 个辅助变量，为常量级；若每趟排序都将元素序列均匀地分割成两个长度接近的子序列，则其递归深度为 $O(\log_2 n)$，所需栈存储空间为 $O(\log_2 n)$；在最坏情况下，算法的递归深度为 $O(n)$，所需栈存储空间为 $O(n)$，平均所需栈存储空间为 $O(\log_2 n)$，因此快速排序的空间复杂度为 $O(\log_2 n)$。

3)稳定性

快速排序算法是一种不稳定的排序方法。例如，数据元素序列{20，18，36，44，$\underline{18}$}的支点为 20，快速排序后的结果为{$\underline{18}$，18，20，44，36}，显然 18 和 $\underline{18}$ 排序前后的相对位置发生了改变。

上述算法是以第一个元素作为支点进行的快速排序。事实上，在快速排序中可以选取任意元素作为支点(更好的方法是从元素序列中随机选取一个元素作为支点)。以当前区间的中间位置作为支点的快速排序算法如下：

```
void QuickSortm(SqList &l,int s,int t){
    int i=s,j=t;
    ElemType temp;
    KeyType pivot;
    pivot=l.r[(s+t)/2].key;              //用当前区间的中间元素作为支点
    if(s<t){                             //当前区间内至少存在两个元素的情形
        while(i!=j){
            while(j>i && l.r[j].key>=pivot)
                j--;
            while(i<j && l.r[i].key<=pivot)
                i++;
```

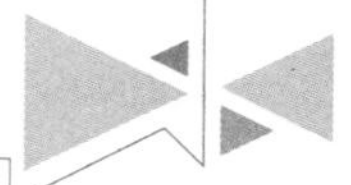

```
            if(i<=j){
                temp=l.r[i];
                l.r[i]=l.r[j];
                l.r[j]=temp;
            }
        }
        QuickSortm(l,s,i-1);                //对左半区进行递归排序
        QuickSortm(l,i+1,t);                //对右半区进行递归排序
    }
}
```

9.4 选择排序

选择排序的基本思想是每一趟(n 个数据元素序列共进行 n-1 趟排序)从待排序的数据元素中选出最小(或最大)的数据元素，按顺序放在已经排好序的子表的最后，直到全部元素有序为止。选择排序适用于在大量元素中选择部分排序元素的情形。例如，在 10000 个数据元素中选出关键字大小为前 20 位的数据元素。

9.4.1 简单选择排序

1. 排序思想

简单选择排序的思想是，第 i(1≤i≤n-1)趟排序开始时，从 r[i..n]中选出关键字最小(或最大)的数据元素 r[k](i≤k≤n)与 r[i]进行交换，经过 n-1 趟排序后，r[1..n]递增(或递减)有序。

2. 排序算法

简单选择排序的算法如下：

```
void SelectSort(SqList &l){
    int i,j,k;
    ElemType temp;
    for(i=1;i<l.length;i++){                //第 i 趟排序,共 l.length-1 趟
        k=i;                                //初始化当前最小元素的下标
        for(j=i+1;j<=l.length;j++)          //在当前无序区中查找最小元素的下标
            if(l.r[j].key<l.r[k].key)       //记录当前最小元素的下标
                k=j;
        if(k!=i){                           //交换 r[k]和 r[i]
            temp=l.r[i];
            l.r[i]=l.r[k];
            l.r[k]=temp;
        }
```

```
    }
}
```

例 9.5　设待排序的表中有 10 个元素，其关键字集合为{38，30，8，16，35，76，48，44，2，31}，描述第一趟简单选择排序及整个简单选择排序的过程。

【解】第一趟简单选择排序的过程如图 9.6 所示。

	r[0]	r[1]	r[2]	r[3]	r[4]	r[5]	r[6]	r[7]	r[8]	r[9]	r[10]
初始关键字		38	30	8	16	35	76	48	44	2	31
		↑ i，k	↑ j								
30<38，k=j,j++		38	30	8	16	35	76	48	44	2	31
		↑ i	↑ k	↑ j							
8<30，k=j,j++		38	30	8	16	35	76	48	44	2	31
		↑ i		↑ k	↑ j						
16>8，j++		38	30	8	16	35	76	48	44	2	31
		↑ i		↑ k		↑ j					
35>8，j++		38	30	8	16	35	76	48	44	2	31
		↑ i		↑ k			↑ j				
76>8，j++		38	30	8	16	35	76	48	44	2	31
		↑ i		↑ k				↑ j			
48>8，j++		38	30	8	16	35	76	48	44	2	31
		↑ i		↑ k					↑ j		
44>8，j++		38	30	8	16	35	76	48	44	2	31
		↑ i		↑ k						↑ j	
2<8，k=j，j++		38	30	8	16	35	76	48	44	2	31
		↑ i								↑ k	↑ j
31>8，j++		38	30	8	16	35	76	48	44	2	31
		↑ i								↑ k	↑ j
r[i]和r[k]交换		2	30	8	16	35	76	48	44	38	31
		↑ i								↑ k	

图 9.6　第一趟简单选择排序的过程

简单选择排序的排序过程如图 9.7 所示，其中带方框的元素为每趟排序选出的最小元素。

	r[0]	r[1]	r[3]	r[3]	r[4]	r[5]	r[6]	r[7]	r[8]	r[9]	r[10]
初始关键字		38	30	8	16	35	76	48	44	2	31
i=1		[2]	30	8	16	35	76	48	44	38	31
i=2		2	[8]	30	16	35	76	48	44	38	31
i=3		2	8	[16]	30	35	76	48	44	38	31
i=4		2	8	16	[30]	35	76	48	44	38	31
i=5		2	8	16	30	[31]	76	48	44	38	35
i=6		2	8	16	30	31	[35]	48	44	38	76
i=7		2	8	16	30	31	35	[38]	44	48	76
i=8		2	8	16	30	31	35	38	[44]	48	76
i=9		2	8	16	30	31	35	38	44	[48]	76

图 9.7　简单选择排序的排序过程

3. 算法分析

(1)时间复杂度：简单选择排序的比较次数与数据元素序列的状态无关。在第 i 趟排序中，数据元素的比较次数为 n-i 次，因此，简单选择排序的总比较次数为

$$C(n)=\sum_{i=1}^{n-1}(n-i)=\frac{n(n-1)}{2}$$

当待排序的数据元素序列为正序时，简单选择排序的元素移动次数为 0；当待排序的数据元素序列为逆序时，简单选择排序的元素移动次数为 3(n-1)。

综上所述，简单选择排序的时间复杂度为 $O(n^2)$。

(2)空间复杂度：简单选择排序中只使用 i、j、k、temp 四个辅助变量，它们与问题的规模 n 无关，其空间复杂度为 O(1)。

(3)稳定性：简单选择排序算法是一种不稳定的排序方法。例如，数据元素序列{3，8，20，$\underline{3}$，5，2，10}，第 1 趟排序时，选择出最小关键字 2，将其与第 1 个位置上的元素交换，得到数据元素序列{2，8，20，$\underline{3}$，5，3，10}，两个 3 的相对位置发生了变化。

9.4.2 树形选择排序

树形选择排序的每趟排序过程可以用 n 个叶子结点的完全二叉树表示。当从小到大进行排序时，每趟排序过程将 n(一般为 2 的幂)个数据元素的关键字作为叶子结点，相邻的两个叶子结点进行两两比较后，在其中$\left\lceil \frac{n}{2} \right\rceil$个较小者之间进行比较，重复该过程，直至选出最小关键字的数据元素为止，此时完成一趟树形选择排序。选出最小关键字后，将叶子结点中的最小关键字改为最大值(如∞)，重复上述过程，直至所有数据元素有序为止。

例 9.6 待排序的表有 8 个元素，其关键字集合为{38，30，8，16，35，76，48，44}，写出前 3 趟树形选择排序的操作过程。

【解】以 8 个元素的关键字为叶子结点，第一趟树形选择排序选出最小值 8；将叶子结点 8 改为"∞"，第二趟树形选择排序选出此时的最小值 16；将叶子结点 16 改为"∞"，第三趟树形选择排序选出此时的最小值 30。该排序过程如图 9.8 所示。

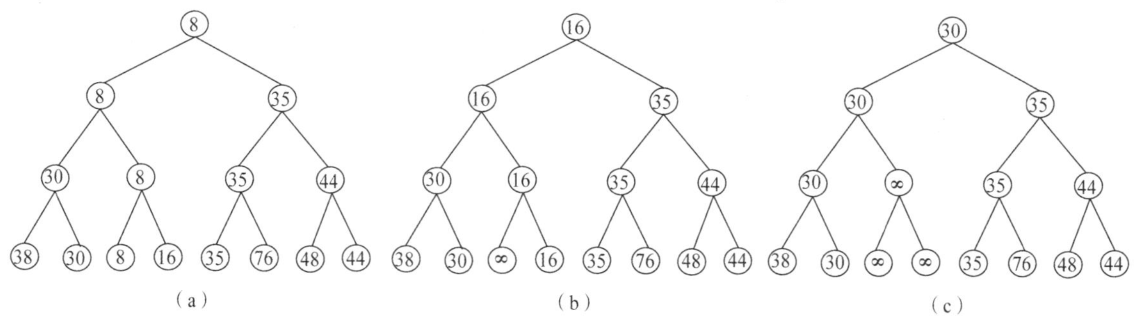

图 9.8 例 9.6 的树形选择排序过程

(a)选出最小值 8；(b)选出最小值 16；(c)选出最小值 30

(1)时间复杂度：由于含有 n 个叶子结点的完全二叉树的深度为$\lceil \log_2 n \rceil+1$，则在树形选择排序中，除了最小关键字之外，每选择一个次小关键字需要进行$\lceil \log_2 n \rceil$次比较和 n 趟树

形选择排序，因此树形选择排序的时间复杂度为 $O(n\log_2 n)$。

(2)空间复杂度：对一个含有 n 个叶子结点的序列进行树形选择排序时，需要对根结点进行 n 次输出来保存排序的结果，因此它的空间复杂度为 O(n)。

(3)稳定性：树形选择排序算法是一种稳定的排序算法。

树形选择排序有辅助空间较多和“最大值”进行多余比较的不足，为此，J. Willioms 在 1964 年提出了堆排序。

9.4.3 堆排序

堆排序是一种树形选择排序，主要利用堆的特性进行排序。它的特点是在排序过程中，将 r[1..n]看成一棵完全二叉树的顺序存储结构，利用完全二叉树中双亲结点和孩子结点间的内在联系，在当前无序区中选择关键字最小(或最大)的数据元素。

设 n 个关键字序列为$\{k_1, k_2, \cdots, k_n\}$，当且仅当该序列满足如下性质时被称为**堆**：

$$\begin{cases} k_i \leqslant k_{2i} \\ k_i \leqslant k_{2i+1} \end{cases} \text{或} \begin{cases} k_i \geqslant k_{2i} \\ k_i \geqslant k_{2i+1} \end{cases} \qquad \left(i=1, 2, \cdots, \left\lfloor \frac{n}{2} \right\rfloor\right)$$

其中，满足第一种情形的堆被称为**小顶堆**，满足第二种情形的堆被称为**大顶堆**。

例如，关键字序列{30，55，60，78，58，65，90，86，80}为小顶堆，关键字序列{90，86，88，76，58，81，40，20，30}为大顶堆。它们对应的完全二叉树表示如图 9.9 所示。

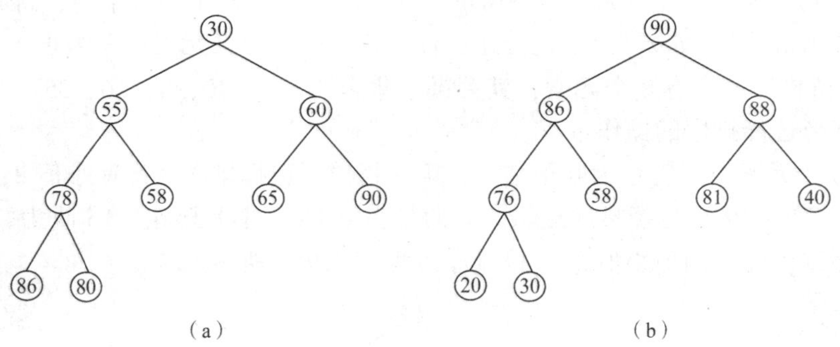

图 9.9 堆的完全二叉树表示

(a)小顶堆；(b)大顶堆

1. 排序思想

堆排序的关键是用筛选法建立堆。以小顶堆为例，首先将待排序的数据元素序列构造出一个堆，选出堆中最小的数据元素为堆顶，将它从堆中移走(通常将堆顶数据元素和堆中最后一个数据元素交换)，再将剩余的数据元素调整成堆，找出次小的数据元素，以此类推，直到堆中只有一个数据元素为止。

筛选法建堆的过程为：设完全二叉树某个结点 i 的左子树和右子树是堆，选出 r[2i].key 与 r[2i+1].key 的较小者，将其与 r[i].key 进行比较，若 r[i].key 大，则将其与 i 的较小孩子的数

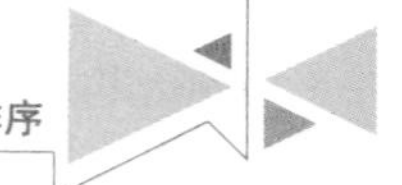

据元素进行交换。这样有可能影响下一级的堆，继续采用上述方法构造下一级的堆，直到完全二叉树中的结点 i 构成堆为止。

对于任意一棵完全二叉树，从 $i=\left\lfloor \frac{n}{2} \right\rfloor$ 到 1 反复利用上述思想建立堆。

2. 排序算法

用 C++语言描述堆排序的算法如下：

```
void SiftAdjust(SqList l,int s,int t){          //筛选算法
    int i=s,j=2 *i;                             //r[j]是 r[i]的左孩子
    ElemType temp=l.r[i];
    while(j<=t){
        if(j<t&&l.r[j].key>l.r[j+1].key)        //右孩子小于左孩子,j 指向右孩子
            j++;
        if(temp.key>l.r[j].key){                //将 r[j]调整到双亲结点的位置
            l.r[i]=l.r[j];
            i=j;                                //修改 i 和 j,继续向下筛选
            j=2*i;
        }
        else break;                             //筛选结束
    }
    l.r[i]=temp;                                //将被筛选结点的值放在最终位置
}
void HeadSort(SqList &l){
    int i;
    ElemType temp;
    for(i=l.length/2;i>=1;i--)                  //循环建立初始堆
        SiftAdjust(l,i,l.length);
    for(i=l.length;i>1;i--){                    //进行 l.length-1 趟堆排序
        temp=l.r[1];                            //将最后一个元素与当前区间内的 r[1]交换
        l.r[1]=l.r[i];
        l.r[i]=temp;
        SiftAdjust(l,1,i-1);
    }
}
```

例 9.7 在待排序的表中有 10 个元素，其关键字集合为{38, 30, 8, 16, 35, 76, 48, 44, 2, 20}，初始状态如图 9.10 所示。描述建立初始堆及堆排序的过程。

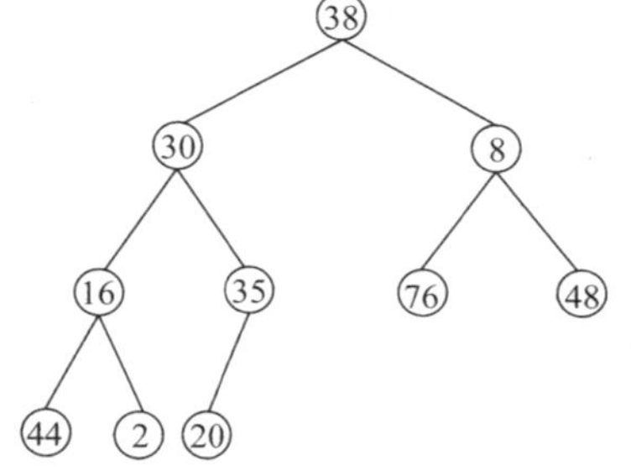

图 9.10 例 9.7 中关键字集合的初始状态

【解】初始堆的构建过程如图 9.11 所示，堆排序

过程如图 9.12 所示，每产生一个最小值后，对堆进行一次筛选调整。

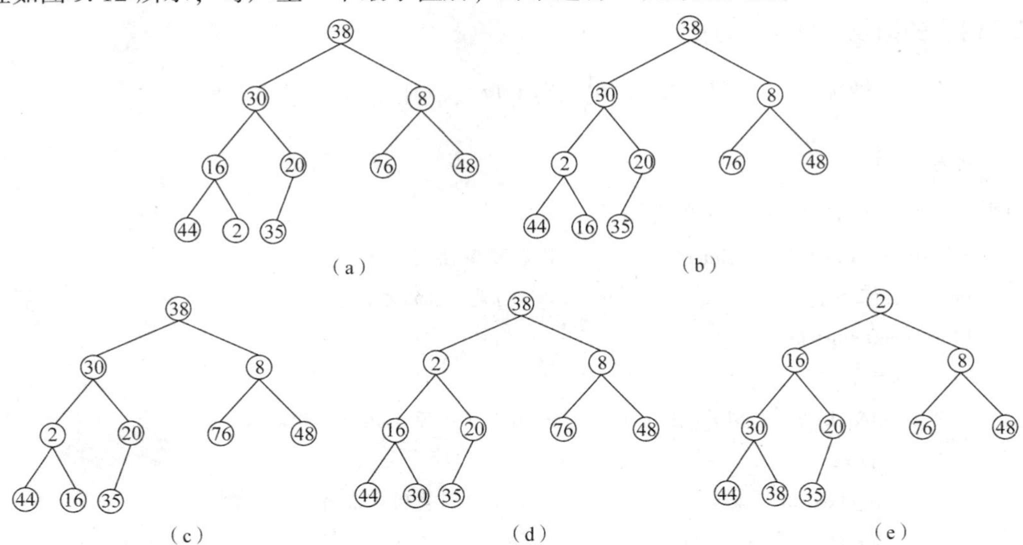

图 9.11　例 9.7 初始堆的构建过程

(a)i=5 的状态；(b)i=4 的状态；(c)i=3 的状态；(d)i=2 的状态；(e)i=1 的状态

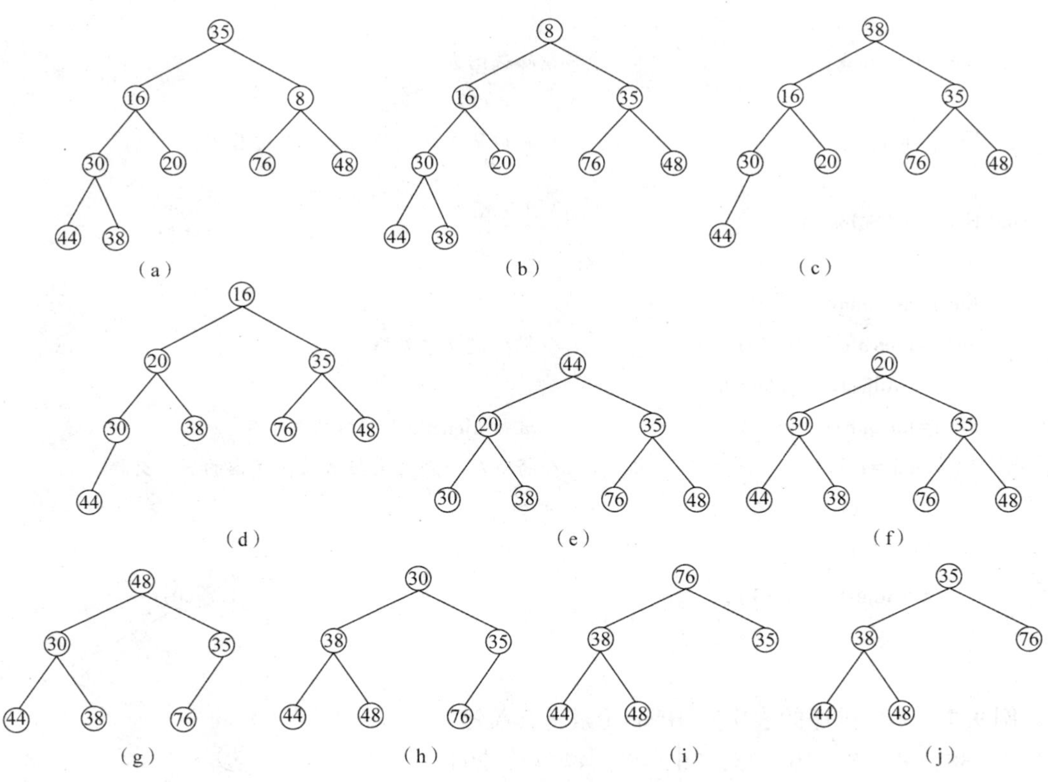

图 9.12　例 9.7 的堆排序过程

(a)交换 2 和 35，输出 2；(b)筛选调整；(c)交换 8 和 38，输出 8；(d)筛选调整；(e)交换 16 和 44，输出 16；(f)筛选调整；(g)交换 20 和 48，输出 20；(h)筛选调整；(i)交换 30 和 76，输出 30；(j)筛选调整

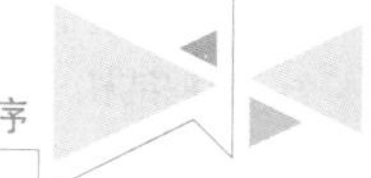

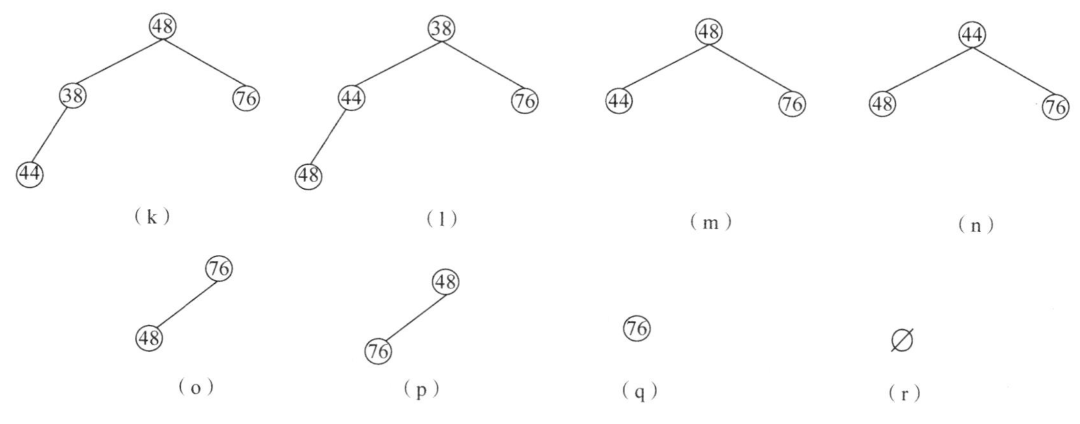

图 9.12 例 9.7 的堆排序过程(续)

(k)交换 35 和 48，输出 35；(l)筛选调整；(m)交换 38 和 48，输出 38；(n)筛选调整；(o)交换 44 和 76，输出 44；(p)筛选调整；(q)交换 48 和 76，输出 48；(r)输出 76

3. 算法分析

(1)时间复杂度：堆排序适用于数据元素数量较大的情形。堆排序的时间主要耗费在建立初始堆和调整建立新堆的反复“筛选”上，它们通过调用 SiftAdjust( )实现。对于深度为 k 的堆，筛选算法中进行的关键字比较次数最多为 2(k-1)次，由于第 i 层上的结点数至多为 2^{i-1}，以它们为根的二叉树的深度为 h-i+1，在建立含有 n 个元素且深度为 h 的初始堆时，调用$\left\lfloor \frac{n}{2} \right\rfloor$次 SiftAdjust( )函数进行关键字比较的次数为

$$C_1(n)=\sum_{i=h-1}^{1}2^{i-1}\times 2(h-i)=\sum_{i=h-1}^{1}2^{i}(h-i)=\sum_{j=1}^{h-1}2^{h-j}\times j\leqslant 2n\sum_{j=1}^{h-1}\frac{j}{2^j}\leqslant 4n$$

由于具有 n 个结点的完全二叉树的深度为$\lfloor \log_2 n\rfloor+1$，则调整建立新堆时调用 SiftAdjust( )函数 n-1 次，比较的次数为

$$C_2(n)=2\sum_{i=2}^{n}\lfloor \log_2 n\rfloor<2n\log_2 n$$

因此，堆排序的总比较次数为

$$C(n)=C_1(n)+C_2(n)\leqslant 4n+2n\log_2 n$$

综上所述，堆排序的时间复杂度为 $O(n\log_2 n)$。

(2)空间复杂度：堆排序只使用 i、j 和 temp 三个辅助变量，空间复杂度为 O(1)。

(3)稳定性：堆排序是一种不稳定的排序方法。例如，数据元素序列{55，65，49，97，76，13，27，$\underline{49}$}，堆排序的结果为{13，27，$\underline{49}$，49，55，65，76，97}，49 和 $\underline{49}$ 排序前后的相对位置发生了改变。

9.5 归并排序

1. 排序思想

归并排序是多次将两个或两个以上的有序表合并成一个新的有序表的排序方法。最简单的归并排序是直接将两个有序的子表归并成一个有序表的2-路归并排序方法。

2-路归并排序的基本思想是将待排序的n个数据元素r[1..n]看作n个长度为1的有序表，然后两两归并，得到$\left\lfloor\frac{n}{2}\right\rfloor$个长度为2(最后一个有序序列的长度可能为1)的有序子序列；再两两归并，得到$\left\lfloor\frac{n}{4}\right\rfloor$个长度为4(最后一个有序序列的长度可能小于4)的有序子序列；重复该过程，直到得到一个长度为n的有序序列。

2. 排序算法

2-路归并排序的核心操作是将一维数组中相邻的两个有序序列归并为一个有序序列，其归并算法如下：

```
void Merge(ElemType  *sr,int s,int m,int t){
  int i=s,j=m+1,k=0;
  int  *tr=new ElemType[MaxSize];              //MaxSize 为表的最大长度
  while(i<=m&&j<=t)
    if(l.r[i].key<=l.r[j].key){               //将前一段元素放入 tr 中
        tr[k]=l.r[i];
        i++;
        k++;
    }
    else{                                       //将后一段元素放入 tr 中
        tr[k]=l.r[j];
        j++;
        k++;
    }
  while(i<=m){                                  //将前一段的剩余元素放入 tr 中
    tr[k]=l.r[i];
    i++;
    k++;
  }
  while(j<=t){                                  //将后一段的剩余元素放入 tr 中
    tr[k]=l.r[j];
    j++;
    k++;
```

```
    }
    for(i=s,k=0;i<=t;k++,i++)
        sr[i]=tr[k];
}
```

在某趟归并中，设各子表的长度为 len(最后一个子表长度可能小于 len)，则归并前 r[1..n] 中有$\left\lceil \frac{n}{len} \right\rceil$个有序子表：r[1..len]、r[len+1..2len]、…、r$\left[\left(\left\lceil \frac{n}{len} \right\rceil-1\right)\times len+1..n\right]$。调用 Merge( ) 函数将相邻的一对子表进行归并时，必须对表的数量是奇数以及最后一个子表长度小于 len 两种情形进行处理。若子表的数量为奇数，则最后一个子表无须和其他子表归并；若子表的数量为偶数，则需要注意最后一对子表中后一个子表的区间上界为 n 的情形。

2-路归并排序的非递归算法如下：

```
void MSort(SqList &l,int len){                  //对整个表进行一趟归并
    int i=1;
    while(i<=l.length-2*len+1){                 //归并长度为 len 的两个相邻子表
        Merge(l.r,i,i+len-1,i+2*len-1);
        i=i+2*len;
    }
    if(i<l.length-len+1)                        //余下两个子表,后者的子表长度小于 len
            Merge(l.r,i,i+len-1,l.length);      //归并余下的两个子表
}
void MergeSort(SqList &l){                      //2-路归并算法
        int len=1;
        while(len<l.length){                    //进行 log2n 趟排序
            MSort(l,len);
            len=2*len;
        }
}
```

归并排序的递归算法在递归过程中子表的长度不一定遵循前述归并排序的准则。

2-路归并排序的递归算法如下：

```
void MSort(ElemType *sr,int s,int t){
        int m;
        if(s!=t){
            m=(s+t)>>1;                         //顺序表 sr[s..t]平分为 sr[s..m]和 sr[m+1..t]
            MSort(sr,s,m);                      //递归地将 sr[s..m]归并为有序表 sr[s..m]
            MSort(sr,m+1,t);                    //递归地将 sr[m+1..t]归并为有序表 sr1[m+1..t]
            Merge(sr,s,m,t);                    //递归地将 sr[s..m]和 sr[m+1..t]归并为有序表 sr[s..t]
        }
}
void MergeSort(SqList &l){                      //对顺序表进行归并排序
        MSort(l.r,1,l.length);
}
```

例 9.8　在待排序的表中有 10 个元素，其关键字集合为{38，30，8，16，35，76，48，44，2，20}。

(1)描述非递归算法的归并排序过程；

(2)描述递归算法的分组过程及其归并排序过程。

【解】(1)非递归算法的归并排序过程如图 9.13 所示。

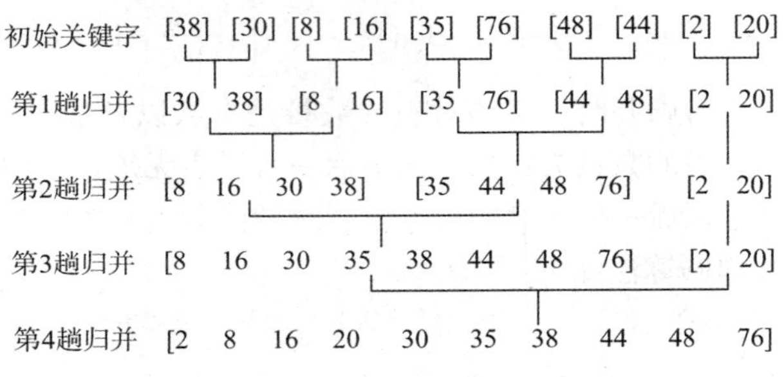

图 9.13　例 9.8 非递归算法的归并排序过程

(2)根据 MSort( )函数，10 个数据元素的递归分组过程如图 9.14 所示，递归算法的归并排序过程如图 9.15 所示。

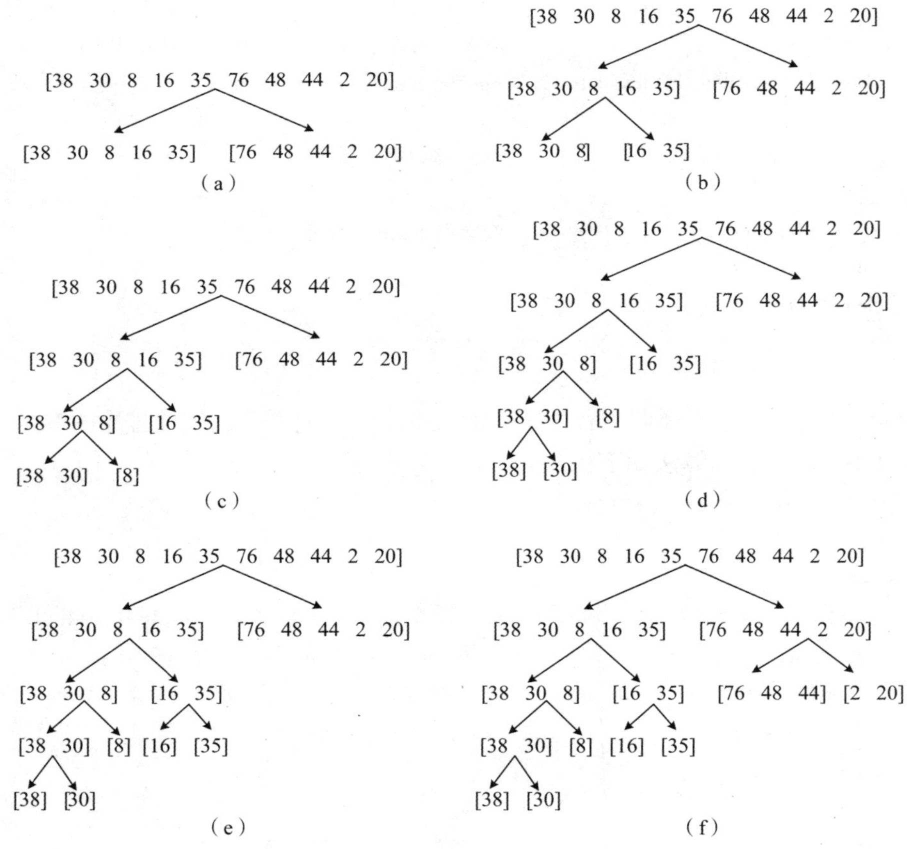

图 9.14　例 9.8 的归并排序递归分组过程

(a)第 1 次划分；(b)；第 2 次划分；(c)第 3 次划分；(d)第 4 次划分；(e)第 5 次划分；(f)第 6 次划分

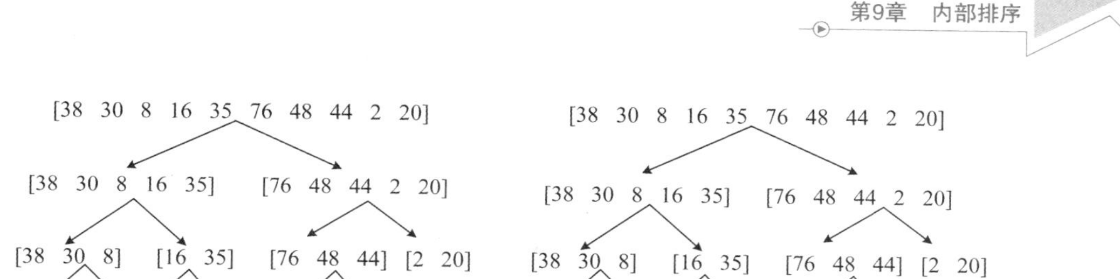

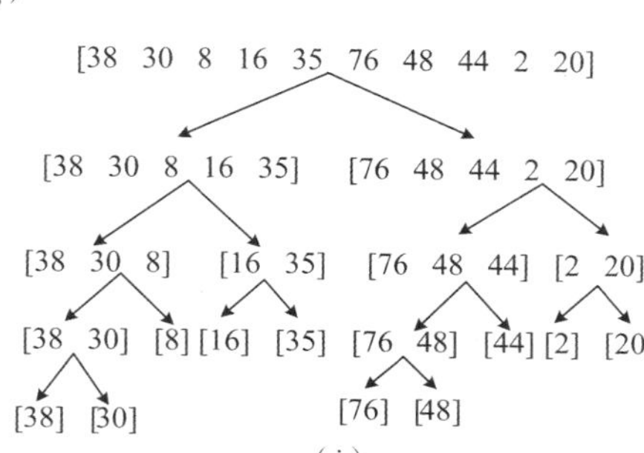

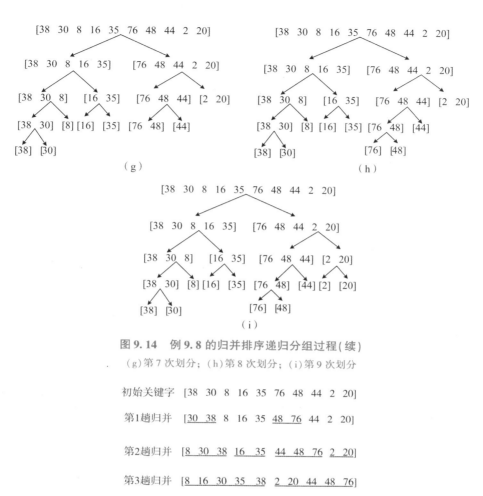

图 9.14　例 9.8 的归并排序递归分组过程(续)

(g)第 7 次划分；(h)第 8 次划分；(i)第 9 次划分

初始关键字	[38 30 8 16 35 76 48 44 2 20]
第1趟归并	[30 38 8 16 35 48 76 44 2 20]
第2趟归并	[8 30 38 16 35 44 48 76 2 20]
第3趟归并	[8 16 30 35 38 2 20 44 48 76]
第4趟归并	[2 8 16 20 30 35 38 44 48 76]

图 9.15　例 9.8 递归算法的归并排序过程

3. 算法分析

(1)时间复杂度：在长度为 n 的数据表中采用归并排序需要进行$\lceil \log_2 n \rceil$趟 2-路归并，每趟归并的时间复杂度为 O(n)，因此归并排序的时间复杂度为 $O(n\log_2 n)$。

(2)空间复杂度：在归并排序过程中，每一趟需要一个辅助向量 tr[]来暂时存储两个有序表归并的结果，在该趟排序结束时释放其空间，总的空间复杂度为 O(n)。

(3)稳定性：归并排序是一种稳定的排序方法。

9.6　基数排序

1. 排序思想

前面所讨论的排序算法都基于关键字(或称单关键字)之间的比较来实现排序过程，基

数排序通过分配和收集来实现排序过程，不需要进行关键字的比较，是一种借助多关键字排序的思想对单关键字排序的方法。

一般情况下，设有 n 个数据元素序列 r[1..n]，且每个关键字 r[i].key 由 d 位数字 $K_{d-1}K_{d-2}\cdots K_0$ 组成(或每个数据元素 r[i]中含有关键字序列{K_{d-1}，K_{d-2}，…，K_0}，本节以第一种情形为例)，其中 K_{d-1} 为最高位，K_0 为最低位，$0\leqslant K_i<r$，其中 r 为基数。基数排序分为两种情形。

(1)**最高位优先(Most Significant Digit First，MSD)法**：对最高位(或关键字)K_{d-1} 进行排序，将序列分成若干个子序列，每个子序列中的数据元素具有相同的 K_{d-1} 值；每个子序列分别对次高位(或关键字)K_{d-2} 进行排序，将序列分成若干个更小的子序列，每个子序列中的数据元素具有相同的 K_{d-2} 值；以此类推，直到上一步产生的每个子序列对最低位(或关键字)K_0 进行排序；将所有子序列依次连接构成一个有序序列。

(2)**最低位优先(Least Significant Digit First，LSD)法**：对最低位(或关键字)K_0 进行排序，将序列分成若干个子序列，每个子序列中的数据元素具有相同的 K_0；每个子序列分别对次低位(或关键字)K_1 进行排序，将序列分成若干个更小的子序列，每个子序列中的数据元素具有相同的 K_1；以此类推，直到上一步产生的每个子序列对最高位 K_{d-1}(或关键字)K_{d-1} 进行排序；将所有子序列依次连接构成一个有序序列。

以 r 为基数最低位优先排列为例，设线性表由数据元素序列(a_1，a_2，…，a_n)构成，每个元素 a_i 的关键字由 d 位 $K_{i,d-1}K_{i,d-2}\cdots K_{i,0}$ 组成，其中 $0\leqslant K_{i,j}<r(1\leqslant i\leqslant n,\ 0\leqslant j<d)$，在排序过程中使用 r 个队列 Q_0，Q_1，…，Q_{r-1}。

基数排序的过程如下：

对 j=0，1，2，…，d-1 依次进行一次分配和收集操作。

(1)**分配**：把队列 Q_0，Q_1，…，Q_{r-1} 初始化为空队列，依次考查线性表中的结点 $a_i(1\leqslant i\leqslant n)$，若其关键字 $K_{i,j}=k$，则把元素 a_i 插入队列 Q_k 中；

(2)**收集**：将队列 Q_0，Q_1，…，Q_{r-1} 中的结点依次首尾相接，得到新的结点序列，组成新的线性表。

2. 排序算法

用 C++语言描述的基数排序算法如下：

```
#include<iostream>
using namespace std;
#define MAXD 3                          //关键字项数最大值
#define RADIX 10                        //基数
typedef struct{
    char key[MAXD];                     //关键字项
    InfoType otherinfo;                 //其他数据项
}ElemType;
typedef struct LNode{                   //线性链表定义
    ElemType data;
```

```
    LNode  *next;
}LNode;
typedef struct{                              //链队列定义
  LNode  *front;
  LNode  *rear;
}Queue;
Queue q[RADIX];
class RDSort{
  private:
    LNode  *head;
  public:
    void Create(int n);
    void Distribute(int i);
    void Collect();
    void RadixSort();
    void Print();
};
```

(1)创建初始序列的算法如下：

```
void RDSort::Create(int n){
    int i;
    head=NULL;
    LNode  *s;
    for(i=0;i<n;i++){
        s=new LNode;
        cin>>s->data.key;
        if(head==NULL){
            head=s;
            s->next=NULL;
        }
        else {
            s->next=head;
            head=s;
        }
    }
}
```

(2)分配操作的算法如下：

```
void RDSort::Distribute(int i){              //i 为第 i 个关键字或第 i 位数字的符号
    int j;
    for(int k=0;k<RADIX;k++)
      q[k].front=q[k].rear=NULL;             //初始化队列为空
```

```
    while(head){
      j=head->data.key[i]-'0';                //查找第 j 个队列
      if(q[j].front==NULL)                    //第 j 个队列为空,队头与队尾指向 head
            q[j].front=q[j].rear=head;
      else{
        q[j].rear->next=head;
        q[j].rear=head;
      }
      head=head->next;
      q[j].rear->next=NULL;
    }
}
```

(3)收集操作的算法如下:

```
void RDSort::Collect(){
    head=NULL;
    LNode  *t;
    for(int j=0;j<RADIX;j++)                  //对每个队列进行收集
        if(q[j].front!=NULL)                  //第 j 个队列为第一个非空队列
            if(head==NULL){
                head=q[j].front;
                t=q[j].rear;
            }
            else{                             //第 j 个队列为其他非空队列
                t->next=q[j].front;
                t=q[j].rear;
            }
}
```

(4)基数排序的算法如下:

```
void RDSort::RadixSort(){                     //对不带头结点的单链表基数排序
    for(int i=MAXD-1;i>=0;i--){               //从低位到高位循环
        Distribute(i);                        //第 i 趟分配
        Collect();                            //第 i 趟收集
    }
}
```

(5)输出序列的算法如下:

```
void RDSort::Print(){
    LNode  *s=head;
    while(s){
      cout<<s->data.key<<' ';
      s=s->next;
```

```
    }
}
```

（6）主函数设计如下：

```
int main() {
    RDSort rs;
    rs.Create(10);
    rs.RadixSort();
    rs.Print();
    return 0;
}
```

例 9.9 在待排序的表中有 10 个元素，其关键字集合为{58，30，8，16，35，76，49，44，2，20}，如图 9.16 所示。描述基数排序的排序过程。

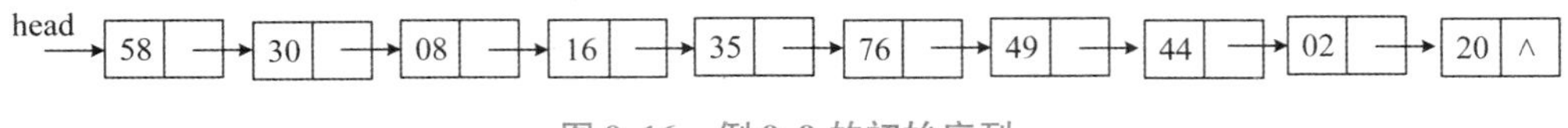

图 9.16 例 9.9 的初始序列

【解】基数排序排序过程如图 9.17 所示。

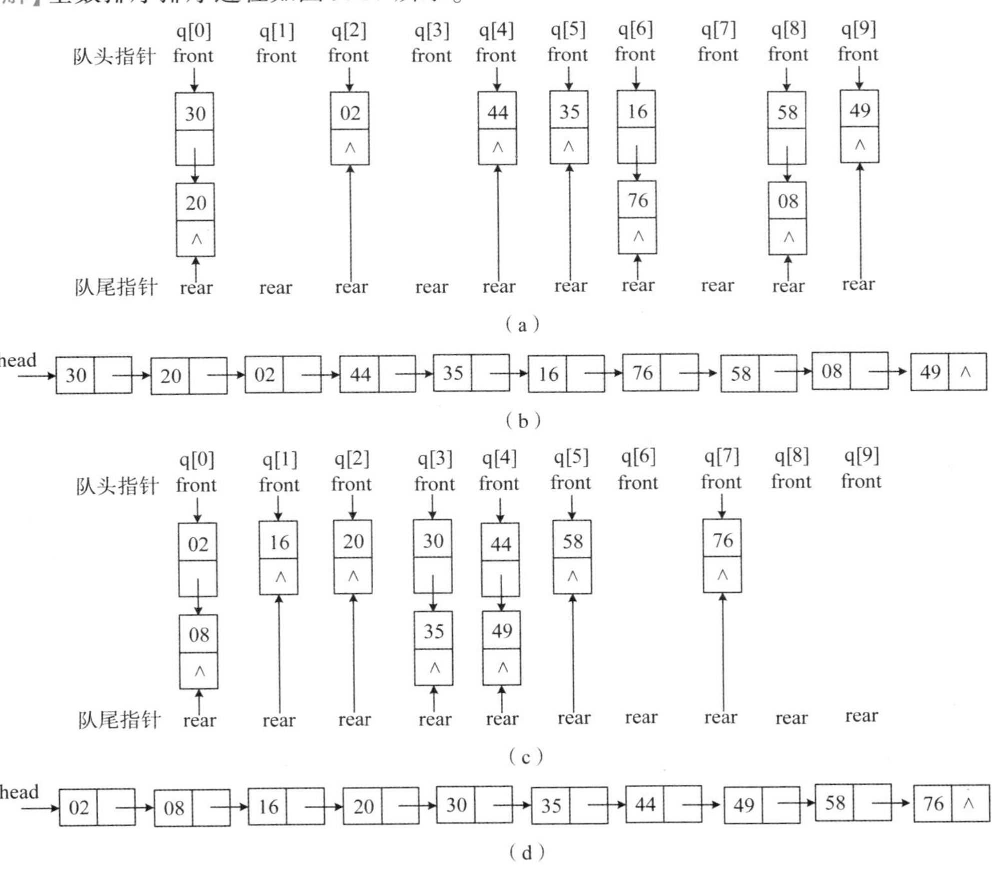

图 9.17 基数排序的排序过程

（a）按个位分配后；（b）按个位收集后；（c）按十位分配后；（d）按十位收集后

3. 算法分析

(1)时间复杂度：设每个数据元素含有 d 个关键字(或每个关键字由 d 位组成)，r 为基数，在基数排序过程中，共进行 d 趟分配和收集，每趟分配和收集的时间复杂度为 O(n+r)，因此基数排序的时间复杂度为 O(d(n+r))。

(2)空间复杂度：基数排序需要创建 r 个队列，每个队列有 front 和 rear 两个指针，共需要 2r 个辅助存储空间，总的空间复杂度为 O(r)。

(3)稳定性：基数排序是一种稳定的排序方法。

9.7 内部排序方法的比较

各种内部排序方法的性能见表 9.1。

表 9.1 各种排序方法的性能

排序方法	时间复杂度			空间复杂度	稳定性
	平均情况	最好的情况	最坏的情况		
直接插入排序	$O(n^2)$	$O(n)$	$O(n^2)$	$O(1)$	稳定
折半插入排序	$O(n^2)$			$O(1)$	稳定
希尔排序	$O(n^{1.3})$			$O(1)$	不稳定
冒泡排序	$O(n^2)$	$O(n)$	$O(n^2)$	$O(1)$	稳定
快速排序	$O(n\log_2 n)$	$O(n\log_2 n)$	$O(n^2)$	$O(\log_2 n)$	不稳定
简单选择排序	$O(n^2)$			$O(1)$	不稳定
树形选择排序	$O(n\log_2 n)$			$O(n)$	稳定
堆排序	$O(n\log_2 n)$			$O(1)$	不稳定
归并排序	$O(n\log_2 n)$			$O(n)$	稳定
基数排序	$O(d(n+r))$			$O(r)$	稳定

通过表 9.1 可以得出如下结论：

(1)数据元素基本有序时，应采用直接插入排序或冒泡排序。

(2)数据元素数量 n 较小时，应采用直接插入排序或简单选择排序

(3)数据元素数量 n 较大时，应采用快速排序、堆排序或归并排序等时间复杂度为 $O(n\log_2 n)$ 的排序方法。快速排序被认为是目前基于比较的内部排序的最好方法，但在最坏的情况下，快速排序的时间性能不如堆排序和归并排序的时间性能。将两个有序表合并成一个有序表的最好方法是归并排序。

(4)基数排序适用于数据元素数量 n 很大而关键字较小的序列。若关键字很大且序列中多数数据元素的最高位关键字均不同，则可先按最高位关键字将序列分成若干个较小的子序列，然后进行直接插入排序。

(5)基数排序是稳定的排序方法，所有时间复杂度为 $O(n^2)$ 的排序方法都是稳定的，而

希尔排序、快速排序和堆排序等时间性能较好的排序方法是不稳定的。一般来说，在相邻的两个数据元素关键字间进行比较的排序方法是稳定的。

习　题

一、选择

1. 用直接插入排序对下列序列进行排序(从小到大)，比较次数最小的是(　　)。

A. {50，60，70，80，100，82，74，93}　　B. {100，93，82，80，74，70，60，50}

C. {50，60，70，74，80，82，93，100}　　D. {50，60，70，74，80，100，93，82}

2. 对10个待排序数据元素采用直接插入排序，在最坏的情况下要经过(　　)次比较。

A. 9　　B. 10　　C. 54　　D. 55

3. 在下列排序方法中，(　　)不能保证在每趟排序中将一个元素放到其最终的位置上。

A. 直接插入排序　　B. 冒泡排序　　C. 简单选择排序　　D. 快速排序

4. 采用简单选择排序对序列{101，22，34，36，39，40，19，88，38，99，19，28，24，133}从小到大排序，需要(　　)次比较。

A. 91　　B. 92　　C. 93　　D. 94

5. 比较次数与排序的初始状态无关的排序方法是(　　)。

A. 直接插入排序　　B. 冒泡排序　　C. 简单选择排序　　D. 快速排序

6. 对数据{84，47，25，15，21}进行排序，数据的排列顺序在排序过程中的变化如下：

(1)84，47，25，15，21；

(2)15，47，25，84，21；

(3)15，21，25，84，47；

(4)15，21，25，47，84。

采用的排序方法是(　　)。

A. 直接插入排序　　B. 冒泡排序　　C. 简单选择排序　　D. 快速排序

7. 快速排序方法在(　　)情况下最不利于发挥其长处。

A. 待排序的数据量太大　　B. 待排序的数据元素数量为奇数

C. 待排序的数据元素已基本有序　　D. 待排序的数据元素中含有多个相同值

8. 下列排序算法中，占用辅助空间最多的算法是(　　)。

A. 希尔排序　　B. 归并排序　　C. 堆排序　　D. 快速排序

9. 以下序列为堆的是(　　)。

A. {50，60，70，80，100，82，74，93，96，98}

B. {100，98，80，60，70，50，40，72，32}

C. {70，80，90，82，88，100，160，92，200}

D. {200，108，90，100，180，70，60，20，30}

10. 序列{15，9，7，8，20，-1，7，4}用堆排序的筛选方法建立的初始堆为(　　)。

A. {-1，4，8，9，20，7，15，7}　　B. {-1，7，15，7，4，8，20，9}

C. {-1，4，7，8，20，15，7，9}　　D. 以上均不对

二、填空

1. 按照排序过程涉及的存储设备的不同，排序可分为________排序和________排序。

2. 在所有的排序方法中，经过一趟排序不能确定任何元素的最终位置的排序方法有________。

3. 一组数据元素的关键字序列为{60，79，33，12，81，23，85，56，18，75，53，70}，则以第一个记录为支点，利用快速排序得到的第一趟排序的结果是________，第二趟排序的结果是________。

4. 已知关键字的集合{18，81，48，41，78，230，83，32，85，56，109，75，53，49}，按照从小到大的顺序进行基数排序，经过两趟基数排序后的结果为________________。

5. 对 n 个数据元素序列采用改进的冒泡排序时，最少要经过________次比较。

6. 直接插入排序的监视哨作用是____________________。

三、算法设计

1. 设计一个用链表表示的简单选择排序算法。

2. 冒泡排序算法是把小的元素往上“冒”，也可以把大的元素往下“沉”，给出上“冒”和下“沉”过程交替进行的冒泡排序算法(即双向冒泡排序算法)。

四、上机实验

1. 设计一个程序实现归并排序算法(递归和非递归两种形式)，并输出序列{30，55，18，29，90，2，8，44，7}的排序过程。

2. 设计一个程序实现堆排序算法，并输出序列{30，55，18，29，90，2，8，44，7}的排序过程。

第 10 章　外部排序

上一章介绍的内部排序是在内存中进行的排序，如果待排序的数据元素数量特别大，不能一次全部调入内存，内部排序方法就不能一次完成对数据元素的整体排序，在排序过程中需要多次进行内存与外存之间的数据交换。本章介绍外部排序的基本方法。

10.1　外部排序方法

外部排序是一种基于归并排序法的排序方法，具体分为生成归并段、多路归并两个步骤。

(1)**生成归并段(或顺串)**：依据可用内存的大小，将外存上含有 n 个记录的文件分成若干个长度为 l 的子文件(或段)，依次读入内存并在内存中进行内部排序，再将排序后的有序数据段(初始归并段)写入多个外存文件。

(2)**多路归并**：对初始归并段进行多次归并，使归并段逐渐变大，直到得到完整的有序文件为止，完成文件的外部排序。

外部排序的过程如图 10.1 所示，外存中的文件 F_{in}(包括待排序的记录)通过相关算法分批调入内存(每个记录被读取一次)，通过内部排序处理，产生若干个有序子文件(顺串)$F_1 \sim F_n$(每个记录被写入一次)；再次将文件 $F_1 \sim F_n$ 中的记录调入内存(每个记录被读取一次)，通过多路归并排序处理，产生一个有序文件 F_{out}(每个记录被写入一次)。

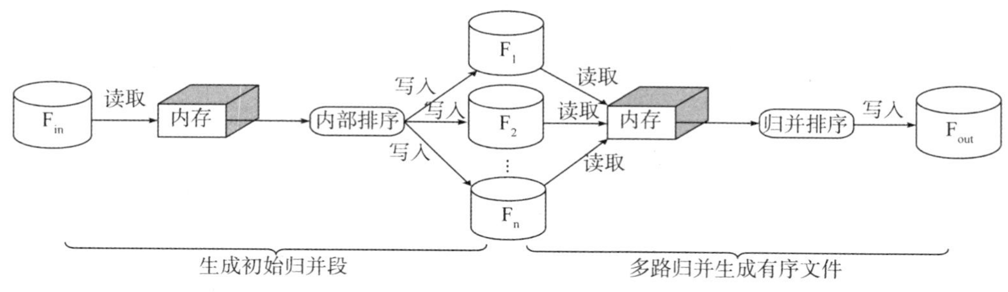

图 10.1　外部排序的过程

设文件 F 包含 20000 个记录，对文件进行排序，但内存空间至多只能对 2000 个记录进行排序。首先通过 10 次内部排序得到 10 个初始归并段 $F_1 \sim F_{10}$，每段含有 2000 个记录，然后对它们进行 2-路归并，直到得到一个有序文件为止，如图 10.2 所示。

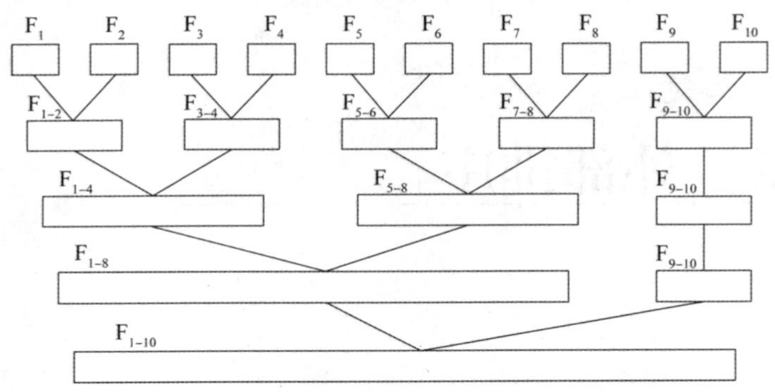

图 10.2　10 个归并段的归并过程

从归并过程可知，对同一文件而言，进行外部排序时所需读/写外存的次数与归并的趟数紧密相关。在图 10.2 中，对 10 个初始归并段进行 2-路归并时，要经过 4 趟归并过程。对于记录的扫描，除了在内部排序形成初始归并段时需要做一趟扫描，各归并段的归并还需要 $3\frac{3}{5}$趟记录扫描：对 10 个初始归并段进行归并，得到 5 个含有 4000 个记录的归并段，需要一趟记录扫描；对 4 个长度为 4000 个记录的归并段进行归并，得到 2 个含有 8000 个记录的归并段，需要$\frac{4}{5}$趟记录扫描；对 2 个长度为 8000 个记录的归并段进行归并，得到 1 个含有 16000 个记录的归并段，需要$\frac{4}{5}$趟记录扫描；把 1 个含有 16000 个记录的归并段和另一个含有 4000 个记录的归并段进行归并，得到一个含有 20000 个记录的归并段，需要一趟记录扫描。

从上述例子看出，提高外部排序速度的一个重要因素是减少记录的扫描趟数。一般而言，对 m 个初始归并段进行 k-路平衡归并时，要经过 $s=\lceil \log_k m \rceil$趟归并，对记录的扫描趟数不大于$\lceil \log_k m \rceil$。由此可见，增加 k 或减少 m 就能减少归并的趟数 s。

10.2　k-路平衡归并

由公式 $s=\lceil \log_k m \rceil$可知，增加 k 可以减少 s，从而减少外存的读/写次数。但单纯增加 k 将增加内部归并的时间，产生效率冲突问题。

对于 k-路平衡归并，令 n 个记录分布在 k 个归并段上。由归并过程可知，归并后的第一个记录是 k 个归并段中关键字最小(或最大)的记录，即应从每个归并段第一条记录的相互比较中选出最小(或最大)的记录，此过程需要进行 k-1 次比较。以此类推，每次产生归并后的有序段中的一个记录，都要进行 k-1 次比较。因此，每趟归并 n 个记录需要进行 (n-1)(k-1) 次关键字的比较，s 趟归并需要的关键字比较次数：

$$s(n-1)(k-1)=\lceil \log_k m \rceil(n-1)(k-1)$$

$$=\left\lceil \frac{\log_2 m}{\log_2 k} \right\rceil (n-1)(k-1)$$

由于$\frac{k-1}{\lceil \log_2 k \rceil}$随 k 的增大而增大，因此内部归并时间也随 k 的增大而增大，当 k 增大到一定程度，就会抵消由于增大 k 而减少外存信息读写时间所得的效率。由此可见，在 k-路平衡归并中，并非 k 越大，效率就越高。

在 k-路平衡归并中，利用败者树方法，在 k 个记录中选出关键字最小(或最大)的记录仅需要进行$\lceil \log_2 k \rceil$次比较，从而使总的比较次数：

$$s(n-1)\lceil \log_2 k \rceil = \lceil \log_k m \rceil (n-1)\lceil \log_2 k \rceil = \lceil \log_2 m \rceil (n-1)$$

显然，总的比较次数与 k 无关，不会随着 k 的增大而增大。

败者树方法是树形选择排序的变形。败者树是一棵有 k 个叶子结点的完全二叉树，其中叶子结点存储记录，分支点存储关键字对应的归并段号。败者是两个记录比较时较大的关键字，胜者是两个记录比较时较小的关键字。败者树的建立采用类似于堆调整的方法实现，初始时令所有的分支点指向一个含有最小关键字的叶子结点，然后从各叶子结点出发调整分支结点为新的败者即可。

k-路平衡归并的过程如下：

(1)取每个输入归并段的第一个记录作为败者树的叶子结点(用方形结点表示，把其看作外结点)，叶子结点之间两两比较，在双亲结点中记录败者，胜者参加更高一层的比较，如此，在根结点上胜出的“冠军”是关键字最小者；

(2)将胜出记录输出至输出归并段，在对应的叶子结点处补充输入归并段的下一个记录，若该归并段变为空，则补充一个比所有记录关键字大(记为 MAXKEY)的虚记录；

(3)调整败者树，选择新的关键字最小的记录，从补充记录的叶子结点向上和双亲结点的关键字比较，败者留在该双亲结点，胜者继续向上，直至树的根结点，最后将胜者放在根结点的双亲结点中；

(4)若胜出的记录关键字等于 MAXKEY，则归并结束，否则转(2)继续。

k-路平衡归并的算法如下：

```
typedef int LoserTree[k];          //败者树是完全二叉树且不含叶子结点,采用顺序存储结构
typedef struct{
    KeyType key;
    InfoType otherinfo;            //其他域
}ExNode,External[k+1];             //外结点,只存放待归并记录的关键字
void K_Merge(LoserTree &ls,External &b){
//利用败者树 ls 将编号从 0 到 k-1 的 k 个输入归并段中的记录归并至输出归并段
//b[0]至 b[k-1]为败者树上的 k 个叶子结点,分别存放 k 个输入归并段中当前记录的关键字
    int q,temp;
    for(int i=0;i<k;i++)
        Input(b[i].key);           //分别从 k 个输入归并段读入该段当前第一个记录的关键字到外结点
    CreateLoserTree(ls);           //建立初始败者树 ls,最小关键字为 b[ls[0]].key
    while(b[ls[0]].key!=MAXKEY){
```

```
        q=ls[0];
        Output(q);                     //将编号为 q 的归并段中的当前记录输出到输出归并段
        Input(b[q].key);               //从编号为 q 的输入归并段中读入下一个关键字
        Adjust(ls,q);                  //调整败者树,选择新的最小关键字
    }
    Output(ls[0]);                     //输出最大关键字 MAXKEY
}
```

调整败者树的算法如下：

```
void Adjust(LoserTree &ls,int s){     //从叶子结点 b[s]到根结点 ls[0]的路径调整败者树
    int t=(s+k)/2;                     //ls[t]为 b[s]的双亲结点
    while(t>0){
        if(b[s].key>b[ls[t]].key){     //s 和 ls[t]交换,s 指示新的胜者
            temp=s;
            s=ls[t];
            ls[t]=temp;
        }
        t=t/2;
    }
    ls[0]=s;
}
```

初始败者树的建立算法如下：

```
void CreateLoserTree(LoserTree &ls){
//已知 b[0]~b[k-1]为完全二叉树 ls 的叶子结点,存放 k 个关键字,沿叶子到根的 k 条路径将 ls 调整为
//败者树
    int i;
    b[k].key=MINKEY;                   //设 MINKEY 为关键字可能的最小值
    for(i=0;i<k;i++)                   //设置 ls 中败者树的初值
        ls[i]=k;
    for(i=k-1;i>=0;i--)                //依次从 b[k-1]~b[0]出发调整败者树
        Adjust(ls,i);
}
```

例 10.1 设有 5 个初始归并段，每个归并段中记录的关键字分别是 F_0：{11，16，17，∞}；F_1：{10，19，21，∞}；F_2：{21，23，∞}；F_3：{7，16，26，∞}；F_4：{13，38，∞}。其中∞为初始归并段结束标记(虚记录关键字)。写出初始败者树的建立过程和利用初始败者树进行部分 5-路平衡归并的过程。

【解】k=5，构造败者树的初始状态，如图 10.3(a)所示。每个输入归并段第一个记录的关键字作为败者树的叶子结点 b[0]~b[4](用方形结点表示，将其看作外结点)，分支点 ls[0]~ls[4]置初值 k=5(对应的 F_5 是虚拟段，只含有最小关键字 MINKEY)，ls[0]存放“冠军”结点的段号。

从 b[4] 到 b[0] 调整建立初始败者树的过程如下：

(1) 调整 b[4]，置胜者 s=4，t=(s+k)/2=4，将 b[s].key(13) 和 b[ls[t]].key(MINKEY) 进行比较，胜者 s=ls[t]=5，将败者 4 放在 ls[4] 中，t=t/2=2；将 b[s].key(MINKEY) 与双亲结点 b[ls[t]].key(MINKEY) 进行比较，胜者 s=5，t=t/2=1；将 b[s].key(MINKEY) 与双亲结点 b[ls[t]].key(MINKEY) 进行比较，胜者 s=5，t=t/2=0；置 ls[0]=s。其调整过程如图 10.3(b) 所示，虚线为其调整路径。

(2) 调整 b[3]，置胜者 s=3，t=(s+k)/2=4，将 b[s].key(7) 和 b[ls[t]].key(13) 进行比较，胜者 s=3，t=t/2=2；将 b[s].key(7) 与双亲结点 b[ls[t]].key(MINKEY) 进行比较，胜者 s=ls[t]=5，将败者 3 放在 ls[2] 中，t=t/2=1；将 b[s].key(MINKEY) 与双亲结点 b[ls[t]].key(MINKEY) 进行比较，胜者 s=5，t=t/2=0；置 ls[0]=s。其调整过程如图 10.3(c) 所示。

类似可调整 b[2] 到 b[0]，调整后的结果如图 10.3(d) ~ (f) 所示。

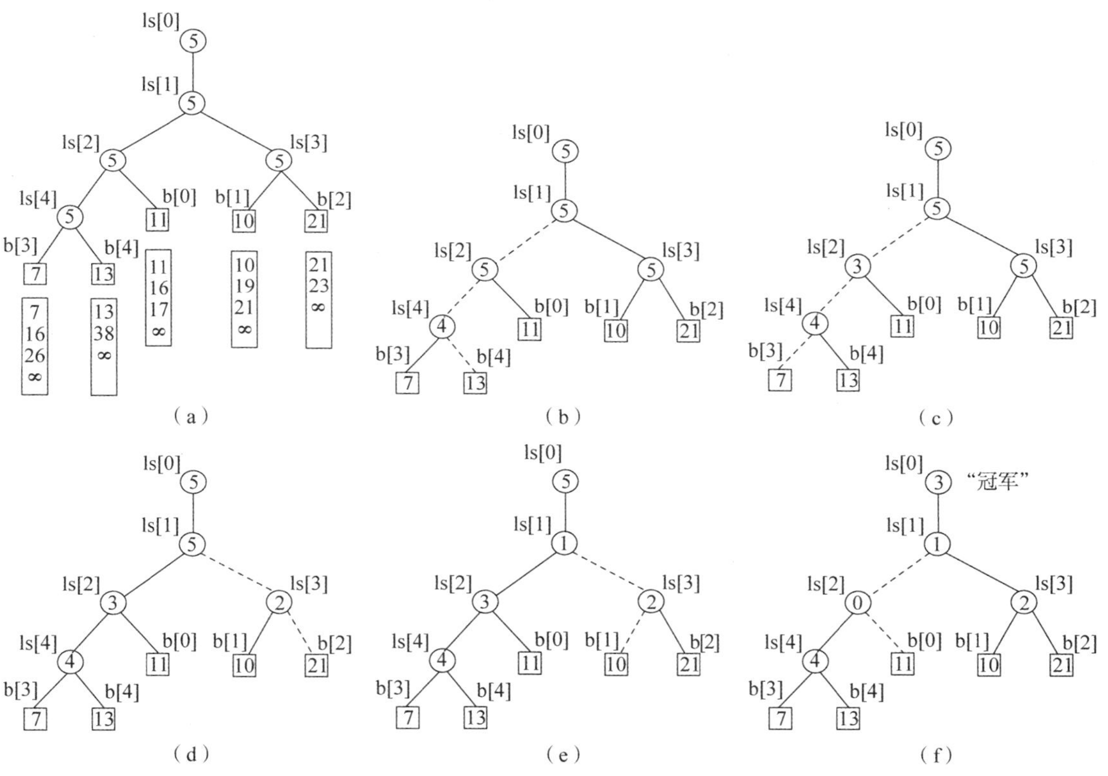

图 10.3　初始败者树的建立过程

(a) 初始状态；(b) 从 b[4] 开始调整；(c) 从 b[3] 开始调整；

(d) 从 b[2] 开始调整；(e) 从 b[1] 开始调整；(f) 从 b[0] 开始调整

初始败者树建立后，从初始败者树中输出 ls[0] 的当前记录，即 3 号归并段 F_3 的关键字为 7 的记录。在选出最小关键字后，修改叶子结点 b[3] 的值，使其成为同一归并段中下一个记录的关键字，然后从该结点向上和双亲结点所指的关键字进行比较，败者留在双亲结点中，胜者继续向上直到树根的双亲，最后把新的全局优胜者输出到输出归并段。

重复该过程，直到选出的“冠军”记录关键字为最大值(MAXKEY)时，k-路平衡归并终止。部分 k-路平衡归并的过程如图 10.4 所示。

在例 10.1 中，将 3(7)(即第 3 段第一个记录)输出至输出归并段后，在 F_3 中补充下一个关键字为 16 的记录，调整败者树：s=3，t=(s+k)/2=4，将 b[s].key(16) 和 b[ls[t]].key(13) 进行比较，胜者 s=ls[t]=4，将败者“3”放在 ls[t] 中，t=t/2=2；将 b[s].key(13) 与双亲结点 b[ls[t]].key(11) 进行比较，胜者 s=ls[t]=0，将败者“4”放在 ls[2] 中，t=t/2=1；将 b[s].key(11) 与双亲结点 b[ls[t]].key(10) 进行比较，胜者 s=ls[t]=1，将败者“0”放在 ls[1] 中，t=t/2=0；置 ls[0]=s。经过 3 次比较产生新的关键字最小记录 1(10)，其调整过程如图 10.4(b) 所示，其中虚线为调整路径。产生关键字最小记录 0(11) 和 4(13) 的调整过程如图 10.4(c) 和图 10.4(d) 所示。

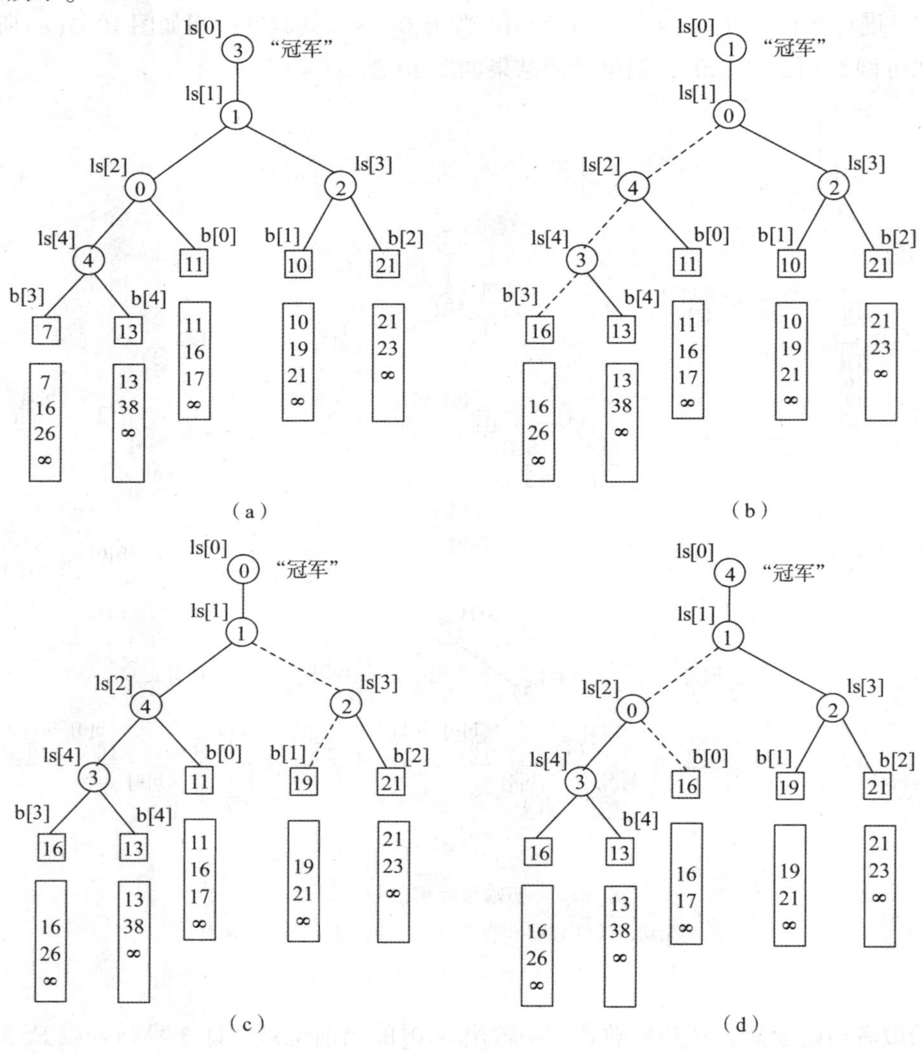

图 10.4　部分 k-路平衡归并的过程

(a)初始败者树；(b)输出 7，b[3]改为 16，调整后的败者树；

(c)输出 10，b[1]改为 19，调整后的败者树；(d)输出 11，b[0]改为 16，调整后的败者树

从例子可以看出，实现 k-路平衡归并的败者树深度为$\lceil \log_2 k \rceil+1$，在 k 个记录中选择最小关键字最多需要$\lceil \log_2 k \rceil$次比较。由前面的讨论可知，n 个记录、m 个归并段的 k-路平衡归并总的内部比较次数为$\lceil \log_2 m \rceil(n-1)$，与 k 无关。但适当增大归并路数，可以有效地减少归并树的深度，从而减少读写磁盘的次数，提高外部排序的速度。

10.3 置换-选择排序

由公式 $s=\lceil \log_k m \rceil$可知，减少初始归并段的数量 m 是减少归并趟数的另一种有效途径。在内部排序的过程中，移动记录和关键字比较均在内存中进行，常见的内部排序方法产生的初始归并段长度(除最后一段外)相同，且完全依赖于内部排序可用内存空间工作区的大小，从而 m 也随其固定。因此，要减少 m，就必须采用新的排序方法。

置换-选择排序是树形选择排序的变形，其特点在生成初始归并段时，从若干个记录中通过关键字比较选择最小(或最大)的记录，同时在此过程中记录的输入和输出交叉或平行进行，最后生成若干个长度可能各不相同的有序文件。置换-选择排序的操作过程如下：

(1)在待排序文件 F_{in} 中按内存工作区 WA 的容量(记为 w)输入 w 个记录；

(2)在 WA 中选出关键字最小的记录，记为 MINKEY；

(3)将 MINKEY 输出到当前归并段 F_{out} 中，并作为 F_{out} 的一个成员；

(4)若 F_{in} 不为空，则从 F_{in} 中输入下一个记录到 WA 中，并替代刚输出的记录；

(5)比较 WA 中所有关键字大于或等于 MINKEY 的记录，选择最小记录作为新的 MINKEY；

(6)重复(3)~(5)，直到在 WA 中无法选出新的 MINKEY 为止，由此产生一个初始归并段，输出一个归并段的结束标志到 F_{out} 中；

(7)若 WA 为空，则初始归并段全部产生，若 WA 不为空则转(2)。

例 10.2 待排序的文件中有 20 个记录，它们的关键字序列为{28，16，4，35，48，2，99，96，23，3，20，76，18，200，39，19，2，97，88，26}，设内存工作区的容量为 6。用置换-选择排序构造初始归并段，并描述初始归并段的生成过程。

【解】初始归并段的生成过程见表 10.1，表格中的“ *”为归并段的结束标志。

表 10.1 初始归并段的生成过程

F_{in}	WA	MINKEY	F_{out}
28，16，4，35，48，2，99，96，23，3，20，76，18，200，39，19，2，97，88，26			
99，96，23，3，20，76，18，200，39，19，2，97，88，26	28，16，4，35，48，2	2	2
96，23，3，20，76，18，200，39，19，2，97，88，26	28，16，4，35，48，99	4	2，4
23，3，20，76，18，200，39，19，2，97，88，26	28，16，96，35，48，99	16	2，4，16

续表

F_{in}	WA	MINKEY	F_{out}
3，20，76，18，200，39，19，2，97，88，26	28，23，96，35，48，99	23	2，4，16，23
20，76，18，200，39，19，2，97，88，26	28，3，96，35，48，99	28	2，4，16，23，28
76，18，200，39，19，2，97，88，26	20，3，96，35，48，99	35	2，4，16，23，28，35
18，200，39，19，2，97，88，26	20，3，96，76，48，99	48	2，4，16，23，28，35，48
200，39，19，2，97，88，26	20，3，96，76，18，99	76	2，4，16，23，28，35，48，76
39，19，2，97，88，26	20，3，96，200，18，99	96	2，4，16，23，28，35，48，76，96
19，2，97，88，26	20，3，39，200，18，99	99	2，4，16，23，28，35，48，76，96，99
2，97，88，26	20，3，39，200，18，19	200	2，4，16，23，28，35，48，76，96，99，200
97，88，26	20，3，39，2，18，19	2	2，4，16，23，28，35，48，76，96，99，200 *2
88，26	20，3，39，97，18，19	3	2，4，16，23，28，35，48，76，96，99，200 *2，3
26	20，88，39，97，18，19	18	2，4，16，23，28，35，48，76，96，99，200 *2，3，18
	20，88，39，97，26，19	19	2，4，16，23，28，35，48，76，96，99，200 *2，3，18，19
	20，88，39，97，26	20	2，4，16，23，28，35，48，76，96，99，200 *2，3，18，19，20
	88，39，97，26	26	2，4，16，23，28，35，48，76，96，99，200 *2，3，18，19，20，26
	88，39，97	39	2，4，16，23，28，35，48，76，96，99，200 *2，3，18，19，20，26，33，39
	88，97	88	2，4，16，23，28，35，48，76，96，99，200 *2，3，18，19，20，26，39，88
	97	97	2，4，16，23，28，35，48，76，96，99，200 *2，3，18，19，20，26，39，88，97

表10.1中共产生两个归并段{2，4，16，23，28，35，48，76，96，99，200}和{2，3，18，19，20，26，39，88，97}。

在WA中选择MINKEY记录的过程可以利用败者树实现。置换-选择排序的实现细节说明如下：

(1)将内存工作区中的记录作为败者树的外部结点WA[0]～WA[w-1]，关键字的初值置为0，分支点ls[0]～ls[w-1]的初值置为0，败者树根结点的双亲结点指示工作区中关键字最小的记录；

(2)每个记录附设一个所在归并段的序号，初值置为0，在进行关键字比较时，先比较段号，段号小的记录为胜者，如果段号相同，则关键字小的记录为胜者；

(3)败者树的建立可以从工作区中段号为“0”的记录开始，从F_{in}中依次输入w个记录至工作区，自下而上地调整败者树，由于这些记录的段号为“1”，它们对于段号为“0”的记录而言均为败者，从而依次填入败者树的各结点中。

置换-选择排序的败者树调整和创建的算法如下：

```
#define w 6                          //内存工作区可以容纳的记录数量
#define N 20                         //文件中含有的记录数量
typedef int KeyType;                 //关键字类型
typedef struct{
    KeyType key;                     //关键字项
    InfoType otherInfo               //其他域
}RedType;
typedef int LoserTree[w];            //败者树是完全二叉树且不含叶子,采用顺序存储结构
typedef struct{
    RedType rec;                     //记录
    KeyType key;                     //从记录中抽取的关键字
    int rnum;                        //所属归并段的段号
}RedNode,WorkArea[w];
```

置换-选择排序的算法如下：

```
void ReplaceSelection(LoserTree &ls,WorkArea &wa,FILE *fi,FILE *fo){//在败者树ls和内存工作区wa上
                                                                    //用置换-选择排序求初始归并段
    int rc,rmax;
    CreateLoser(ls,wa);              //创建败者树
    rc=1;                            //当前生成的初始归并段的段号
    rmax=1;                          //wa中关键字所属初始归并段的最大段号
    while(rc<=rmax){                 //判断输入文件的置换-选择排序是否完成
        GetRun(ls,wa);               //求一个初始归并段
        fwrite(&RUNEND_SYMBOL,sizeof(RedType),1,fo);//将段结束标志写入输出文件
        rc=wa[ls[0]].rnum;           //设置下一段的段号
    }
}
```

初始归并段的创建算法如下：

```
void GetRun(LoserTree &ls,WorkArea &wa){          //求初始归并段
```

```
    int q;
    KeyType MINKEY;
    while(wa[ls[0]].rnum==rc){                       //选择的 MINKEY 记录属于当前段
        q=ls[0];
        MINKEY=wa[q].key;                            //q 指示 MINKEY 记录在 wa 中的位置
        fwrite(&wa[q].rec,sizeof(RedType),1,fo);     //将刚选择的 MINKEY 记录写入输出文件
        if(feof(fi)){                                //输入文件结束,虚设一条记录
            wa[q].rnum=rmax+1;
            wa[q].key=MAXKEY;
        }
        else{                                        //输入文件为非空
            fread(&wa[q].rec,sizeof(RedType),1,fi);  //从输入文件读入下一条记录
            wa[q].key=wa[q].rec.key;                 //提取关键字
            if(wa[q].key <MINKEY{                    //新读入的记录比上一轮的最小关键字小,
                                                     //属于下一段
                rmax=rc+1;
                wa[q].rnum=rmax;
            }
            else
                wa[q].rnum=rc;                       //新读入的记录大,属于当前段
        }
        SelectMinKey(ls,wa,q);                       //选择新的 MINKEY 记录
    }
}
```

调整败者树，选择最小关键字记录的算法如下：

```
void SelectMinKey(LoserTree &ls,WorkArea wa,int s){  //从 wa[s]起到败者树的根比较选择 MINKEY
                                                     //记录,并由 s 指示它所在的归并段
    int temp,t;                                      //temp 为中间变量
    t=(w+s)/2;
    while(t>0){
        if(wa[ls[t]].rnum<wa[s].rnum || (wa[ls[t]].rnum==wa[s].rnum&& wa[s].key>wa[ls[t]].key)){
            temp=s;
            s=ls[t];                                 //s 指向新的胜者
            ls[t]=temp;
        }
        t=t/2;
    }
    ls[0]=s;
}
```

初始败者树的建立算法如下：

```
void CreateLoser(LoserTree &ls,WorkArea &wa){   //输入 w 个记录到内存工作区 wa,建立败者树 ls,选出
                                                //关键字最小的记录,并由 s 指示其在 wa 中的位置
    int i;
```

```
    for(i=0;i < w;i++)
        wa[i].rnum=wa[i].key=ls[i]=0;
    for(i=w-1;i >=0;i--){
        fread(&wa[i].rec,sizeof(RedType),1,fi);    //输入一个记录
        wa[i].key=wa[i].rec.key;                  //提取关键字
        wa[i].rnum =1;                            //段号为1
        SelectMinKey(ls,wa,i);                    //调整败者树
    }
}
```

例 10.2 中初始败者树的建立过程如图 10.5 所示。

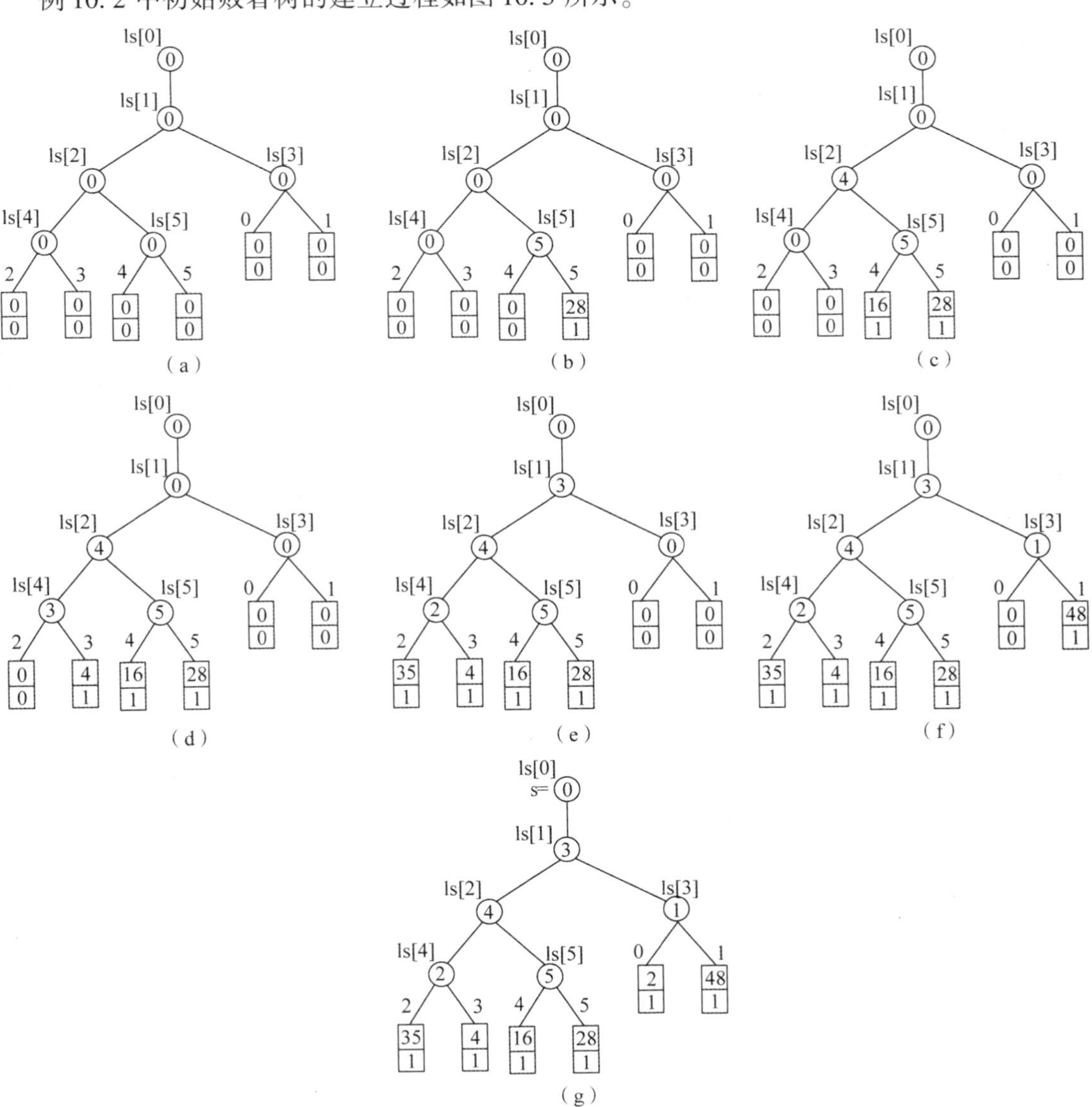

图 10.5　初始败者树的建立过程

例 10.2 的置换–选择排序时败者树的置换–调整过程如图 10.6 所示。其中由图 10.5(g)中得到最小关键字记录 wa[0]，输出 wa[0].rec，并从 F_{in} 中输入下一个记录至 wa[0]（关键字为 99），由于它的关键字大于刚输出的记录的关键字，该新输入记录的段号仍为 1，调整败者树得到新的最小关键字记录 wa[3]，如图 10.6(a)所示。图 10.6(c)是分别输出关键字为 2、4、16 的记录后选出最小关键字 wa[4]（关键字为 23 的记录）的败者树，输出 wa[4].rec，并从 F_{in} 中输入下一个记录至 wa[4]（关键字为 3），由于它的关键字小于刚输出的记录的关键字，则设此新输入记录的段号为 2，如图 10.6(d)所示。图 10.6(j)所示为输出相关记录后选出的最小关键字记录 wa[2]（关键字为 200）的败者树。图 10.6(k)表示在输出记录 wa[2]后，由于输入关键字小于刚输出的记录的关键字，其段号为 2，使工作区中所有记录的段号均为 2。由该败者树选出的最小关键字记录的段号大于当前生成的归并段的段号，说明该段已结束，而新的最小关键字记录是下一个归并段的第一个记录。以此类推，产生所有初始归并段。

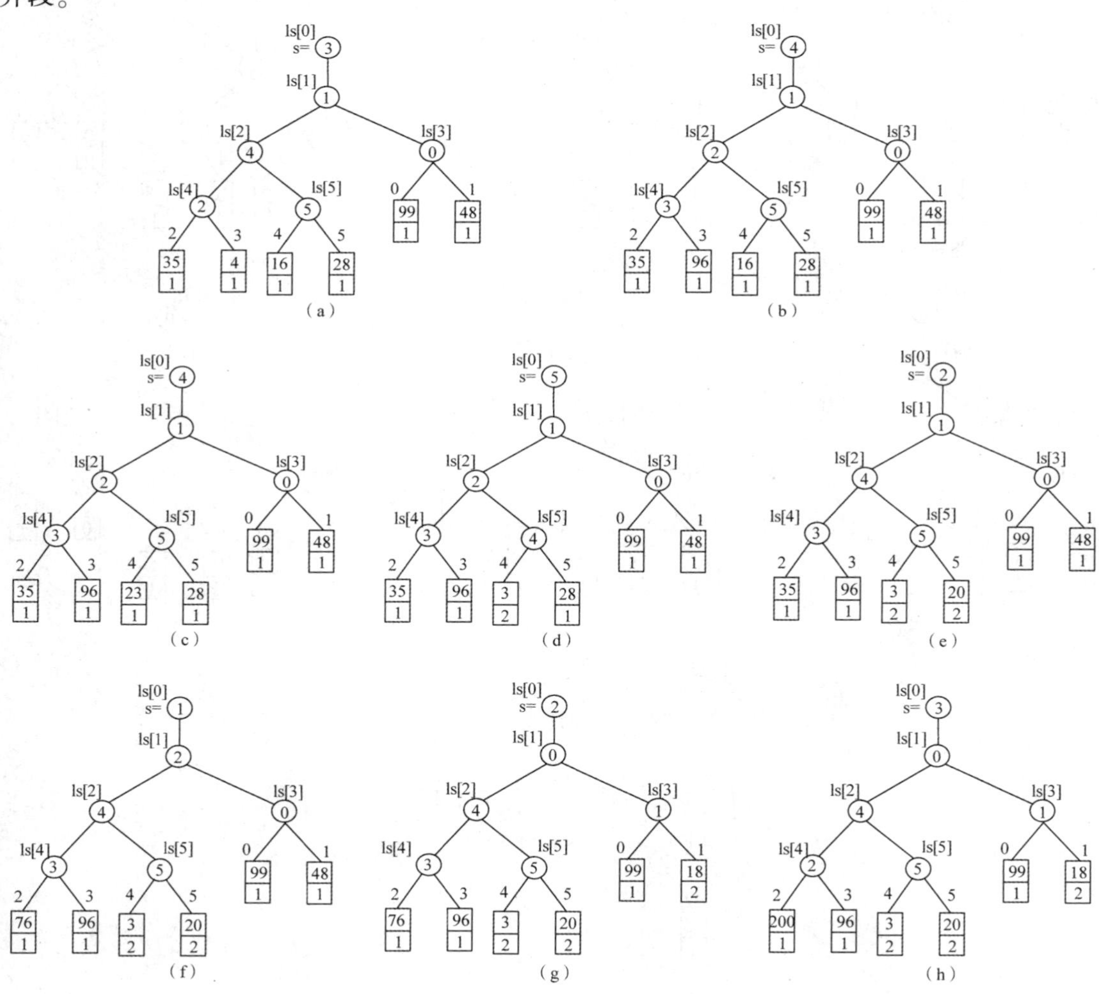

图 10.6　置换–选择过程中的败者树

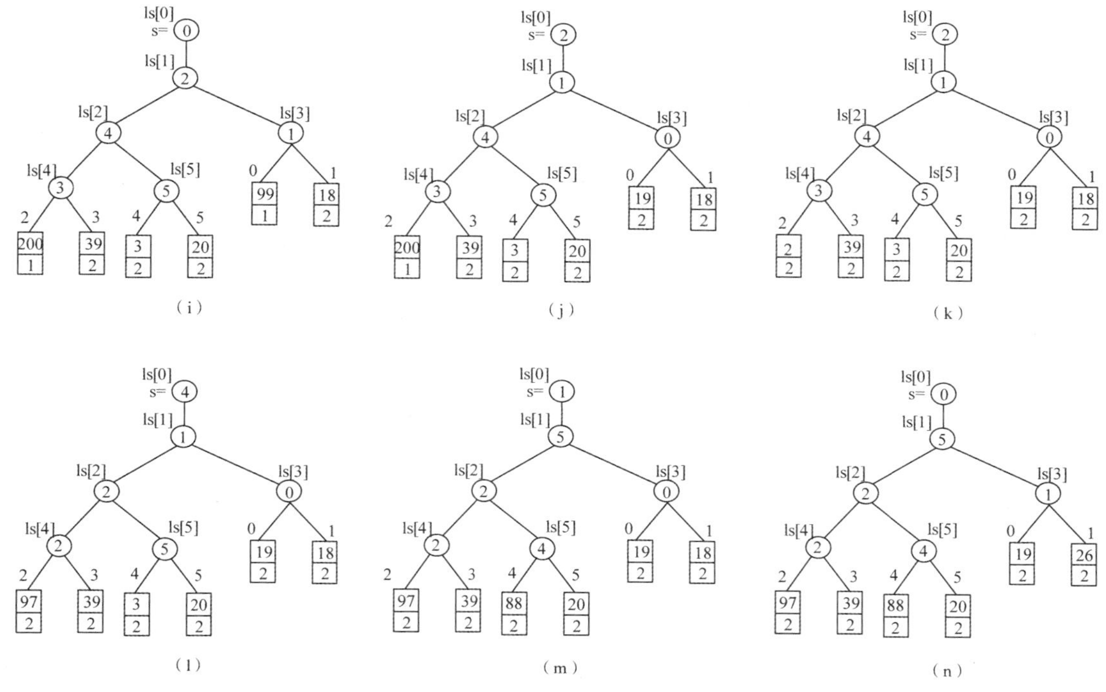

图 10.6　置换–选择过程中的败者树(续)

10.4　最佳归并树

采用置换–选择排序算法生成的初始归并段长度不等，在进行 k–路平衡归并时归并段的组合不同，会引起归并过程中对外存的读写次数不同。为提高归并的时间效率，采用最佳归并树对归并段进行合理的组合可以在归并过程中产生最少的外存读写次数。

1. 归并树

归并树是描述归并过程的正则 k 叉树。每次 k–路平衡归并需要 k 个归并段参加，因此，归并树只有 0 度和 k 度结点构成的正则 k 叉树。

设由置换–选择排序产生的 9 个初始归并段，其长度(即记录的数量)分别为 8、12、6、20、31、2、17、25、18。构造 3–路平衡归并树，可产生不同的 3–路平衡归并树，图 10.7 给出了两种不同的 3–路平衡归并树。其中叶子结点(圆圈结点)表示一个初始归并段，数字表示归并段的长度，非叶子结点表示归并后的新归并段。

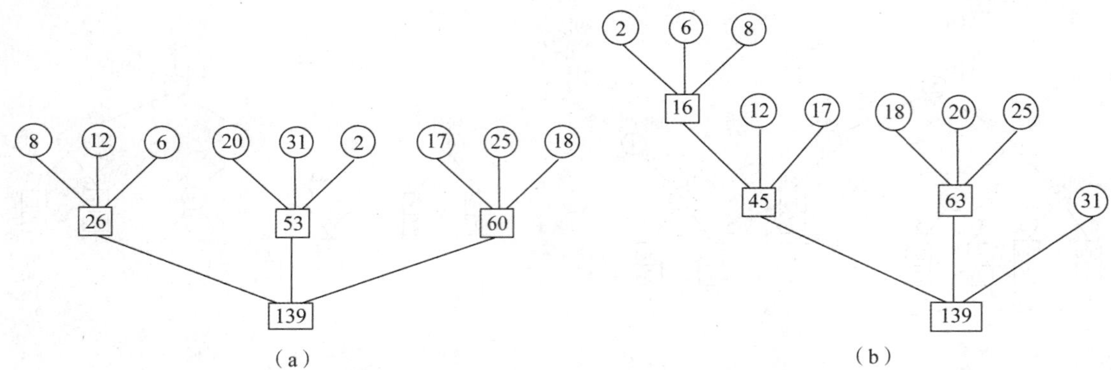

图 10.7　两种不同的 3-路平衡归并树

(a)一般的归并树；(b)最佳归并树

图 10.7(a)所示的归并树的带权路径长度即归并过程中总的读记录次数：

$$WPL=(8+12+6+20+31+2+17+25+18)\times 2=278$$

图 10.7(b)所示的归并树的带权路径长度即归并过程中总的读记录次数：

$$WPL=(2+6+8)\times 3+(12+17+18++20+25)\times 2+31\times 1=213$$

设每个记录占用一个物理页块，图 10.7 所示的两种归并树在归并过程中读写记录的次数分别为 556 和 426。由此可见，不同的归并过程，读写记录的次数不同。事实上，图 10.7(b)是上述例子的一棵最佳归并树。

2. 虚段

虚段是长度为 0 的空归并段。为使 m 个归并段做 k-路平衡归并形成正则 k 叉树，有时需要补充虚段。

设归并树中度为 0 的结点数为 m_0，度为 k 的结点数为 m_k，根据正则 k 叉树的性质得

$$m_0=(k-1)m_k+1$$

从而有：

$$m_k=(m_0-1)/(k-1)$$

由此可见，若$(m_0-1)\bmod(k-1)=0$，则不需要附加虚段，否则需要附加虚段的数量为$k-(m_0-1)\bmod(k-1)-1$，即第一次归并为$(m_0-1)\bmod(k-1)+1$路归并。

3. 最佳归并树

最佳归并树是带权路径长度最小的正则 k 叉哈夫曼树，其构造算法如下：

(1)若$(m_0-1)\bmod(k-1)\neq 0$，则需要附加$k-(m_0-1)\bmod(k-1)-1$个长度为 0 的虚段，使每次归并均对应 k 个段；

(2)按照哈夫曼树的构造原则，构造最佳归并树。

例 10.3　设 14 个初始归并段的长度分别为 8、12、6、20、31、2、17、25、18、30、5、11、9、26，构造一个 3-路最佳归并树，并计算外存的读写次数。

【解】初始归并段的数量为 14，k=3，由于$(m_0-1)\bmod(k-1)=1$，因此需要附加虚段的数量为$k-(m_0-1)\bmod(k-1)-1=1$，构造出的 3-路最佳归并树如图 10.8 所示。

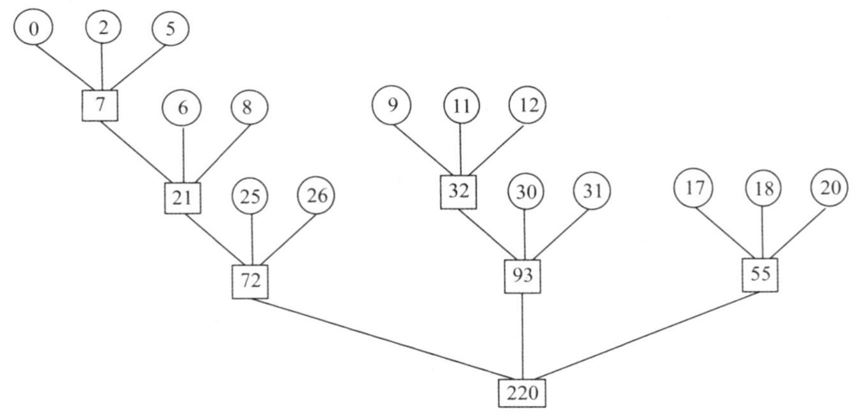

图 10.8　3-路最佳归并树

设每个记录占用一个物理页块，则该方案读写外存的次数：

$$2\times WPL=2\times[(2+5)\times4+(6+8+9+11+12)\times3+(25+26+30+31+17+18+20)\times2]=1000$$

1. 设某个文件经内部排序产生 100 个初始归并段，若使用多路归并执行 3 趟完成排序，归并路数至少应设置为多少？

2. 外部排序的两个独立阶段分别是什么？

3. 设输入的 n 个关键字满足 $k_1<k_2<\cdots<k_n$，缓冲区大小为 m，则置换-选择排序方法可以产生多少个初始归并段？

4. 设输入的 n 个关键字满足 $k_1>k_2>\cdots>k_n$，缓冲区大小为 m，则置换-选择排序方法可以产生多少个初始归并段？

5. 设有 6 个初始归并段，每个归并段中记录的关键字分别是{22，11，16，17，∞}、{33，10，19，21，∞}、{21，23，34，∞}、{1，7，16，26，∞}、{13，38，∞}、{8，22，11，16，17，49，∞}，其中∞为初始归并段结束标记(虚记录关键字)，描述初始败者树的建立过程和利用初始败者树进行 6-路平衡归并的过程。

6. 设待排序的文件中有 25 个记录，它们的关键字序列为{68，1，28，16，4，35，48，2，99，96，23，3，20，76，18，200，39，19，2，97，88，26，6，59，10}，如果内存工作区的容量为 6，用置换-选择排序算法构造初始归并段，并描述初始归并段的生成过程及其置换-选择过程中的败者树。

7. 设 16 个初始归并段的长度分别为 7、8、12、6、20、31、2、17、25、18、30、5、11、9、18、26，试构造一个 4-路最佳归并树，并计算外存的读写次数。

8. 已知某文件经过置换-选择排序后，得到长度分别为 23、8、16、55、4、9、16、12、11、10 的十个初始归并段，为 3-路平衡归并设计一个读写外存次数最少的归并方案，并求出读写外存的次数。

参考文献

[1]Mark Allen Weiss，数据结构与算法分析(C 语言描述)[M]. 冯舜玺，译. 北京：机械工业出版社，2004.

[2]Clifford A. 数据结构与算法分析(C++版)[M]. 3 版. 张铭，刘晓丹，译. 北京：电子工业出版社，2013.

[3]朱保平，叶有培，金忠，等. 离散数学[M]. 2 版. 北京：北京理工大学出版社，2014.

[4]严蔚敏，吴伟民. 数据结构(C 语言版)[M]. 北京：清华大学出版社，2007.

[5]严蔚敏，吴伟民，米宁. 数据结构题集(C 语言版)[M]. 北京：清华大学出版社，1999.

[6]李春葆. 数据结构教程[M]. 5 版. 北京：清华大学出版社，2017.

[7]张琨，张宏，朱保平. 数据结构与算法分析(C++语言版)[M]. 北京：人民邮电出版社，2016.

[8]李云清，杨庆红，揭安全. 数据结构(C 语言版)[M]. 3 版. 北京：人民邮电出版社，2014.

[9]罗福强，杨剑，刘英. 数据结构(Java 语言描述)[M]. 北京：人民邮电出版社，2016.